工業配線

乙級術科檢定試題詳解

◀ ◀ ◀ ◀ 林建安、游淞仁、吳炳煌 編著

五南圖書出版公司 印行

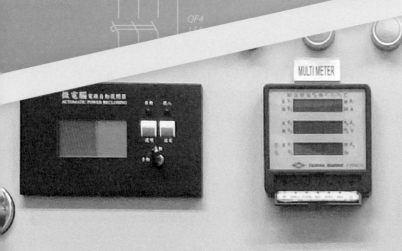

MULTI METER

十相保護電驛

VS

GL

CS

RL

AS

序言

一、PLC（可程式控制器，Programmable Controller，簡稱 PLC）為工業自動化之利器，產業界使用者多，在學校與職訓單位內，PLC 控制實習也是電機學程中一門重要之課程；本書編輯之目標，希望讀者藉由熟練書中所提供各種 PLC 之基本回路，能夠很快地應用在各種控制實務之需求。

二、本書主要提供工業配線乙級技能檢定術科測試，低壓及高壓部分之試題詳解，對於有志參加工業配線乙級技能檢定之讀者，是為一本實用的參考書籍，亦適合讀者自修使用。

三、本書分為三篇：

第一篇為 PLC 應用基礎篇，介紹可程式控制器之基本原理，各種指令的使用方法及 PLC 常用之基本回路，作為 PLC 程式設計之基礎。

第二篇則以最新工業配線乙級技術士技能檢定，術科檢定第一站低壓部分之試題為例，說明各種 PLC 程式設計之方法。在每一試題之程式設計實習中，首先依據各試題提供之「示意圖」及「動作要求」等資料，規劃 PLC 之「I/O 接線圖」，並設計控制 PLC 所需之「階梯圖」與「流程圖」，為便利讀者能順利完成實習，並提供「完整之控制回路圖及程式」。

第三篇則以術科檢定第二站高壓部分之試題為例，說明各種裝配線路圖的畫法，依據檢定時發到工作崗位的「動作說明」、「系統單線圖」及「斷路器內部接線圖」，劃出「高壓盤箱接線複線圖」及「斷路器控制電路圖」，然後再以此兩圖為依據「照圖配線」，並完成通電測試。

四、本書編輯參考資料頗多，感謝惠控機電公司經理王孝文先生提供 PLC 及人機介面等相關設備器材及資料，感謝林建安、游淞仁及陳振文等多位師長協助本書之程式設計及測試，並提供專業教學的經驗及編輯的建議。

五、本書編輯，力求完美，但疏漏之處，在所難免，尚祈專家學者，不吝賜予匡正。

謹誌於東南科技大學電機系

工業配線乙級術科檢定試題詳解

目錄

■ 第三篇：工業配線乙級術科檢定第二站
高壓測試試題

■ 附錄

第一篇：PLC應用基礎

第一章　三菱FX3系列PLC簡介

1-1 可程式控制器的定義

可程式控制器之英文名稱為 Programmable Controller，簡稱 PC，但國內通常簡稱為 PLC（Programmable Logic Controller），以避免與個人電腦（Personal Computer）之簡稱 PC 相混淆。

1978 年美國電工製造協會（National Electrical Manufacturers Association，簡稱 NEMA）給予可程式控制器下述之定義：

可程式控制器係為一種數位電子設備，具有可程式記憶體用以儲存命令，以執行邏輯、順序、計時、計數與算術等控制機械或程序之特定功能。

1-2 可程式控制器的基本構成

可程式控制器包含 (1) 主機、(2) 擴充機、(3) 擴充模組及 (4) 特殊轉接器等四種零組件，各類控制系統均可由上列四種產品組合設計，或僅使用主機即可。

以 FX3G 系列 PLC 為例，當主機與擴充機、或擴充模組組合使用時，控制點數（輸入 / 輸出）總共可達 256 點，各型 PLC 之規格範例如表所示，各型 PLC 規格編號之一般共通格式如下圖所示。

PLC 規格範例：

 FX3G-24MR：14 點輸入（X0~X15），10 點輸出（Y0~Y11），
      繼電器輸出之主機

 FX3G-40MR：24 點輸入（X0~X27），16 點輸出（Y0~Y17），
      繼電器輸出之主機

 FX3G-60MT：36 點輸入（X0~X43），24 點輸出（Y0~Y27），
      電晶體輸出之主機

各型 PLC 之規格

機　種	I/O點數	輸　出　型　式		
		繼電器輸出	SSR輸出	電晶體輸出
主　機	8/6	FX3G-14MR	FX3G-14MS	FX3G-14MT
	14/10	FX3G-24MR	FX3G-24MS	FX3G-24MT
	24/16	FX3G-40MR	FX3G-40MS	FX3G-40MT
	36/24	FX3G-60MR	FX3G-60MS	FX3G-60MT
擴充機	16/16	—	—	—
	24/24		—	

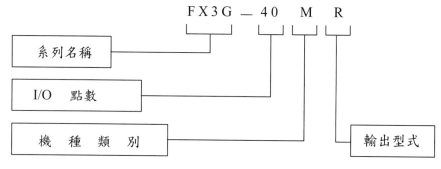

PLC 規格編號之共通格式範例

1-3 輸入／輸出繼電器

　　PLC 之輸入／輸出接線示意圖及其程式之執行範例如圖所示，此圖是以 Sink 輸入的方式配線。

　　茲依序將 (1) 輸入繼電器、(2) 輸出繼電器、(3) 輸入／輸出繼電器之編號、(4) 輸入／輸出繼電器之動作順序說明如下：

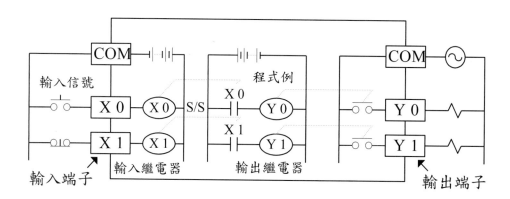

1-4 PLC 輸入／輸出信號及程式之處理

　　PLC 輸入／輸出信號及程式之處理順序，其步驟分為 (1) 輸入之處理、(2) 程式之處理及 (3) 輸出之處理，然後再重複動作；每一循環所須之時間，稱為演算週期，或掃瞄週期。

1-5 FX 系列 PLC 各類要素說明

　　以三菱 FX2N 為例，將常用之要素說明之，並將 FX3G/3U 機型之元件編號列表彙整於後。

1. 輸入／輸出繼電器（**X/Y**）

　(1) 輸入繼電器（X0~X177：128 點）

　(2) 輸出繼電器（Y0~Y177：128 點）

2. 補助繼電器（**M**）

　(1) 一般用補助繼電器（M0~M499：500 點）

　(2) 停電保持用補助繼電器（M500~M1023：524 點）

　(3) 特殊目的用補助繼電器（M8000~M8255：256 點）

　　特殊補助繼電器之線圈可自動的由可程式控制器驅動之，使用者僅使用這些特殊補助繼電器的接點即可。例如：

　　M8000：運轉監視（運轉中為 ON）

　　M8002：初始脈波（運轉開始時，僅瞬間 ON）

　　M8011：10 ms 的連續脈波

　　M8012：100 ms 的連續脈波

　　M8013：1000 ms 的連續脈波

3. 計時器（**T**）

　(1) 一般計時器（T0~T245）

> 100 ms 計時器（T0~T199：200 點）
> 設定值：0.1~3276.7 秒

> 100 ms 計時器（T200~T245：46 點）
> 設定值：0.01~3276.67 秒

　(2) 停電保持用計時器（T246~T255）

> 1 ms 停電保持計時器（T246~T249：4 點）
> 設定值：0.001~32.767 秒（中斷動作）

> 100 ms停電保持計時器（T250~T255：6點）
> 設定值：0.1~3276.7 秒（中斷動作）

4. 計數器（C）

(1) 16 位元上數計數器（設定值：1~32767）

> 一般用計數器（C0~C99：100 點）
> 停電保持用計數器（C100~C199：100 點）

(2) 32 位元上數／下數計數器

> 一般用計數器（C200~C219：20 點）
> 停電保持用計數器（C220~C234：15 點）

(3) 高速計數器

> 高速計數器（C235~C255：21 點）

5. 狀態繼電器（S）

(1) 初始狀態用（S0~S9：10 點）

(2) 原點復歸用（S10~S19：10 點）

(3) 一般用（S20~S499：480 點）

(4) 停電保持用（S500~S899：400 點）

6. 資料暫存器（D）

(1) 一般用暫存器（D0~D199：200 點）

(2) 停電保持用暫存器（D200~D511：312 點）

(3) 特殊用暫存器（D8000~D8255：256 點）

(4) 檔案暫存器（D1000~D2999：2000 點）

7. 索引暫存器（V、Z）

索引暫存器 V 及 Z 皆為 16 位元暫存器，如同一般用暫存器，可對索引暫存器作數值資料的存取。在執行 32 位元資料的演算時，將索引暫存器 V 及 Z 組合使用，僅指定暫存器 Z 即可。

8. 常數（K、H）

(1) 二進位及十進位數值

PLC 若鍵入十進位數值「K789」作為計時器或計數器的設定值，此值即自動地轉換為二進位數值（BIN）由 PLC 讀取。反之，若欲監視計時器或計數器的現在值時，該值即自動的由 BIN 轉換為十進位數值並顯示之。

(2) 二進位及十六進位數值

若將十六進位數值「H789」鍵入一資料暫存器中，此值即即自動地轉換為二進位數值（BIN）。十六進位數的各數值依次為 0、1、2、……、8、9、A(10)、

B(11)、C(12)、D(13)、E(14) 及 F(15)。反之，若欲監視資料暫存器的內容時，首先會顯示十進位數值「K1929」，但當按下「HELP」鍵後，顯示的數值會變為十六進位數值「H789」。

9. 停電保持用狀態電驛補充說明

(1) 停電保持型之狀態電驛，即使在 PLC 運轉中將電源切斷，也能記憶停電之前的 ON/OFF 狀態。

(2) 當要將停電保持用狀態電驛，以一般型的狀態電驛來使用時，可以如下圖的方法來設計。

例如：FX3G 之 PLC，S0~S899 是停電保持型的狀態電驛，經使用 M8002 的初始脈波，驅動 ZRST（FNC40：ZRST, ZONE RESET, 區域復歸命令）將 S0~S899 重置，則 S0~S899 之停電保持型的狀態電驛，在 PLC 送電以後，就可以當作一般型使用。

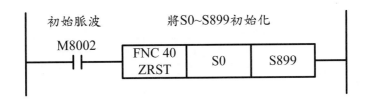

FX 系列 PLC（FX2N、FX3G、FX3U）常用各類元件編號彙整

元件名稱		機型			備註
		FX2N	FX3G	FX3U	
輸入繼電器	X	X0~X177	X0~X177	X0~X177	元件編號為 8 進制，輸出／入合計各為 128 點
輸出繼電器	Y	Y0~Y177	Y0~Y177	Y0~Y177	
補助繼電器	M	M0~M499	M0~M499	M0~M499	一般型
		M500~M1023	M384~M7679	M500~M7679	停電保持型
		M8000~M8255	M8000~M8511	M8000~M8511	特殊目的型
		M8000 M8002 M8011 M8012 M8013	M8000 M8002 M8011 M8012 M8013	M8000 M8002 M8011 M8012 M8013	運轉監視 初始脈波 10 ms 的脈波 100 ms 的脈波 1000 ms 的脈波

元件名稱		機型			備註
		FX2N	FX3G	FX3U	
狀態繼電器	S	S0~S9	S0~S9	S0~S9	初始狀態用（一般型）
		S10~S19			原點復歸用（一般型）
		S20~S499	S1000~S4095	S10~S499	一般型
		S500~S899	S10~S899	S500~S899	停電保持型
計時器	T	T0~T199	T0~T199	T0~T199	100ms 計時器
		T200~T245	T200~T245	T200~T245	10ms 計時器
		T246~T249	246~T249	T246~T249	1ms 計時器積算型
		T250~T255	T250~T255	T250~T255	100ms 計時器積算型
計數器	C	C0~C99	C0~C15	C0~C99	16 位元上數計數器（一般型）
		C100~C199	C16~C199	C100~C199	16 位元上數計數器（保持型）
		C200~C234	C200~C234	C200~C234	上數 / 下數計數器
		C251~C255	C251~C255	C251~C255	雙向雙計數高速計數器
資料暫存器	D	D0~D199	D0~D127	D0~D199	一般型
		D200~D511	D128~D1099	D200~D511	停電保持型
			D1100~D7999（一般型）	D512~D7999（保持型）	

1-6 PLC 輸入接線

　　如圖所示為一般 PLC 之輸入接線範例，如圖所示，接線時應注意 PLC 的輸入電流為 7 mA（24VDC），因此僅可使用如下所示之低電流的適當元件作為輸入操作，使用超過規格電流之開關將使接點動作不正常。

　　PLC 的輸入端點 X0 連接 NPN 型的近接開關，X1 連接按鈕開關 PB，X2 連接極限開關 LS；各開關的共同接點連接端點 COM，而端點 COM 連接 PLC 內部直流電源的負極。

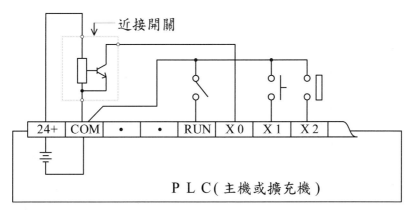

FX2 PLC 之輸入接線圖

　　而常用之順序控制器具及其符號如表所示，按鈕開關、電磁接觸器、極限開關、計時電驛、過載電驛或選擇開關等器具，其a接點或b接點均可作為PLC之輸入信號。

常用順序控制器具符號表

器具名稱 \ 接點	a接點 N.O.接點 （Normal Open） 常開接點	b接點 N.C.接點 （Normal Close） 常閉接點	備註 （作動之外力）
按鈕開關（PB） Push Button			手動壓按
電磁接觸器（MC） Magnetic Contactor			電磁力 （電磁線圈）
極限開關（LS） Limit Switch			機械力
計時電驛（TR） Time Delay Relay			電磁力或 電子式控制

接點 器具名稱	a接點 N.O.接點 （Normal Open） 常開接點	b接點 N.C.接點 （Normal Close） 常閉接點	備註 （作動之外力）
過載電驛（OL） Over Load Relay 或 熱動電驛（TH-RY） Thermal Relay			熱電偶 （雙金屬片） C b　a
選擇開關 （COS） Changeover Switch	C 1　2 二段式	C 1　2　3 三段式	手動旋轉

1-7 PLC 輸出接線

　　PLC 之輸出型式主要有下列三種型式，以供選擇：

1. 繼電器（Relay）輸出（R）：

屬機械接點輸出型式，用於驅動交流或直流負載。

2. 電晶體（Transistor）輸出（T）：

屬無接點之輸出型式，用於驅動直流負載。

3. SSR（Solid State Relay）輸出（S）：

屬無接點之固態電驛輸出型式，用於驅動交流負載。

　　一般而言，PLC 之輸出回路以繼電器之輸出型式居多，因此將此種型式詳加說明。

1. 繼電器輸出回路主要規格如下：

(1) 輸出端子：A(F)X2-16MR 系列 PLC 的每一個輸出之共通點各自獨立，其他 AX 系列機種每 4 或 8 點提供一共通輸出點，每一共通點從 COM1 至 COM7 編一號碼。不同電壓系統，比如 AC 220V、AC110V 及 DC24V，可使用不同的共通點來驅動不同電壓的負載。

(2) 回路之隔離：PLC 內部回路和外部負載回路以輸出繼電器之線圈及接點作相互間的電氣隔離，共通組間也相互隔離。

(3) 動作指示：當輸出繼電器激磁，LED 將點亮且輸出接點導通。

(4) 反應時間：輸出繼電器激磁或失磁，與輸入繼電器接點導通或切離間的反應時間大約 10 msec。

(5) 輸出電流：

　　電壓低於 AC250V 的回路，可驅動下列負載：

　　純電阻性負載：2A/ 點

　　電感性負載：低於 80 VA（AC110 V 或 AC220 V）

　　燈負載：低於 100 W（AC110 V 或 AC220 V）

　　當使用直流電感負載時，需在負載上並聯安裝一個突波吸收二極體，且電源最大
　　為 DC30 V。

(6) 開回路漏電電流：因為當輸出接點切離（OFF）時，幾乎無漏電電流，因此氖燈
　　可由輸出接點直接驅動。

2. 繼電器輸出回路接線範例，如圖所示：

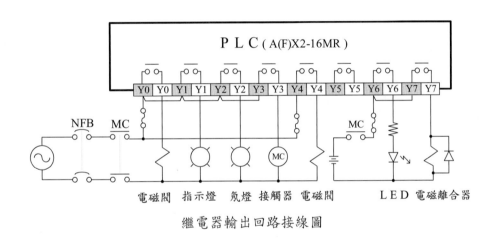

繼電器輸出回路接線圖

1-8　複習及評量

1. PLC 為＿＿＿＿＿＿之簡稱，其英文名稱為＿＿＿＿＿＿。

2. FX2-16MR 之 PLC 含有＿＿＿＿個輸入點，＿＿＿＿個輸出點。

3. FX2-16MR PLC 之輸入點之編號為＿＿＿＿＿＿，
　　　　　　　　輸出點之編號為＿＿＿＿＿＿。

4. FX2-32MR PLC 之輸入點之編號為＿＿＿＿＿＿，共＿＿＿＿點；
　　　　　　　　輸出點之編號為＿＿＿＿＿＿，共＿＿＿＿點；
　　　　　　　　其輸入 / 出點數共有＿＿＿＿＿＿點。

5. FX2-32MR PLC 之機型編號中，M 之意義為＿＿＿＿＿＿，
　　　　　　　　R 之意義為＿＿＿＿＿＿。

6. FX2-32MR PLC 輸出接點之負電流約為＿＿＿＿安培而已，故不能應用此輸出接點以

直接控制較大電流之負載；例如三相 220 V 之 IM 其額定電流約為 27 A，應在輸出接點接一個_____，以間 接控制大電流之負載。

第二章 PLC基本命令說明及實習

2-1 基本命令之使用說明

2-1.1 載入及輸出命令

1. LD：LOAD（載入），邏輯演算開始之 a 接點。
2. LDI：LOAD INVERSE（載入「反相」），邏輯演算開始之 b 接點。
3. OUT：OUT（輸出），線圈驅動。
4. LD 及 LDI 命令用於母線開始連接的接點，OUT 命令用於輸出繼電器 Y、補助繼電器 M、狀態繼電器 S、計時器 T 及計數器 C 的線圈驅動命令，但不可使用於輸入繼電器 X。

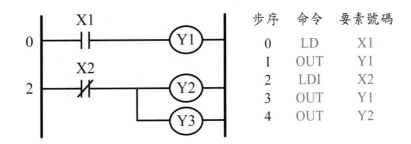

步序	命令	要素號碼
0	LD	X1
1	OUT	Y1
2	LDI	X2
3	OUT	Y1
4	OUT	Y2

2-1.2 串聯、並聯接點命令

1. AND：AND（邏輯積），串聯連接的 a 接點。
2. ANI：AND INVERSE（邏輯積「反相」），串聯連接的 b 接點。
3. OR：OR（邏輯和），並聯連接的 a 接點。
4. ORI：OR INVERSE（邏輯和「反相」），並聯連接的 b 接點。

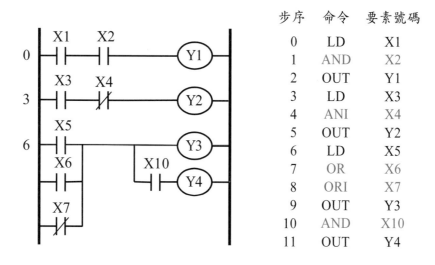

步序	命令	要素號碼
0	LD	X1
1	AND	X2
2	OUT	Y1
3	LD	X3
4	ANI	X4
5	OUT	Y2
6	LD	X5
7	OR	X6
8	ORI	X7
9	OUT	Y3
10	AND	X10
11	OUT	Y4

2-1.3 區塊並聯、區塊串聯命令

1. ORB：OR BLOCK（區塊並聯），區塊回路間之並聯連接。

2. ANB：AND BLOCK（區塊串聯），區塊回路間之串聯連接。

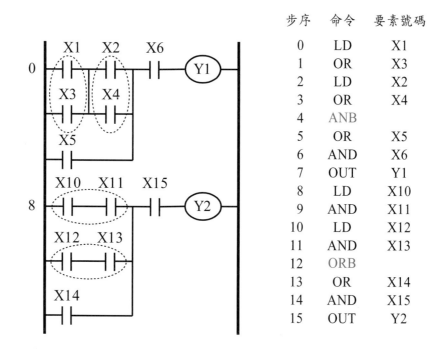

步序	命令	要素號碼
0	LD	X1
1	OR	X3
2	LD	X2
3	OR	X4
4	ANB	
5	OR	X5
6	AND	X6
7	OUT	Y1
8	LD	X10
9	AND	X11
10	LD	X12
11	AND	X13
12	ORB	
13	OR	X14
14	AND	X15
15	OUT	Y2

2-1.4 微分輸出命令

1. PLS：PULSE（脈波），上緣微分輸出命令，輸出元件動作一個掃瞄週期。

2. PLF：PULSE FALLING（下緣脈波），下緣微分輸出命令，輸出元件動作一個掃瞄週期。

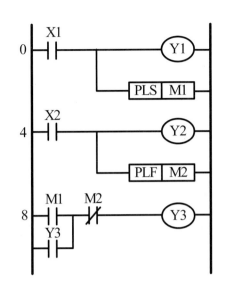

步序	命令	要素號碼
0	LD	X1
1	OUT	Y1
2	PLS	M1
4	LD	X2
5	OUT	Y2
6	PLF	M2
8	LD	M1
9	OR	Y3
10	ANI	M2
11	OUT	Y3

(1) 當執行 PLS 命令時，對象要素 Y、M 僅在驅動輸入 ON 後的一個演算週期間動作。

(2) 當執行 PLF 命令時，對象要素 Y、M 僅在驅動輸入 OFF 後的一個演算週期間動作。

(3) 當 X1 ON，Y1 ON，且 M1 上升緣脈波使 Y3 ON 且自保。

(4) 當 X2 ON，Y2 ON，且 M2 之下降緣脈波使 Y3 OFF。

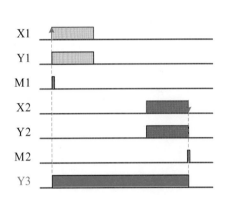

動作說明　　　　　　　　　　　　動作時序圖

2-1.5 自我保持與解除命令

1. SET：SET（設置、設定），動作保持輸出命令。

2. RST：RESET（重置、復置、復歸），動作保持之解除命令或暫存器之清除。

3. X1 ON，Y1 ON 且自保；X2 ON，Y1 OFF。

4. 同時，X1 ON，Y2 SET，即 Y2 保持（KEEP）輸出（ON）；
   X2 ON，Y2 RST，即 Y2 OFF，因此兩控制回路之動作原理相同。

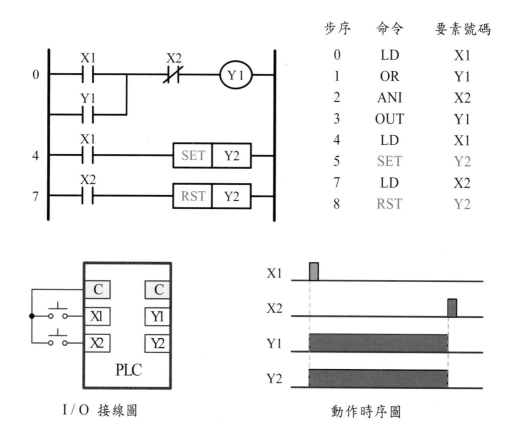

步序	命令	要素號碼
0	LD	X1
1	OR	Y1
2	ANI	X2
3	OUT	Y1
4	LD	X1
5	SET	Y2
7	LD	X2
8	RST	Y2

I／O 接線圖　　　　　　動作時序圖

2-1.6 多重輸出命令

1. MPS：MEMORY PUSH（往下推入堆疊區）。

2. MRD：MEMORY READ（由堆疊區記憶體讀出，不移動）

3. MPP：MEMORY POP（由堆疊區記憶體取出）

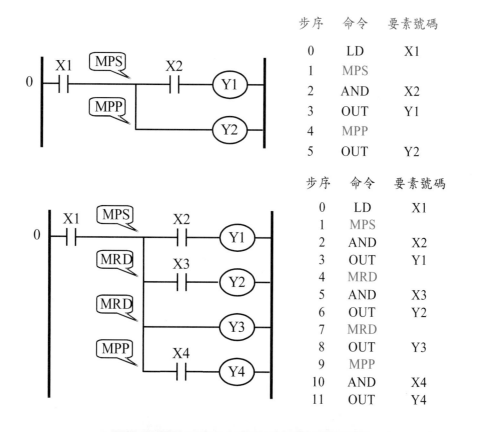

步序	命令	要素號碼
0	LD	X1
1	MPS	
2	AND	X2
3	OUT	Y1
4	MPP	
5	OUT	Y2

步序	命令	要素號碼
0	LD	X1
1	MPS	
2	AND	X2
3	OUT	Y1
4	MRD	
5	AND	X3
6	OUT	Y2
7	MRD	
8	OUT	Y3
9	MPP	
10	AND	X4
11	OUT	Y4

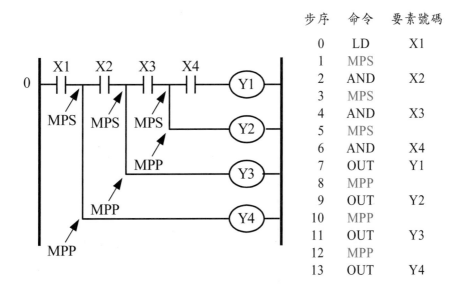

步序	命令	要素號碼
0	LD	X1
1	MPS	
2	AND	X2
3	MPS	
4	AND	X3
5	MPS	
6	AND	X4
7	OUT	Y1
8	MPP	
9	OUT	Y2
10	MPP	
11	OUT	Y3
12	MPP	
13	OUT	Y4

2-1.7 共通串聯接點命令

1. MC：MASTER CONTROL（主控制），共通串聯接點之連接。

2. MCR：MASTER CONTROL RESET（主控制復置），共通串聯接點之解除。

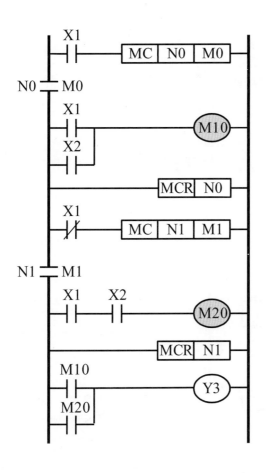

步序	命令	要素號碼	
0	LD	X1	
1	MC	(N)0	M0
4	LD	X1	
5	OR	X2	
6	OUT	M10	
7	MCR	(N)0	
9	LDI	X1	
10	MC	(N)1	M1
13	LD	X1	
14	AND	X2	
15	OUT	M20	
16	MCR	(N)1	
18	LD	M10	
19	OR	M20	
20	OUT	Y3	

2-1.8 無處理命令

NOP：NO OPERATION（無處理），無處理命令。

2-1.9 程式結束命令

END：程式處理結束，返回步序 0，可用於試車時將程式分段。

2-1.10 FX 系列 PLC 新增之基本命令

1. LDP（LOAD PULSE）：

   運算開始之上升微分命令，當 a 接點由 off → on 時，動作一個掃瞄週期。

2. LDF（LOAD FALLING PULSE）：

   運算開始之下降微分命令，當 a 接點由 on → off 時，動作一個掃瞄週期。

3. ORP（OR PULSE）：

   並聯之上升微分命令，當並聯之 a 接點由 off → on 時，動作一個掃瞄週期。

4. ORF（OR FALLING PULSE）：

   並聯之下降微分命令，當並聯之 a 接點由 on → off 時，動作一個掃瞄週期。

5. ANDP（AND PULSE）：

   串聯之上升微分命令，當串聯之 a 接點由 off → on 時，動作一個掃瞄週期。

6. ANDF（AND FALLING PULSE）：

   串聯之下降微分命令，當串聯之 a 接點由 on → off 時，動作一個掃瞄週期。

7. INV（INVERSE）：反向輸出命令

   [範例 1] 1. X1 之上升緣脈波或 X2 之下降緣脈波，會使 Y1 SET（設置、設定，即
   為 ON）。

   2. X3 之下降緣脈波或 X4 之上升緣脈波，會使 Y1 RST（復置、復歸，即
   為 OFF）。

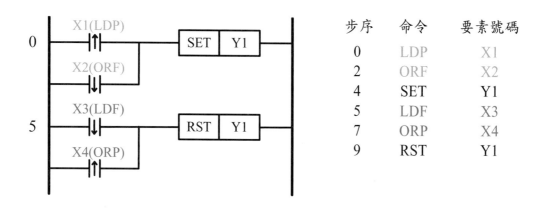

步序	命令	要素號碼
0	LDP	X1
2	ORF	X2
4	SET	Y1
5	LDF	X3
7	ORP	X4
9	RST	Y1

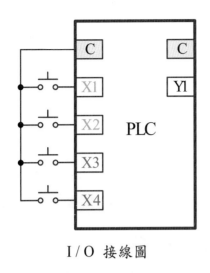

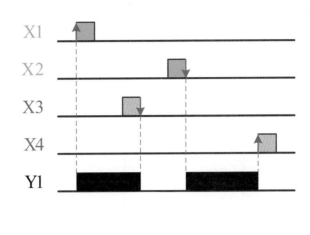

I/O 接線圖　　　　　　　　　　　動作時序圖

[範例2] 1. 當 X1 ON 時，且 X2 之上升緣脈波 ON，會使 Y1 ON。

2. 當按下 X5/OFF 時，使 Y1 OFF。

3. 當 X3 ON 時，且 X4 之下降緣脈波 ON，會使 Y1 ON。

4. 當按下 X5/OFF 時，使 Y1 OFF。

5. Y2 的動作，與 Y1 相反。

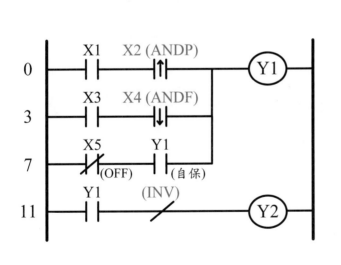

步序	命令	要素號碼
0	LD	X1
1	ANDP	X2
3	LD	X3
4	ANDF	X4
6	ORB	
7	LDI	X5
8	AND	Y1
9	ORB	
10	OUT	Y1
11	LD	Y1
12	INV	
13	OUT	Y2

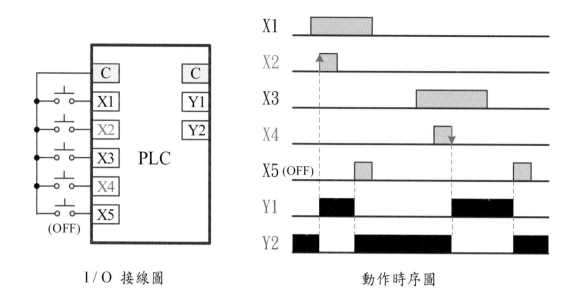

I／O 接線圖　　　　　　　動作時序圖

2-2 PLC 程式之寫作技巧

1. 左圖所示之兩方向電流流動之橋式回路,可改成右圖之回路,以書寫程式,左右兩圖之動作邏輯相同。

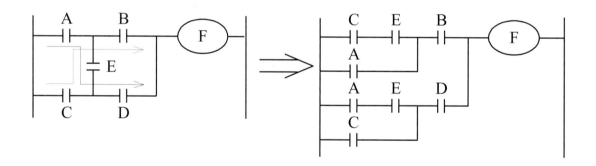

2. 線圈之接續位置

左圖線圈之右側不可再設計接點,可將左圖修正如右圖。

3. 分歧出力

如左圖,分歧後之接點驅動兩線圈,可用多重輸出命令 MPS、MPP 等書寫程式;但亦可修正成如右方的兩圖以便於書寫程式。

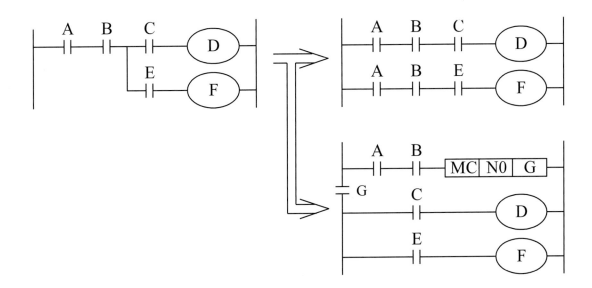

4. 雙重輸出禁止及其對策

　　左圖之回路，Y0 為雙重輸出，PLC 執行 Y0 之輸出，以後者之回路為優先動作；為確保控制回路之動作邏輯正確，可修正如右邊的兩圖。

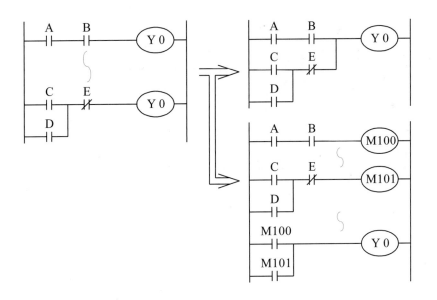

5. 串聯接點多的回路規劃於上方

　　左右兩圖之動作邏輯相同，但右圖之程式少一步，不須要 ORB 命令。

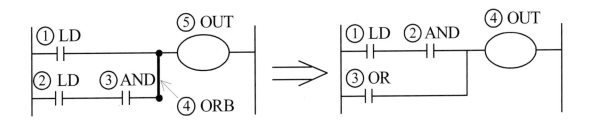

6. 並聯回路規劃於左方

左右兩圖之動作邏輯相同，但右圖之程式少一步，不須要 ANB 命令。

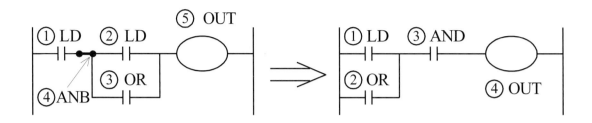

7. 請由左而右，由上而下，練習書寫程式

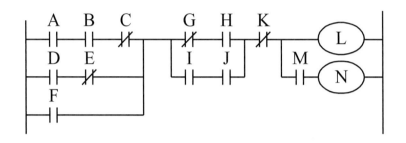

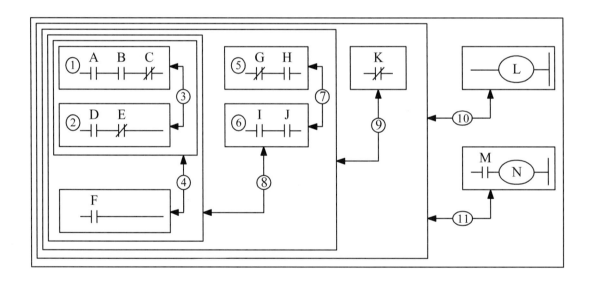

2-3 基本命令之基礎實習

2-3.1 寸動回路

㈠動作說明

1.「按住」PB1/X1，則 Y1 ON；手放開，則 Y1 OFF。「按住」PB2/X2，則 Y2 及 Y3
   ON；手放開，則 Y2 及 Y3 OFF。

2.因為「按住」PB，才有輸出；手放開，輸出就OFF，此種控制方式稱為「寸動」控制。

㈡控制回路

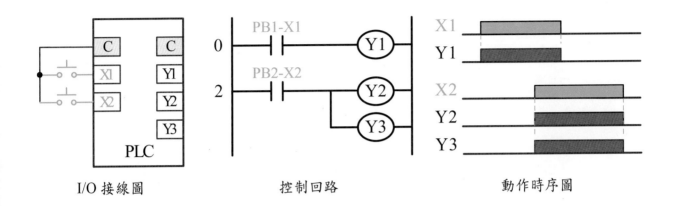

I/O 接線圖　　　　　　　控制回路　　　　　　動作時序圖

2-3.2 記憶回路（自保回路）

㈠動作說明

1.按住 PB1/X1，則 Y1 ON；手放開，則 Y1 繼續保持為 ON。

2.因為與 PB1/X1 並聯之 Y1 的 a 接點，有自保持的功能，故稱此種控制回路為「記憶」回路，或「自保」回路。

㈡控制回路

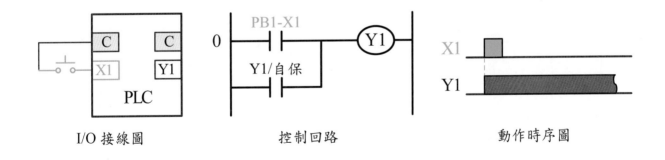

I/O 接線圖　　　　　　　控制回路　　　　　　動作時序圖

2-3.3 啟動／停止控制回路（ON/OFF 控制回路）

㈠動作說明

1.按 PB1/X1，則 Y1 ON 且自保；按 PB2/X2，則 Y1 OFF。

2.若 PB1/X1 與 PB2/X2 同時按下時，輸出 Y1 為「OFF」，故稱此種控制回路為「復歸優先」回路，如控制回路 (1) 所示。

3.若 PB1/X1 與 PB2/X2 同時按下時，輸出 Y1 為「ON」，故稱此種控制回路為「動作優先」回路，如控制回路 (2) 所示。

(二)控制回路 (1)：復歸優先

　　在本復歸優先之控制回路，PLC 的 I/O 接線，按鈕開關 PB-ON 及 PB-OFF 均可使用 a 接點來配線，如上圖所示。

　　但此種 OFF 按鈕開關使用 a 接點的配線方法，會有個缺點，如果 OFF 按鈕開關的線路斷線，或按鈕開關使用之 a 接點器具故障，按下時常開接點的電路不能導通，則不能使輸出 OFF，亦即如果是控制電動機運轉的電路，則於按下停止按鈕開關時，會有電動機不能停止運轉的問題。

　　基於安全的考量，在 PLC 的 I/O 接線上，有關於要求輸出 OFF 的停止電路，使用的器具要求用常閉接點（b 接點）來配線，控制回路如下圖所示。

　　於工業配線乙級術科檢定測試試題規定：[當積熱電驛或 EMS（緊急停止開關）之控制接點連接至 PLC 電路被切斷時，應等同積熱電驛跳脫或 EMS（緊急停止開關）動作。]

　　因此，積熱電驛或 EMS 連接至 PLC 之控制接點，需要使用器具之 b 接點。

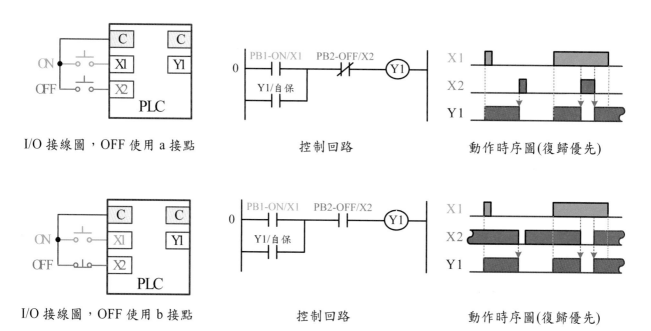

I/O 接線圖，OFF 使用 a 接點　　　　　控制回路　　　　　動作時序圖(復歸優先)

I/O 接線圖，OFF 使用 b 接點　　　　　控制回路　　　　　動作時序圖(復歸優先)

(三)控制回路 (2)：動作優先

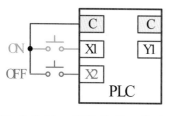

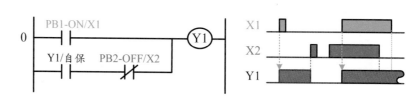

I/O 接線圖，OFF 使用 a 接點　　　　　控制回路　　　　　動作時序圖(動作優先)

2-3.4 SET/RESET 控制回路

㈠動作說明

1. 按 PB1-ON/X1，則 Y0 ON（SET）；按 PB2-OFF/X2，則 Y0 OFF（RST）。
2. 若 PB1-ON/X1 與 PB2-OFF/X2 同時按下時，輸出 Y0 為「OFF」，此乃因在程式掃瞄時，RST Y0 之程式在 SET Y0 之後，此種控制回路為「復歸優先」，如控制回路 (1) 所示。
3. 若 PB1-ON/X1 與 PB2-OFF/X2 同時按下時，輸出 Y0 為「ON」，此乃因在程式掃瞄時，SET Y0 之程式在 RST Y0 之後，此種控制回路為「動作優先」，如控制回路 (2) 所示。

㈡控制回路 (1)：復歸優先

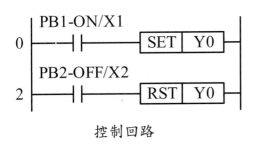

控制回路

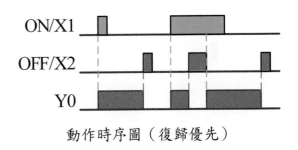

動作時序圖（復歸優先）

㈢控制回路 (2)：動作優先

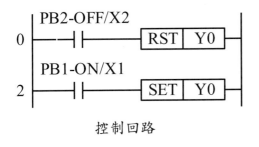

控制回路

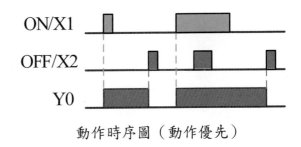

動作時序圖（動作優先）

2-3.5 兩處控制一個負載之控制回路

㈠動作說明

1. PB1-ON1/X1 或 PB2-ON2/X2 可控制輸出 Y1 ON；PB3-OFF1/X3 或 PB4-OFF2/X4 可控制輸出 Y1 OFF。
2. 在控制回路中，ON1 與 ON2 並聯（且與自保接點 Y1 並聯），OFF1 與 OFF2 串聯。

㈡控制回路

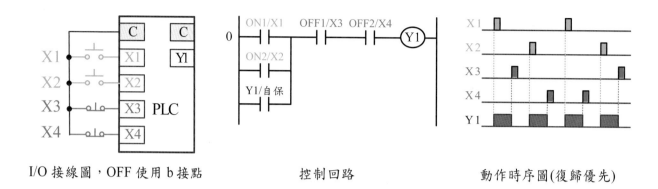

| I/O 接線圖，OFF 使用 b 接點 | 控制回路 | 動作時序圖(復歸優先) |

2-3.6 計時器控制回路

㈠動作說明

1. PLC RUN，Y2 ON。PB1/X1 ON 時，Y2 ON（PB1 須按住），計時器 T1 開始 6 秒之計時。
2. T1 計時 6 秒時間到，Y1 ON，Y2 OFF。

㈡控制回路

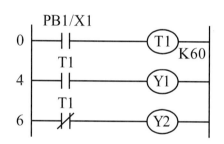

2-3.7 計數器控制回路

㈠動作說明

1. 當計數（COUNT）入力 PB2/X2 ON/OFF 操作時，則計數器 C1 開始作設定值 6 次之計數，此時 Y2 為 ON。
2. 當 C1 計數達 6 次時，Y1 ON, Y2 OFF。
3. 當復置（RST）入力 PB1/X1 ON 時，則計數器之設定值復置（RST）為 0，此時 Y2 為 ON，Y1 OFF。

㈡控制回路

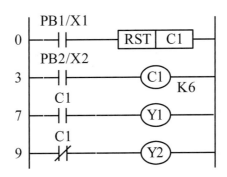

2-3.8 單燈閃爍控制回路

㈠動作說明

1. 以特殊電驛 M8013（0.5S/ON, 0.5S/OFF）控制 Y0 閃爍（0.5S/ON, 0.5S/OFF），如設計方法 (1)。

2. 以 T0 與 T1 設計一閃爍回路，控制 Y1 閃爍（0.5S/ON, 0.5S/OFF），如設計方法 (2)。

3. 以 ALT 應用命令設計一閃爍回路，(1) 當 X4 ON 時，控制 Y4 閃爍（0.5S/ON, 0.5S/OFF）；(2)當 X4 持續 ON 時，計時器 T1 的 a 接點在 0.5 秒後會導通一個掃瞄週期；(3) 而此 T1 的入力，使 ALT（ALTERNATE）應用命令動作，Y4 會每 0.5 秒 ON/OFF 交替輸出一次，有關之控制階梯圖、程式及動作時序圖如設計方法 (3) 所示。(4) 同理，當 X5 持續 ON 時，控制 Y5 閃爍，每 1 秒 ON/OFF 交替輸出一次。

㈡設計方法 (1)：以 M8013 特殊電驛設計

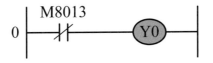

㈢設計方法 (2)：以兩只 TIMER 設計

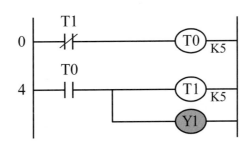

㈣設計方法 (3)：以 ALT 應用命令設計

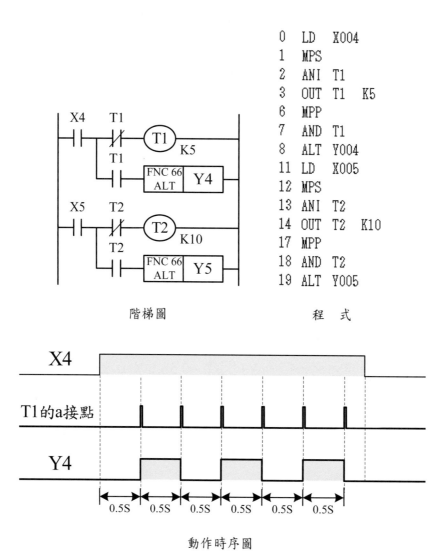

```
0    LD    X004
1    MPS
2    ANI   T1
3    OUT   T1   K5
6    MPP
7    AND   T1
8    ALT   Y004
11   LD    X005
12   MPS
13   ANI   T2
14   OUT   T2   K10
17   MPP
18   AND   T2
19   ALT   Y005
```

階梯圖　　　　　　　　程　式

動作時序圖

2-3.9 兩燈互閃控制回路

㈠動作說明

1. 以特殊電驛 M8013（0.5S/ON, 0.5S/OFF）之 a 及 b 接點，控制 Y0 及 Y1 兩燈互閃（0.5S/ON, 0.5S/OFF），如設計方法 (1)。

2. 以 T3 與 T4 設計一閃爍回路，控制 Y2 及 Y3 兩燈互閃（0.5S/ON, 0.5S/OFF），如設計方法 (2)。

㈡設計方法 (1)

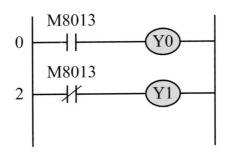

㈢設計方法 (2)

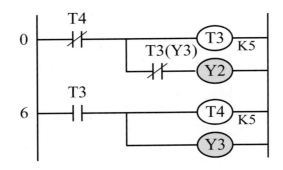

2-3.10 單點 ON/OFF 控制回路（單點交替控制回路）

㈠動作說明

1. 每次按下 PB1/X1 一次，則輸出 Y1 就改變其 ON/OFF 之動作狀態，亦即第一次按下 PB1，則 Y1 ON，第二次按下 PB1，則 Y1 OFF，第三次按下 PB1，則 Y1 又 ON，然後一直循環之，此種控制方式稱為「單點 ON/OFF 控制」，亦稱為「單點交替控制」。

2. 以基本命令設計「單點 ON/OFF 控制」。

㈡控制回路

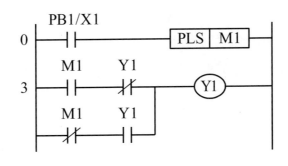

2-3.11 單機個別操作控制回路

(一)動作說明

1. ON1 與 OFF1 各為控制輸出 Y1 之啟動與停止之 PB；ON2 與 OFF2 各為控制輸出 Y11 之啟動與停止之 PB，亦即輸出 Y1 與輸出 Y11 具有各自的控制回路，而 Y0/ GL1 與 Y10/GL2 為各自回路之停止表示。

2. 以基本命令設計單機個別操控回路。

(二)控制回路

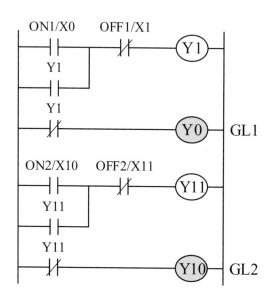

2-3.12 電氣連鎖保護控制回路

(一)動作說明

1. ON1 與 OFF1 各為控制輸出 Y1 之啟動與停止之 PB；ON2 與 OFF2 各為控制輸出 Y2 之啟動與停止之 PB。但若要求輸出 Y1 與輸出 Y2 不能同時動作時，則需作「電氣連鎖」保護，如控制回路 (1) 圖中之虛線所示，當 Y1 已動作時，則 Y2 不會動作，反之當 Y2 已動作時，則 Y1 不會動作。

2. 如控制回路 (2) 所示，輸出 Y1 與 Y2 為使用同一只停止按鈕，即 OFF/X0；此控制回路可應用於電動機之正反轉控制，ON1 則為正轉按鈕（PB-FOR），ON2 則為反轉按鈕（PB-REV），OFF 則為停止按鈕（PB-OFF），而「電氣連鎖」之保護當然必要。此種電動機正反轉之控制回路，在電動機要正、反轉切換時，必先將電動機停止後才能切換。

㈡控制回路 (1)

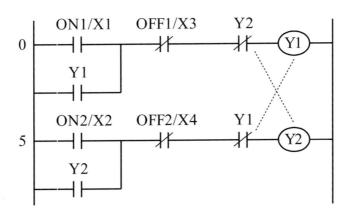

㈢控制回路 (2)

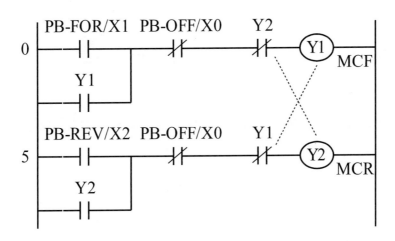

2-3.13 先通優先動作控制回路（電氣連鎖保護之運用）

㈠動作說明

1. PB-ON1、PB-ON2 與 PB-ON3 各為輸出 Y1、Y2 與 Y3 之啟動按鈕，PB-OFF 為輸出 Y1、Y2 與 Y3 之停止按鈕。

2. 當 Y1 已動作後，若再按 PB-ON2 或 PB-ON3，Y2 與 Y3 不會動作；同理，當 Y2 已動作後，若再按 PB-ON1 或 PB-ON3，Y1 與 Y3 不會動作；當 Y3 已動作後，若再按 PB-ON1 或 PB-ON2，Y1 與 Y2 不會動作。

3. 如上之分析，此控制回路為「先通」者可「優先動作」，其設計之原理為「電氣連鎖保護」之運用，並可確保在同一時間中，輸出 Y1、Y2 或 Y3 僅有一個會動作。

㈡控制回路

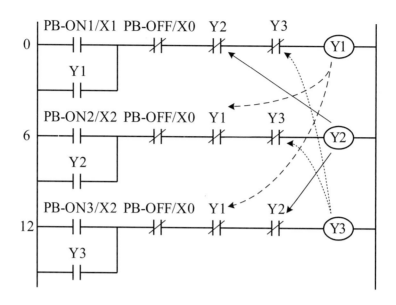

2-3.14 後通優先動作控制回路（新信號優先動作控制回路）

㈠動作說明

1. PB-ON1、PB-ON2 與 PB-ON3 各為輸出 Y1、Y2 與 Y3 之啟動按鈕，PB-OFF 為輸出 Y1、Y2 與 Y3 之停止按鈕。

2. 當 Y1 已動作後，若再按 PB-ON2 或 PB-ON3，則 Y2 或 Y3 會動作；同理，當 Y2 已動作後，若再按 PB-ON1 或 PB-ON3，則 Y1 或 Y3 會動作；當 Y3 已動作後，若再按 PB-ON1 或 PB-ON2，則 Y1 或 Y2 會動作。

3. 如上之分析，此控制回路為「後通」者可「優先動作」，亦即「新信號優先」之控制回路，其設計之原理為「機械連鎖保護」之運用，並可確保在同一時間中，輸出 Y1、Y2 或 Y3 僅有一個會動作。

㈡控制回路

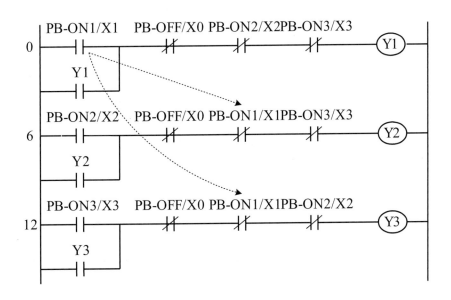

2-3.15 前端優先動作回路（順序啟動控制回路）

㈠動作說明

1. PB-ON1、PB-ON2 與 PB-ON3 各為輸出 Y1、Y2 與 Y3 之啟動按鈕，PB-OFF 為輸出 Y1、Y2 與 Y3 之停止按鈕。

2. 但是在輸出 Y1 動作後，輸出 Y2 才能動作；在輸出 Y2 動作後，輸出 Y3 才能動作。此種控制回路稱為前端優先動作回路，是為順序啟動的控制方式。

㈡控制回路

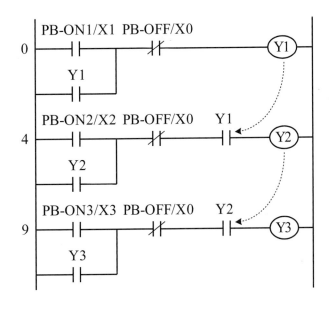

2-3.16 警報控制回路

(一)動作說明

1. PB1 與 PB2 各為輸出 Y1 之啟動（ON）與停止（OFF）按鈕。

2. 如控制回路所示，當過載保護 OL/X6 動作時，輸出 Y1 停止，蜂鳴器 BZ/Y0 響；若 OL 復歸，則 BZ 停響，恢復正常動作。

   (a) 於 I/O 接線圖中，OFF 及 OL 使用常開之 a 接點，則如控制回路 (1) 所示。

   (b) 於 I/O 接線圖中，OFF 及 OL 使用常閉之 b 接點，則如控制回路 (2) 所示。

(二)控制回路 (1)

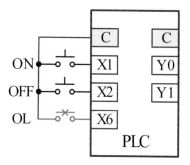
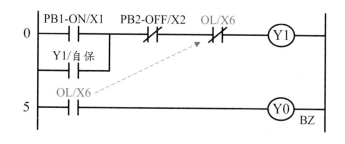

I/O 接線圖，OFF 及 OL 使用 a 接點　　　　　　控制回路圖

(三)控制回路 (2)

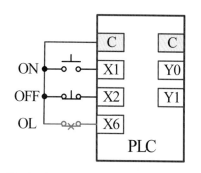
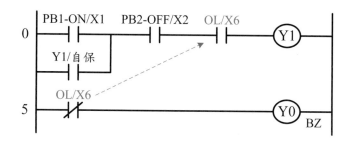

I/O 接線圖，OFF 及 OL 使用 b 接點　　　　　　控制回路圖

2-4 複習及評量

1.請分析下圖控制回路之動作順序，並編寫程式，鍵入 PLC 實習。

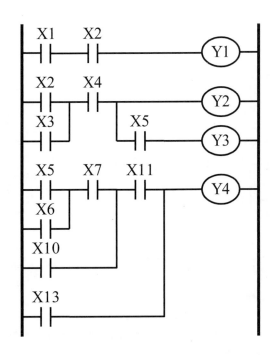

2.請分析下圖控制回路之動作順序，並編寫程式，鍵入 PLC 實習。

3.請分析下圖控制回路之動作順序，並編寫程式，鍵入 PLC 實習。

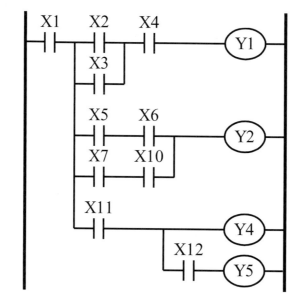

4.請分析下圖控制回路之動作順序，並編寫程式，鍵入 PLC 實習。

5.請分析下圖控制回路之動作順序，並編寫程式，鍵入 PLC 實習。

6. 請設計一個紅綠燈控制回路，紅綠燈裝置圖及燈號動作順序圖。

(1) 如圖所示之紅綠燈之裝置圖，是為主幹道及行人穿越道的十字路口，在平時由主幹道之車輛行駛；而在行人欲穿越車道時，才按下穿越道之按鈕 X0 或 X1，待綠燈亮時才能穿越車道。

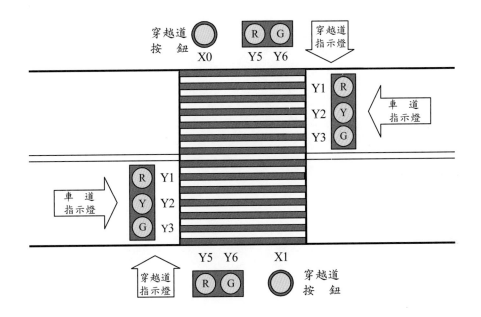

(2) 如圖所示之為車道及穿越道燈號之動作順序，在平時車道之綠燈均亮著，而當有行人要穿越車道時才按下 X0 或 X1，車道之綠燈會繼續亮 30 秒，然後警示之黃燈亮 10 秒，才會變成紅燈；亦即穿越道按鈕 X0 或 X1 ON 後車輛尚可繼續行駛綠燈亮的 30 秒。待車道燈號變紅燈後，穿越道之紅燈會繼續亮 5 秒，然後穿越道之綠燈才會亮 10 秒，接著綠燈以 0.5 秒之間隔閃 5 次，才會變成紅燈，亦即行人穿越車道的時間約為 15 秒。等穿越道之紅燈亮起後 5 秒，車道之綠燈才會亮，車輛可繼續通行。

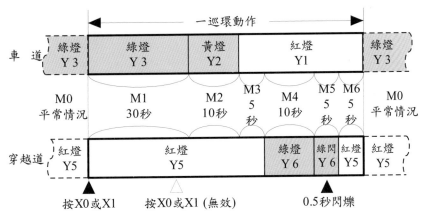

車道及穿越道之燈號動作順序圖

(3) 請依動作需求，設計控制回路，編寫程式，鍵入 PLC 實習。

第三章　PLC步梯命令說明及實習

3-1　步梯命令之使用說明

3-1.1　步梯命令說明

1. 步梯命令

(1) STL：STEP LADDER（步梯命令）

(2) RET：RETURN（返回主母線）

2. 狀態遷移圖之意義

以狀態遷移圖（或稱為流程圖）來表示順序控制動作，程式設計者易於設計，看圖的人也容易瞭解。狀態圖（State Diagram）是一種順序邏輯（Sequencial Logic）表示圖法，它可以很清楚地將「If.... Then....」結構，以圖形描述出來，而圖形之描述比文字簡單、易懂、完整、結構化；所以，使用狀態圖來描述生產控制系統非常適當。

3. 步梯命令設計法之優點

步梯命令設計法又稱為流程圖設計法。

控制系統之設計要對控制的邏輯先了解，再進行設計工作。但是，大部分設計工程師一開始就進行程式設計，而忽略了系統之分析規劃工作，這種隨心所欲的設計方法，缺點如下：

(1) 沒有一定的法則，很難了解整體動作流程。

(2) 修改除錯困難。

(3) 教育訓練不易，技術傳承困難，經驗不易累積。

(4) 機電溝通不良，工程常常變更。

步梯命令設計法主要針對這些缺點，提供一種方式，讓設計工程師先將控制的邏輯弄清楚，並且使用狀態流程圖來表現控制的邏輯，再進行設計，同時，計劃開發設計過程中，機電工程雙方可以經過充分溝通，減少不必要之工程變更，縮短產品開發時間。維修人員異動時，技術交接、轉移較容易。在試車階段，因為控制的狀態很清楚，除錯容易。

4. PLC替代傳統工業配線控制的原因

(1) PLC 程式設計簡單，節省成本：傳統工業配線所使用之器材，如繼電器、電力電驛、計時器等之接點有限，是設計時經常會遭遇到的問題；但若使用 PLC 設計

時，就沒有這個困擾。

(2) PLC 配線簡單，節省時間：PLC 只要裝配輸入／輸出之線路，沒有控制電路之接線，可以節省裝配時間與裝配空間。

(3) PLC 功能強大，可作更複雜之控制：PLC 具有加減乘除、搬移、比較、程式流程……等功能，為傳統工業配線所不及，可作更複雜之控制。

(4) PLC 適合大量生產：PLC 之設計以軟體程式複製，很適合大量生產。

3-1.2 步梯命令應用說明

1. 步梯命令使用狀態遷移圖來表示，如圖 (a) 所示，各狀態具備對負載的驅動處理、指定移行對象及其移行條件等三種功能。

2. 此狀態遷移圖若以階梯圖繼電器符號之方式表示，即為圖 (b) 的步進階梯圖；程式規劃時，可以使用狀態遷移圖或步進階梯圖的方式來書寫程式，兩者均可。不論使用何者，程式須依對負載的驅動，接著移行處理的順序來書寫，當然對於無負載的狀態，則負載的驅動處理即無必要。

3. 狀態遷移圖又稱 SFC 圖，其英文名稱為 Sequence Function Chart（SFC），中文意思為順序功能圖，而步進階梯圖稱為 STL 圖，其英文名稱為 Step Ladder（STL）；SFC 圖及 STL 圖之間的互換如圖所示。

4. 如圖 (c) 所示的命令，即為前述狀態遷移圖或步進階梯圖的程式，STL 命令為連接於主母線的常開接點命令，接在 STL 接點後可以直接驅動線圈，亦可以經由其他接點再驅動線圈，將接點與副母線連接時須使用 LD（LDI）命令。副母線欲回到主母線時須使用 RET（Return）命令，經由 STL 接點所驅動的狀態繼電器於其移行以後，前一個狀態會自動的被復置為 OFF。

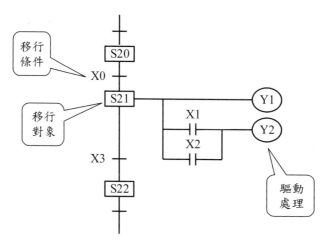

(a) 狀態遷移圖（SFC 圖）

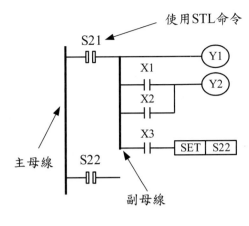

使用STL命令

0	STL	S 21
1	OUT	Y1
2	LD	X1
3	OR	X2
4	OUT	Y2
5	LD	X3
6	SET	S 22
8	STL	S 22

對於狀態繼電器，
SET 或 RST 命令
為 2 步序命令

(b) 步進階梯圖（STL 圖）

(c) 程式

3-1.3 步梯命令之使用範例

1. SFC圖　　　　　　　　　　　　*2.* STL圖

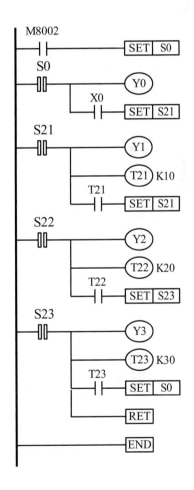

3. 程式之編寫

0	LD	M8002	13	LD	T21	24	STL	S23
1	SET	S0	14	SET	S22	25	OUT	Y3
3	STL	S0	16	STL	S22	26	OUT	T23
4	OUT	Y0	17	OUT	Y2		(SP)	K30
5	LD	X0	18	OUT	T22	29	LD	T23
6	SET	S21		(SP)	K20	30	SET	S0
8	STL	S21	21	LD	T22	32	RET	
9	OUT	Y1	22	SET	S23	33	END	
10	OUT	T21						
	(SP)	K10						

4. 動作說明

(1) 當 PLC RUN，初始脈波 M8002 使初始狀態 S0 ON，初始狀態指示燈 Y0 ON。

(2) 當起動按鈕 X0 ON，則狀態 S21 ON，Y1 ON，且 T21 開始 1 秒的計時，而 Y0 OFF。

(3) T21 計時 1 秒後，狀態 S22 ON，Y2 ON，且 T22 開始 2 秒的計時，而 Y1 OFF。

(4) T22 計時 2 秒後，狀態 S23 ON，Y3 ON，且 T23 開始 3 秒的計時，而 Y2 OFF。

(5) T23 計時 3 秒後，又回復到初始狀態 S0 ON，Y0 ON，而 Y3 OFF。

(6) 如果起動按鈕 X0 再度 ON，則 Y1 ON 1 秒，Y2 ON 2 秒，Y3 ON 3 秒後，再回復到初始狀態 Y0 ON。

3-1.4 步梯命令程式編寫時應注意事項

1. 若 STL 接點 ON，則與其連接的回路即動作；當 STL 接點 OFF，則與其連接的回路變為不動作，且於一演算週期後將負載復置，然後此 STL 接點後的回路命令不再執行。如下圖中，在不同的狀態中含有相同的輸出，若 S21 或 S22 為 ON，則輸出 Y2 動作；當 S21 及 S22 皆為 OFF，Y2 即變為不動作。雖然使用 STL 回路可以達到雙重輸出的功能，但若將雙重輸出的設計使用在 STL 回路以外的回路時，必須非常小心。

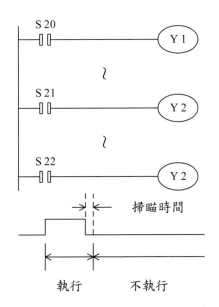

2. 於狀態移行處理時，僅在一演算週期的時間兩狀態會同時為 ON，因此，如下圖中兩輸出 Y1 及 Y2 不可同時為 ON 的狀況時，必須使用輸出連鎖保護（Interlock），以避免兩輸出 Y1 及 Y2 同時 ON。

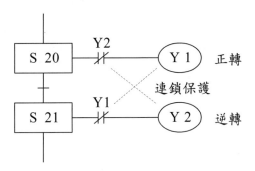

3. 同一編號之計時器在程式中重複使用，不可將其使用在相鄰的狀態。因為計時器之線圈無法 OFF，將導致計時器不能復置；而在兩個分離的狀態，就可以使用相同號碼的計時器。

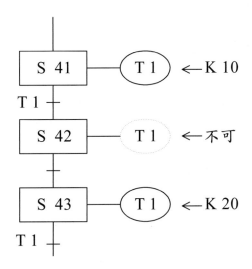

4. 以相同的信號依次作為狀態的移行條件，此信號必須為脈波信號。如下圖中 M0 成為 ON 使 S50 動作之後，由於 M1 為開路，避免動作狀態立即移至 S51。若再次使 M0 成為 ON，則動作狀態移行至 S51。

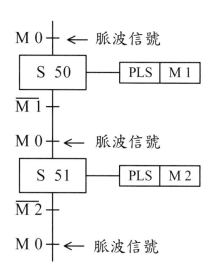

3-2 步梯命令之基礎實習

3-2.1 三燈循環回路 (1)：以 M8002 啟動

㈠動作說明

1. 當 PLC RUN，則 L1 → L2 → L3 → L1 → L2 → L3……三個輸出依序循環動作，時間間隔各為 1 秒。

2. 本題沒有循環動作「停止」的要求。

㈡流程圖設計

1. 當 PLC RUN，初始脈波 M8002 ON，則 S21 ON，L1/Y1 ON，且 T21 開始 1 秒的計時。

2. 當 T21 計時 1 秒後，S22 ON，則 L2/Y2 ON，且 T22 開始 1 秒的計時，而 Y1 OFF。

3. 當 T22 計時 1 秒後，S23 ON，則 L3/Y3 ON，且 T23 開始 1 秒的計時，而 Y2 OFF。

4. 當 T23 計時 1 秒後，S21 又 ON，因此造成 L1 → L2 → L3 → L1……三個輸出依序循環動作，時間間隔各為 1 秒。

5. 本題之流程圖表示如下，SFC 圖 (1) 係將三只計時器 T21、T22、T23 之激磁線圈表示出來，而 SFC 圖 (2) 僅將計時器之計時時間 1S（1 秒）於移行條件中表示，整個流程圖之顯示較為簡潔。

6. 若將流程圖中之初始啟動條件 M8002 改為 PB-ON/X1，則單燈循環回路於按下 PB-ON/X1 啟動按鈕後才開始動作。

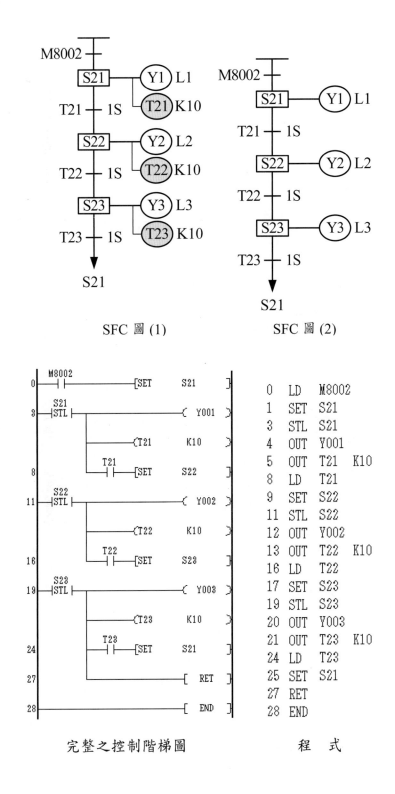

SFC 圖 (1)　　　　SFC 圖 (2)

完整之控制階梯圖　　　　程　式

3-2.2 單燈循環回路 (2)：ON/OFF 控制

㈠動作說明

1.當 PLC RUN，則 L1 → L2 → L3 → L1 → L2 → L3……三個輸出依序循環動作，時間間隔各為 1 秒。

2.若按 PB/OFF 時，則 Y1、Y2 與 Y3 均熄，即循環動作「停止」。

3.若按 PB/ON，則三個輸出可再依序循環動作，亦即可 ON/OFF 控制輸出動作。

㈡流程圖設計

1.本題之 L1、L2、L3 三個輸出依序循環動作之「單燈循環回路」，動作原理同前一題，但增加以按鈕開關之「ON/OFF」之啟動／停止控制，其所增加之 ON/OFF 控制回路如圖所示。

2.於 ON/OFF 控制回路中，以 M8002 或 X1-PB/ON 驅動「SET S21」，為開始循環之啟動條件。於 ON/OFF 控制階梯圖 (1) 中係以「RST S21」、「RST S22」、及「RST S23」之復歸命令將 S21、S22、S23 復歸；而於 ON/OFF 控制階梯圖 (2) 中係以區域復歸命令「ZRST S21 S23」將 S21、S22、S23 均復歸。

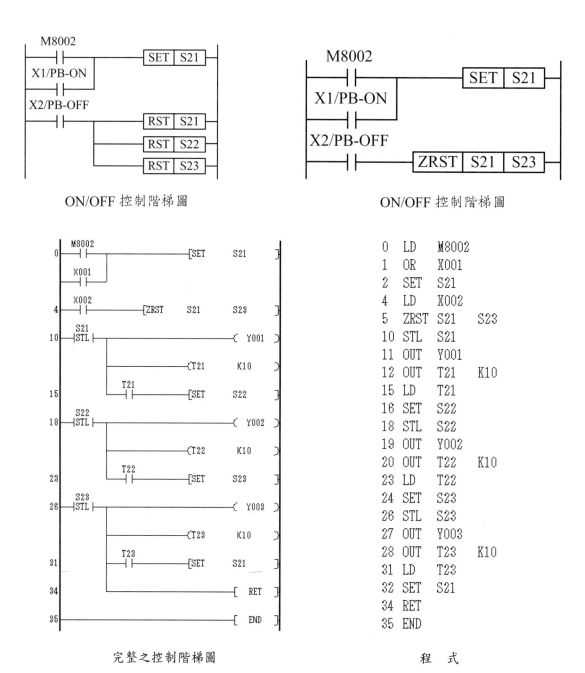

ON/OFF 控制階梯圖　　　　　　　　　　ON/OFF 控制階梯圖

0	LD	M8002	
1	OR	X001	
2	SET	S21	
4	LD	X002	
5	ZRST	S21	S23
10	STL	S21	
11	OUT	Y001	
12	OUT	T21	K10
15	LD	T21	
16	SET	S22	
18	STL	S22	
19	OUT	Y002	
20	OUT	T22	K10
23	LD	T22	
24	SET	S23	
26	STL	S23	
27	OUT	Y003	
28	OUT	T23	K10
31	LD	T23	
32	SET	S21	
34	RET		
35	END		

完整之控制階梯圖　　　　　　　　　　程　式

3-2.3 單燈循環回路 (3)：附停止表示燈

(一)動作說明

1. 當 PLC RUN，則停止表示燈 L0 亮。

2. 按 PB/ON，則 L1 → L2 → L3 → L1 → L2 → L3……三個輸出依序循環動作，時間間隔各為 1 秒，此時 L0 熄。

3. 若按 PB/OFF 時，則 Y1、Y2 與 Y3 均熄，L0 又亮。

(二)流程圖設計

1. 本題之 L1、L2、L3 三個輸出依序循環動作之「單燈循環回路」，動作原理與前兩題想同，但附有按鈕開關之「ON/OFF」啟動／停止控制，以及停止表示燈 L0 之功能，其所須之初始狀態控制階梯圖如圖及 SFC 圖如下所示。

2. 於初始狀態控制階梯圖中，以 M8002 或 X1-PB/OFF 驅動「SET S0」及「ZRST S21 S23」，以達到 S0 動作，S21、S22、S23 均復歸之「初始狀態」。

3. 於 S0 動作時，停止表示燈 Y0/L0 ON。

4. 於 S0 動作時，若按下 X2-PB/ON 之按鈕開關，則啟動 L1、L2、L3 三個輸出依序循環動作之「單燈循環回路」。

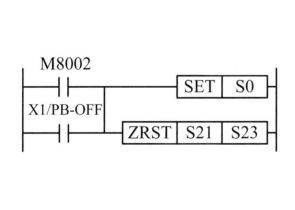

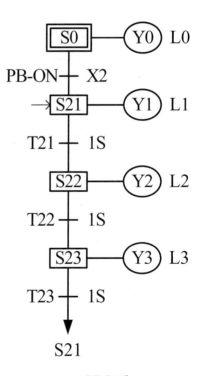

初始狀態控制階梯圖　　　　　　　　SFC 圖

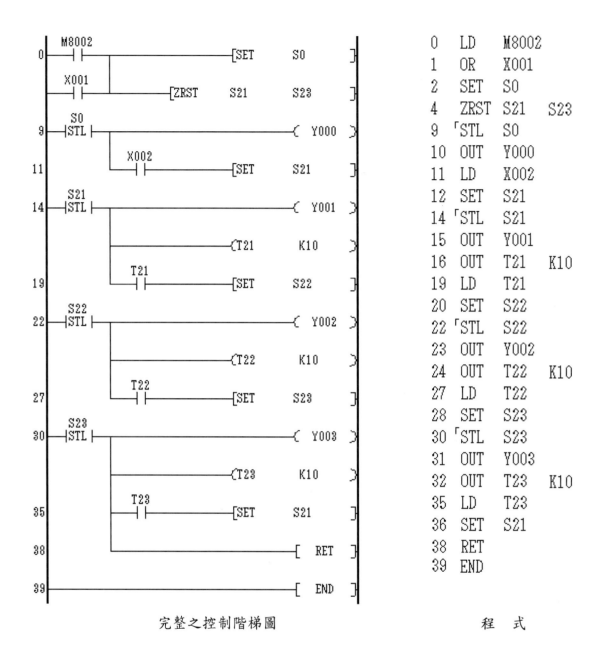

完整之控制階梯圖　　　　程　式

3-2.4 雙燈循環回路

㈠動作說明

　　當 PLC RUN，則 L1、L2 → L2、L3 → L3、L1 → L1、L2 → L2、L3 → L3、L1……三個輸出中「兩兩」依序循環動作，時間間隔各為 1 秒。

㈡設計方法

1.設計方法與以 M8002 啟動之「單燈循環回路」相同，當 PLC RUN，則 S21 → S22 → S23 → S21……三只狀態電驛依序循環動作，時間間隔各為 1 秒。

2.如圖所示，應用步梯命令允許「雙重輸出」之優點，各於 S21、S22、S23 等三只狀態電驛輸出 Y1 及 Y2、Y2 及 Y3、Y3 及 Y1，即可達到「雙燈循環」之要求。

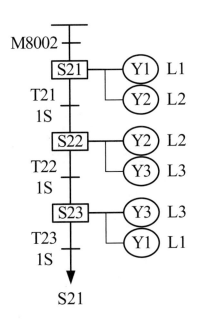

3-2.5 選擇分歧、合流回路（手動／自動切換回路）

㊀動作說明

1. 當切換開關切到位置 1（COS-1）時，是為手動測試控制。

   若按住 PB1 時，則 L1、L2 與 L3 均 ON；若手放開時，則 L1、L2 與 L3 均 OFF。

2. 當切換開關切到位置 2（COS-2）時，是為自動循環控制。

   若按 PB2 時，則 L1 → L2 → L3 → L1 → L2 → L3……三個輸出依序循環動作，時間
   間隔各為 1 秒。

3. 若按 PB0 時，則 L1、L2 與 L3 均 OFF。

4. 當切換開關由 COS-1 切換到 COS-2 時，或由 COS-2 切換到 COS-1 時，也應動作到
   初始狀態，L1、L2 與 L3 均 OFF。

(二)控制回路

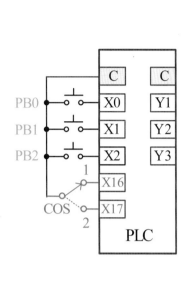

I/O 接線圖

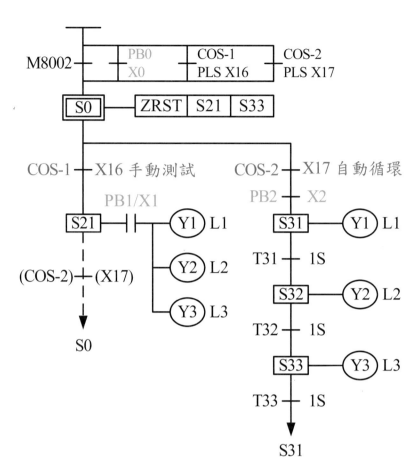

SFC 圖

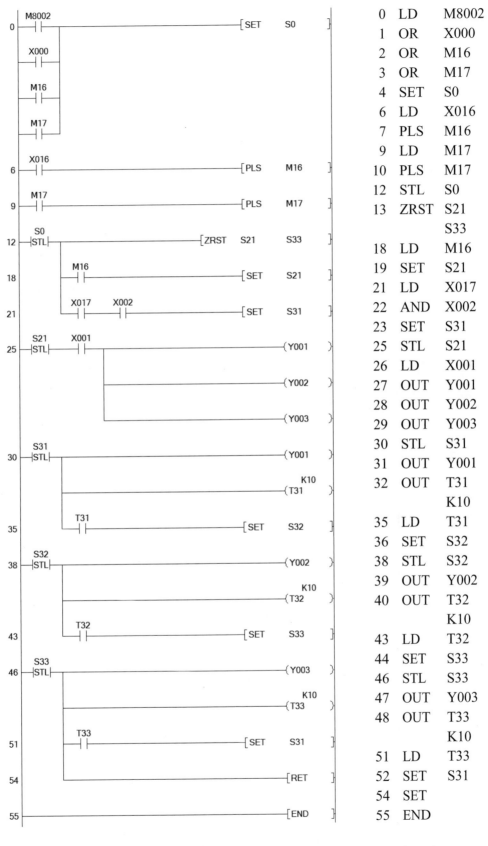

0	LD M8002
1	OR X000
2	OR M16
3	OR M17
4	SET S0
6	LD X016
7	PLS M16
9	LD M17
10	PLS M17
12	STL S0
13	ZRST S21
	S33
18	LD M16
19	SET S21
21	LD X017
22	AND X002
23	SET S31
25	STL S21
26	LD X001
27	OUT Y001
28	OUT Y002
29	OUT Y003
30	STL S31
31	OUT Y001
32	OUT T31
	K10
35	LD T31
36	SET S32
38	STL S32
39	OUT Y002
40	OUT T32
	K10
43	LD T32
44	SET S33
46	STL S33
47	OUT Y003
48	OUT T33
	K10
51	LD T33
52	SET S31
54	SET
55	END

完整之控制階梯圖　　　　　　程式編寫

3-2.6 並進分歧、合流回路

㈠動作說明

1. Y0 為初始表示燈。

2. 當按 PB/ON 時,則輸出 Y1~Y3 三個輸出依序循環動作,時間間隔各為 1 秒;此時動作表示燈 Y10 均 ON,初始表示燈 Y0 OFF。

3. 若按 PB/OFF,則 Y1~Y3 均 OFF,動作表示燈 Y10 亦 OFF,初始表示燈 Y0 ON。

㈡控制回路

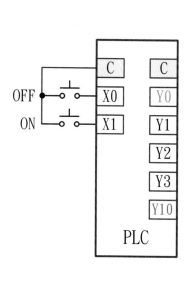

I/O 接線圖

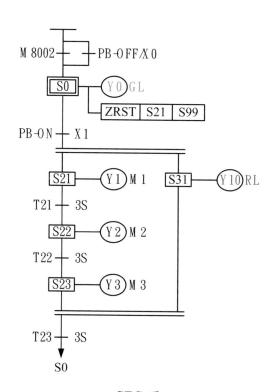

SFC 圖

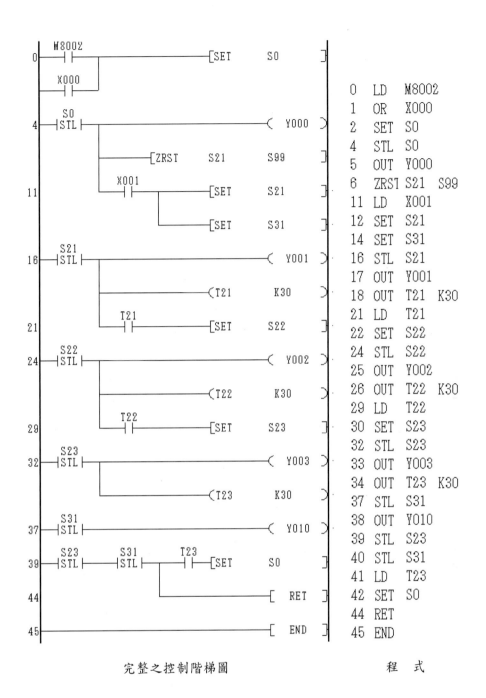

完整之控制階梯圖　　　　　　　　　　程　式

3-2.7 跳躍回路

(一)動作說明

1. 當 PLC RUN，則停止表示燈 Y0 亮。

2. 按 PB1/ON 時，則 Y1 → Y2 → Y3 → Y4 → Y1 → Y2 → Y3 → Y4 → Y1……四個輸出依序循環動作，時間間隔各為 3 秒，此時 Y0 熄。

3. 若按 PB0/OFF 時，則 Y1、Y2、Y3 與 Y4 均 OFF，Y0 又亮。

4. 若在 Y1 ON 時，按住 PB2，則 Y1 立即 OFF，而 Y2 立即 ON，並繼續循環動作；即 Y2 → Y3 → Y4 → Y2 → Y3 → Y4 → Y2……三個輸出循環動作。

5. 若在 Y2 ON 時，按住 PB3，則 Y2 立即 OFF，而 Y4 立即 ON，並繼續循環動作；
即 Y1 → Y4 → Y1 → Y4 → Y1……兩個輸出循環動作。

㈡控制回路

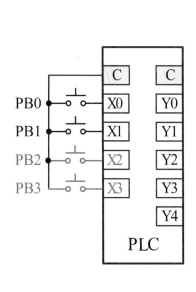

I/O 接線圖   SFC 圖

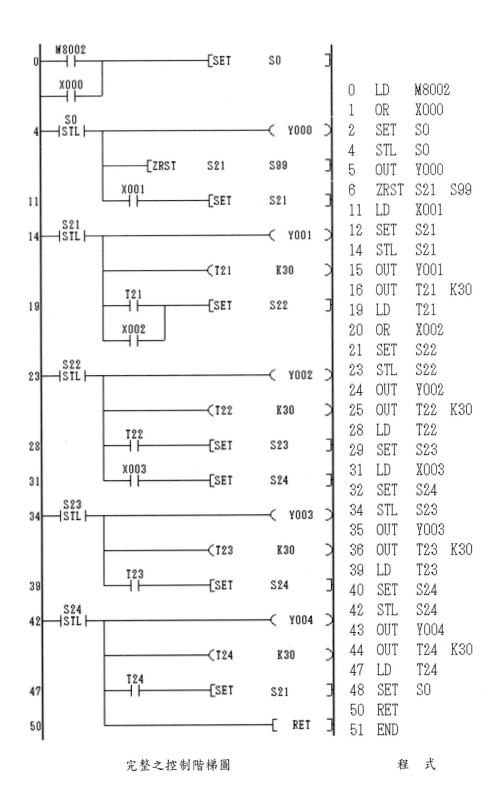

完整之控制階梯圖

```
0   LD    M8002
1   OR    X000
2   SET   S0
4   STL   S0
5   OUT   Y000
6   ZRST  S21  S99
11  LD    X001
12  SET   S21
14  STL   S21
15  OUT   Y001
16  OUT   T21  K30
19  LD    T21
20  OR    X002
21  SET   S22
23  STL   S22
24  OUT   Y002
25  OUT   T22  K30
28  LD    T22
29  SET   S23
31  LD    X003
32  SET   S24
34  STL   S23
35  OUT   Y003
36  OUT   T23  K30
39  LD    T23
40  SET   S24
42  STL   S24
43  OUT   Y004
44  OUT   T24  K30
47  LD    T24
48  SET   S0
50  RET
51  END
```

程　式

3-3 評量及複習

　　下列各題之敘述為 PLC 控制回路之動作說明，請設計其所須之階梯圖或流程圖，並編寫程式鍵入 PLC 中實習，驗證所設計之階梯圖或流程圖，其實際動作情形，是否與動作說明的要求相符？

1. 動作說明（啟動／停止／寸動控制）

(1) PB1 與 PB2 分別為輸出 Y1 之啟動（ON）與停止（OFF）控制按鈕。

(2) PB3 為輸出 Y1 之寸動控制按鈕，當按住 PB3 時，輸出 Y1 ON，當放開 PB3 時，輸出 Y1 OFF。

2. 動作說明（閃爍控制）

(1) 當按住 PB1 時，L1 與 L2 兩燈開始閃爍（0.5S/ON, 0.5S/OFF）。

(2) 當放開 PB1 時，L1 與 L2 均 OFF。

3. 動作說明（閃爍控制）

(1) 當按 PB1 時，L1 與 L2 兩燈開始閃爍（0.5S/ON, 0.5S/OFF）。

(2) 當按 PB2 時，L1 與 L2 均 OFF。

4. 動作說明（閃爍控制）

(1) 當按 PB1 時，L1 與 L2 兩燈開始（1S/ON, 1S/OFF）。

(2) 當 L1 與 L2 兩燈閃爍 3 次後會自動停止，或按 PB2 時，L1 與 L2 可手動控制停止。

5. 動作說明（順序控制）

(1) PLC ON 後，按 PB2 或 PB3 無作用。

(2) 當按 PB1 時，L1 ON；接著按 PB2 時，L2 ON；接著再按 PB3 時，L3 ON。

(3) 於 L1、L2 或 L3 ON 時，若按 PB0 時，則 L1、L2 及 L3 均 OFF。

6. 動作說明（單點交替控制）

(1) 當按 PB1 時，L1 ON；再按 PB1 時，L2 ON；再按 PB1 時，L3 ON；再按 PB1 時，L1 又 ON；即 PB1 每按一次時，則 L1 → L2 → L3 → L1 →……循環動作。

(2) 於 L1 → L2 → L3 → L1 →……循環動作時，按 PB0，則 L1、L2、L3 均 OFF。

7. 動作說明（單點交替控制）

(1) 當按 PB1 時，L1、L2 ON；再按 PB1 時，L2、L3 ON；再按 PB1 時，L3、L1 ON；再按 PB1 時，L1、L2 又 ON；即 PB1 每按一次時，則 L1、L2 → L2、L3 → L3、L1 → L1、L2 →……循環動作。

(2) 於 L1、L2 → L2、L3 → L3、L1 → L1、L2 →……循環動作時，按 PB0，則 L1、L2、L3 均 OFF。

8. 動作說明（單點交替控制）

(1) 當按住 PB1 時，L1 ON，放開 PB1 時，L1 OFF；再按住 PB1 時，L2 ON，放開 PB1 時，L2 OFF；再按住 PB1 時，L3 ON，放開 PB1 時，L3 OFF；再按住 PB1 時，L1 又 ON，放開 PB1 時，L1 OFF。即 PB1 每按住一次時，則 L1 → L2 → L3 → L1 →……循環動作。

(2) 於 L1 → L2 → L3 → L1 →……循環動作時，按 PB0，則 L1、L2、L3 均 OFF。

9. 動作說明（自動順序控制）

  (1) 當 PLC RUN，則停止表示燈 L0 亮。

  (2) 按 PB/ON，則 L1 → L1、L2 → L1、L2、L3 →（全熄）→ L1 → L1、L2 → L1、L2、L3 →（全熄）→……三個輸出依四個步驟循環動作，時間間隔各為 1 秒，此時 L0 熄。

  (3) 若按 PB/OFF 時，則 Y1、Y2 與 Y3 均熄，L0 又亮。

10. 動作說明（手動／自動切換控制）

  (1) 當切換開關切到位置 1（COS-1）時，是為手動控制。PB1、PB2、PB3 各為 M1、M2、M3 之啟動（ON）按鈕，PB4、PB5、PB6 各為 M1、M2、M3 之停止（OFF）按鈕。

  (2) 當切換開關切到位置 2（COS-2）時，是為自動循環控制。若按 PB7 時，則 M1 → M2 → M3 → M1 → M2 → M3……三個輸出依序循環動作，時間間隔各為 1 秒。

  (3) 若按 PB0 時，則 M1、M2 與 M3 均 OFF。當切換開關由 COS-1 切換到 COS-2 時，或由 COS-2 切換到 COS-1 時，也應動作到初始狀態（即 M1、M2 與 M3 均 OFF）。

  (4) 各電動機之過載保護 OL1、OL2、OL3 動作時，各對應之電動機應停止運轉。

11. 設計一個紅綠燈控制回路，紅綠燈之裝置圖及燈號動作順序圖如 [第 2-4 節複習及評量第 6 題] 所示，請以步梯命令設計之，劃出 I/O 接線圖及 SFC 圖等所需之控制回路，並編寫程式鍵入 PLC 中實習驗證之。

第四章　PLC應用命令說明及實習

4-1　應用命令之使用說明

4-1.1　應用命令之表現形式

1. 命令及運算元

   (1) 應用命令被設計成以功能號碼來表示，從 FNC 00 到 FNC 295，每一個應用命令都有一個英文符號，例如 FNC 12 之符號為「MOV」（MOVE，搬移之意）。在編寫程式時，使用 HELP 功能，即可同時顯示 FNC 數字及其所代表的符號。

   (2) 某些應用命令的格式僅須指定 FNC 號碼的部分，有些應用命令則須再加入運算元。

   [S.] 代表一個來源（Source）運算元，其內容值經由程式執行時不會產生變化，以符號 [S] 表示；另外也可表示成另一經修飾後間接指定的符號 [S.]，如果來源運算元超過一個時，則可表示成 [S1.] 及 [S2.] 等。

   [D.] 代表一個目的（Destination）運算元，其內容值可經由程式的執行產生變化，並以符號 [D] 表示；另外也可表示成另一經修飾後間接指定的符號 [D.]，如果目的運算元超過一個時，則可表示成 [D1.] 及 [D2.] 等。

2. 命令部分佔用一個程式步序，運算元則佔用 2~4 個步序，佔用步序之多少完全由命令是 16 位元或 32 位元之命令決定。

3. 運算元的對象要素

   (1) 可使用 X、Y、M、S 等位元要素。

   (2) 可將 X、Y、M、S 等位元要素組合，作為數值資料使用。

   (3) 可使用資料暫存器 D、計時器 T、計數器 C 的現在值暫存器。資料暫存器為 16 位元，亦可組合成 32 位元使用，T 或 C 之現在值暫存器作為一般暫存器使用時亦相同，但是 C200~C235 每一點可使用為 32 位元暫存器。

4-1.2 資料長度及命令執行格式

1. **16位元及32位元**

　　應用命令所處理的數值資料，其長度有 16 位元及 32 位元兩種；如圖所示之 32 位元的命令，其表示法為在命令前加 D（Double），例如 D MOV、FNC D12 或 FNC 12 D 均可。不管指定的要素號碼是偶數還是奇數皆可使用，如下述的要素在設計時可以用成對的方式加以設計（字元要素如：T、C 及 D）。但 32 位元的計數器（C200~C255）不能當作 16 位元命令的運算元。

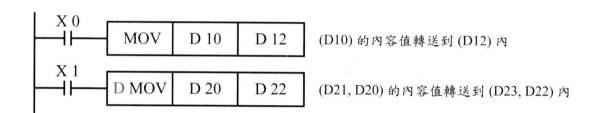

| X 0 | MOV | D 10 | D 12 | (D10) 的內容值轉送到 (D12) 內 |
| X 1 | D MOV | D 20 | D 22 | (D21, D20) 的內容值轉送到 (D23, D22) 內 |

2. **連續執行及脈波執行**

　應用命令執行的格式，有連續執行及脈波執行兩種。

　(1) 連續執行

　　如下所示的程式稱為連續執行命令，於 X1 ON 之期間，在每一演算週期這命令都將被執行一次。某些命令如 XCH、INC、DEC 可以連續執行的格式使用，也可以脈波執行的格式使用。

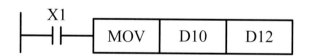

　(2) 脈波執行

　　在命令加入符號 P（Pulse）表示為脈波執行格式，這個符號 P 亦可與符號 D（Double）一起使用，就如 D MOV P。

　　如下所示的程式 MOV P 命令僅在 X0 的狀態從 OFF 變 ON 時才執行，因為這個命令並非在每一演算週期都會被執行，所以可以縮短整個程式的執行時間。

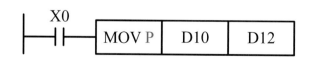

4-1.3 位元要素（Bit Device）

諸如 X、Y、M 及 S 等要素僅能表示 ON/OFF 狀態，因此被稱為位元要素（Bit Device）；其他的要素諸如 T、C 及 D 等能表示數值資料者，被稱為字元要素（Word Device）。

但是將 X、Y、M 及 S 組成的位元要素組合，亦可以字元的形態來表現，此時只要在其前面指定位數的符號 Kn 即可。

1. 指定組合位元要素

(1) 位元要素組合是以 4 個位元為單位的組合位元要素。K1~K4 允許 16 位元的資料運算，K1~K8 允許 32 位元的資料運算。

例如：K2M0 意為 M0~M7，係由 2 個位元要素組合而成的 8 個位元要素。

(2) 當 16 位元的資料 D0 搬移（MOV）到 K1M0、K2M0 或 K3M0 時，溢位之上位位元並未被搬移，這對 32 位元的資料而言亦是如此。

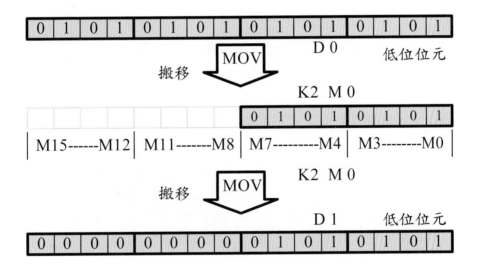

(3) 任何數字均能用來表示位元組合的開頭要素，但無論如何，在 X 及 Y 的低位元位置用「0」（如 X0, X10, X20 ……等），在 M 及 S 則是用「8」的倍數較佳；為避免混淆因此強調對 X 及 Y 使用「10」的倍數來表示較佳。

2. 連續字元指定

由 D1 開始表示之一系列的資料暫存器，係指 D1、D2、D3 …。而當字元（words）由位元要素指定時，將被處理成連續的位元，他們將被指定成如下的型式：

K1X0, K1X4, K1X10, K1X14, ……, K2Y10, K2Y20, K2Y30 ……，

K3M0, K3M12, K3M24, K3M36, ……, K4S16, K4S32, K4S48 ……，

也就是，如上使用任一數字來表示這些要素，就不會有所遺漏。假如 K4Y0 被使用在 32 位元運算，上位 16 位元被註明「0」；為了能得到 32 位元的資料，須使用 K8Y0。

3. 使用位元要素作數值處理

下圖中，若將 4 位元當作 1 個數字，則 Kn 中的「n」即表示數字的個數，例：K8M0 代表由位元 M31 至位元 M0 所組成的 32 位元資料（位元 M31 為符號位元）。又，K1M0 代表先頭皆為「0」的 16 位元或 32 位元資料，且位元 M4 至位元 M31 可使用於其他用途。

← K4M0 —				← K3M0 —				← K2M0 —				← K1M0 —			
M15	M14	M13	M12	M11	M10	M9	M8	M7	M6	M5	M4	M3	M2	M1	M0

← K4X0 —				← K3X0 —				← K2X0 —				← K1X0 —			
X17	X16	X15	X14	X13	X12	X11	X10	X7	X6	X5	X4	X3	X2	X1	X0

4-1.4 索引（Index）

索引暫存器在搬移及比較運算中，被使用來修飾要素號碼，除了對象要素（Object Devices）不同之外，其執行的演算方式就如一般的資料暫存器。

對象要素的表示

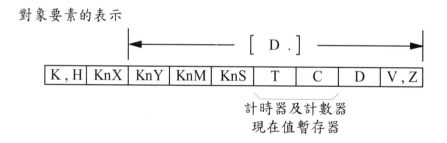

K , H	KnX	KnY	KnM	KnS	T	C	D	V , Z

計時器及計數器
現在值暫存器

如上圖所示「KnY~V, Z」可以當作應用命令的目的地，在 [D.] 中的 [.] 表示可以使用索引功能。無論如何，對 32 位的命令，V 使用於上 16 位元，Z 則用於下 16 位元，但對前面的敘述，只要以 Z 來作指定，即可成對使用 V，Z。

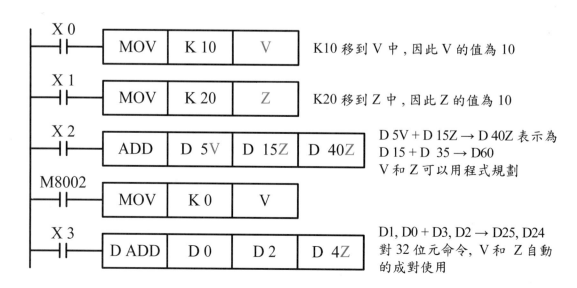

4-1.5 應用命令之使用範例

(一) 搬移命令 MOV（FNC12 MOV：MOVE）

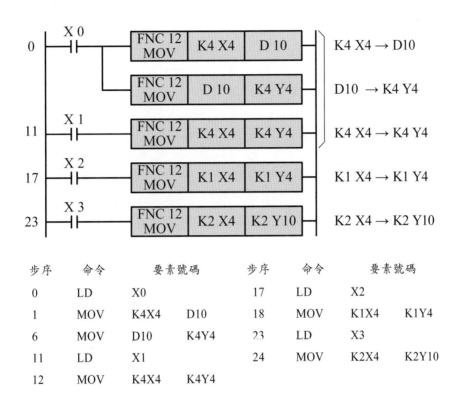

步序	命令	要素號碼		步序	命令	要素號碼	
0	LD	X0		17	LD	X2	
1	MOV	K4X4	D10	18	MOV	K1X4	K1Y4
6	MOV	D10	K4Y4	23	LD	X3	
11	LD	X1		24	MOV	K2X4	K2Y10
12	MOV	K4X4	K4Y4				

(二) 動作說明

1. 本控制回路為輸入信號之搬移及輸出顯示。

2. 當 X0 ON 時，K4X4（K4X4 係為組合位元要素之表示方法，以每 4 個位元為一個單位，K4 表示有 4 組，X4 表示起始位元的號碼；故 K4X4 表示其包含 X4~X7、X10~X17、X20~X23 共 16 個位元）16 位元輸入信號之 ON/OFF 狀態搬移至 D10 儲存，再搬移至輸出 K4Y4（Y4~Y7、Y10~Y17、Y20~Y23）顯示出來。

3. 當 X1 ON 時，可將 K4X4 之 ON/OFF 狀態，直接搬移至 K4Y4 輸出顯示。

4. 當 X2 ON 時，所搬移之資料為 4 位元（K1X4 至 K1Y4，即 X4~X7 各對應至 Y4~Y7）。

5. 當 X3 ON 時，所搬移之資料為 8 位元（K2X4 至 K2Y10，即 X4~X13 各對應至 Y10~Y17）。

6. 當 X0 ON 時，若輸入 X4~X23 之 ON/OFF 狀態為 0001 0001 0001 0001（即 X4、X10、X14 及 X20 為 ON），則輸出 Y4~Y23 中之 ON/OFF 狀態為 0001 0001 0001 0001（即 Y4、Y10、Y14 及 Y20 為 ON）。

7. 以 MOV K2X0 K2Y0 為例，說明搬移應用命令與基本命令控制動作相同之處；當入力為運轉監視接點 M8000（PLC 運轉時 ON）時，MOV K2X0 K2Y0 之意義即如下圖之基本命令之控制回路，輸入 X~X7 分別控制輸出 Y0~Y7 之動作。

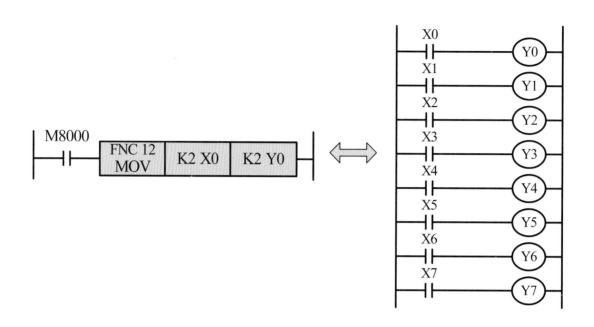

4-1.6 應用命令的分類

　　PLC 有極為方便的應用命令，使其功能更為強大；應用命令表示的格式與基本命令不同，應用命令用編號 FNC00～FNC295 表示之，FX 系列 PLC 之應用命令可分為下列等數類：

1. 程式流程（FNC00~FNC09）
2. 搬移（MOVE），比較（COMPARE）（FNC10~FNC19）
3. 算數邏輯運算（ARITHMETIC AND LOGIC OPERATION）（FNC20~FNC29）
4. 迴旋、移位（ROTATION、SHIFT）（FNC30~FNC39）
5. 數值運算（DATA OPERATION）（FNC40~FNC49）
6. 高速處理（FUN50~FUN59）
7. 簡便命令（FUN60~FUN69）
8. 外部輸出／輸入裝置（FUN70~FUN79）
9. 週邊設備（FUN80~FUN99）
10. 定位控制（FUN158、FUN159）：DRVI（相對位置控制）、DRVA（絕對位置控制）
11. 接點型比較（FUN220、FUN249）：以 LD、AND、OR 等方式表示

4-2 應用命令之基礎實習

4-2.1 搬移命令（FNC12 MOV：MOVE）

㈠控制回路圖：計時器設定值之搬移設定

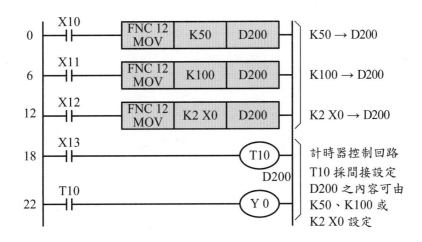

㈡動作說明：

1. T0 為 0.1 秒時基之計時器，其設定值 D200 採間接設定，因 D200 為停電保持用資料暫存器，故當 D200 設定後，於 PLC OFF 或電源 OFF，D200 均可保存其數值。

2. 如圖所示，D200 之設定有如下三種方法：

(1) 當 X10 ON 時，K50 搬移至 D200，故 T10 之設定值為 50，其計時值為 5 秒。

(2) 當 X11 ON 時，K100 搬移至 D200，故 T10 之設定值為 100，其計時值為 10 秒。

(3) 當 X12 ON 時，K2X0 之二進位數值搬移至 D200，因 K2X0 為 X7~X0 8 個位元，若 X7~X0 均為 ON(1) 時，其數值為 255，故 T10 之設定值最大為 255，即 T10 之計時值最大為 25.5 秒。

(4) 以 K2X0 設定 D200 之數值，作為 T10 之計時設定值，下表所示為幾個設定數值之範例，以供參考。

K2X0之設定								D200		T10之設定值	T10之計時值（秒）
X7	X6	X5	X4	X3	X2	X1	X0	二進制表示	監視值		
0	0	0	1	0	1	0	0	同左	20	20	2.0
0	0	1	0	1	0	0	0	同左	40	40	4.0
0	1	0	0	1	0	1	0	同左	74	74	7.4
0	1	1	0	0	1	0	0	同左	100	100	10.0
1	0	0	0	0	0	0	1	同左	129	129	12.9
1	1	1	1	1	1	1	1	同左	255	255	25.5

4-2.2　區域復置命令（FNC40 ZRST：ZONE RESET）

(一)控制回路圖

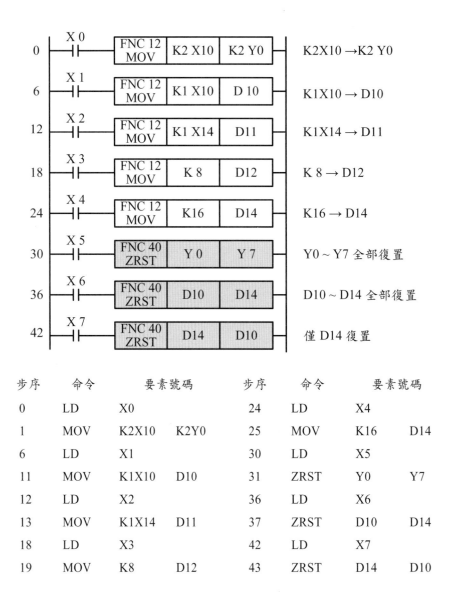

步序	命令	要素號碼		步序	命令	要素號碼	
0	LD	X0		24	LD	X4	
1	MOV	K2X10	K2Y0	25	MOV	K16	D14
6	LD	X1		30	LD	X5	
11	MOV	K1X10	D10	31	ZRST	Y0	Y7
12	LD	X2		36	LD	X6	
13	MOV	K1X14	D11	37	ZRST	D10	D14
18	LD	X3		42	LD	X7	
19	MOV	K8	D12	43	ZRST	D14	D10

(二)動作說明

1. 區域復置 ZRST 命令可使在設定範圍內之對象要素全部復置，可復置之對象要素包含 Y、M、S、T、C 及 D。

2. X0 ON，將 K2 X10 之動作狀態 MOV 至 K2 Y0；X1 ON，將 K1 X10 之動作狀態 MOV 至 D10；X2 ON，將 K1 X14 之動作狀態 MOV 至 D11；X3 ON，MOV K8 至 D12；X4 ON，MOV K16 至 D14。

3. 當入力 X5 ON 時，ZRST 命令將 Y0~Y7 的八個輸出全部復置為 OFF。

4. 當入力 X6 ON 時，ZRST 命令將 D10~D14 之內容資料全部復置為 0。

5. 當入力 X7 ON 時，因前面要素號碼（D14）大於後者（D10），故僅最前面的一個要素 D14 復置為 0。

4-2.3 左、右移位命令

　　　（FNC34 SFTR：SHIFT RIGHT 右移位）

　　　（FNC35 SFTL：SHIFT LEFTY 左移位）

㈠控制回路圖：

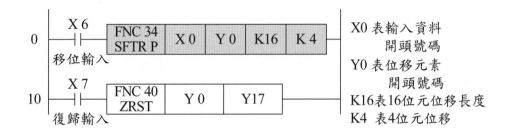

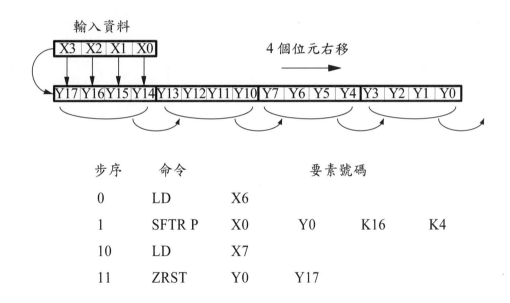

步序	命令		要素號碼		
0	LD	X6			
1	SFTR P	X0	Y0	K16	K4
10	LD	X7			
11	ZRST	Y0	Y17		

㈡動作說明

1. 右移位命令 SFTR 係對有 n1 位元長度（例如圖中之 K16）的位元要素而言，執行 n2 位元數（例如圖中之 K4）的右移動作。例如於本回路中，係對 Y17~Y0 共 16 位元之要素，執行每次 4 位元的右移動作。

2. 當 X7 ON 時，將 Y0~Y17 均復置為 OFF。

3. 右移位之起始狀態由 X3~X0 設定，假定 X3~X0 中，僅將 X0 ON，則於入力 X6 ON 後，Y17~Y14 中僅 Y14 為 ON。

4. 第二次移位入力 X6 ON 時，Y17~Y14 之狀態右移至 Y13~Y10，故 Y10 ON；此時若 X0 還在 ON 狀態，則 Y14 也 ON。

5. 第三次移位入力 X6 ON 時，以每 4 位元為單位右移，故 Y10 及 Y4 為 ON；此時若 X0 還 ON，則 Y14 亦為 ON。

6. 第四次移位入力 X6 ON 時，則 Y10、Y4 及 Y0 為 ON；此時若 X0 OFF，則 Y14 OFF。

7. 第五次移位入力 X6 ON，則 Y10 OFF，Y4 及 Y0 ON。而 Y14 之 ON 或 OFF，由 X0 決定之。

8. 總之，Y17~Y14 各位元之 ON 或 OFF，由 X3~X0 決定之，然後再將此 4 位元之狀態 逐次右移之。

4-2.4 比較命令之應用（FNC10 CMP：COMPARE）

㈠控制回路圖：

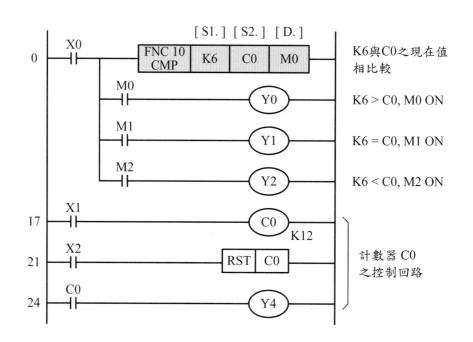

㈡動作說明

1. 當 X0 ON 時，K6 與 C0 之現在值作比較，其比較結果如下：

   (1) 當 K6 > C0 之現在值（即為 0、1、2、3、4、5），則 M0 為 ON，Y0 亦 ON。

   (2) 當 K6 = C0 之現在值（即為 6），則 M1ON，Y1 亦 ON。

   (3) 當 K6 < C0 之現在值（即 C0 為 7、8、9、10、11、12），則 M2 為 ON，Y2 亦 ON。

2. X1 為 C0 之計數輸入，X2 為復置輸入，而當 C0 計數終了（12 次），則 C0 之 a 接 點為 ON，Y4 ON。

3. 當 X2 ON 時，C0 之現在值復置為 0，而當 X1 每 ON/OFF 計數一次，其現在值增加 1；在 C0 之現在值為 0、1、2、3、4 及 5 時，因其小於 K6，故 M0 為 ON，Y0 亦

ON：在 C0 之現在值等於 6 時，M1 ON，Y1 ON：在 C0 之現在值為 7、8、9、10、11 及 12 時，因其大於 K6，故 M2 ON，Y2 ON。

4-2.5　接點型比較命令之應用 (1)

接點型比較命令之種類及格式如下表所示，有 (1)LD：與母線連接之比較命令，(2) AND：與其他接點串聯之比較命令，及 (3)OR：與其他接點並聯之比較命令等三種。

比較的格式有 (1) =：等於，(2) >：大於，(3) <：小於，(4) < >：小於、大於，亦即不等於，(5) < =：小於、等於，及 (6) > =：大於、等於等六種

接點型比較命令之種類及格式

與母線連接 之接點型比較命令	與其他接點串聯 之接點型比較命令	與其他接點並聯 之接點型比較命令
FNC 224 LD =	FNC 232 AND =	FNC 240 OR =
FNC 225 LD >	FNC 233 AND >	FNC 241 OR >
FNC 226 LD <	FNC 234 AND <	FNC 242 OR <
FNC 228 LD < >	FNC 236 AND < >	FNC 244 OR < >
FNC 229 LD < =	FNC 237 AND < =	FNC 245 OR < =
FNC 230 LD > =	FNC 238 AND > =	FNC 246 OR > =

㈠控制回路：與母線連接之比較命令 LD

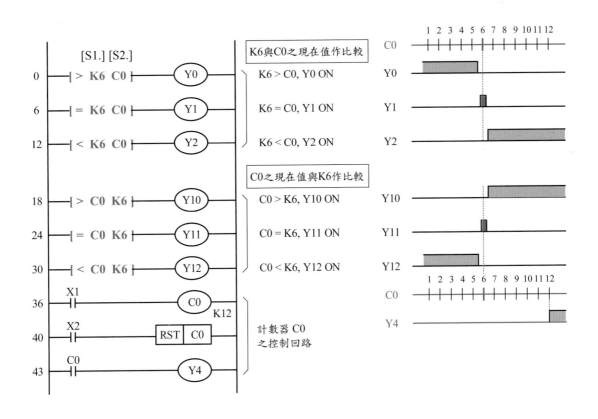

```
0   [>    K6    C0    ]————————(Y000 )        0    LD> K6 C0
                                               5    OUT        Y000
6   [=    K6    C0    ]————————(Y001 )        6    LD= K6 C0
                                               11   OUT        Y001
12  [<    K6    C0    ]————————(Y002 )        12   LD< K6 C0
                                               17   OUT        Y002
18  [>    C0    K6    ]————————(Y010 )        18   LD> C0 K6
                                               23   OUT        Y010
24  [=    C0    K6    ]————————(Y011 )        24   LD= C0 K6
                                               29   OUT        Y011
30  [<    C0    K6    ]————————(Y012 )        30   LD< C0 K6
                                               35   OUT        Y012
      X001                           K12       36   LD         X001
36  ——| |—————————————————————————(C0  )       37   OUT        C0 K12
                                               40   LD         X002
      X002                                     41   RST        C0
40  ——| |————————————————————[RST   C0  ]       43   LD         C0
                                               44   OUT        Y004
      C0                                        45   END
43  ——| |—————————————————————————(Y004 )
45  —————————————————————————————[END  ]
```

(二)動作說明

1. X1 為 C0 之計數輸入，X2 為復置輸入，而當 C0 計數終了（12 次），則 C0 之 a 接點為 ON，Y4 ON。

2. 當 K6 與 C0 之現在值作比較時，及 [S1.] 與 [S2.] 作比較，其比較結果如下：

   (1) 當 [S1.]>[S2.] 時，即 K6>C0 之現在值（K6>0、1、2、3、4、5）的條件成立時，則與母線連接之接點型比較命令成立，接點閉合，Y0 ON。

   (2) 同理，當 [S1.]=[S2.] 時，即 K6=C0 之現在值 (6) 時，則 Y1 ON。

   (3) 同理，當 [S1.]<[S2.] 時，即 K6<C0 之現在值（K6<7、8、9、10、11、12）時，則 Y2 ON。

3. 當 C0 之現在值與 K6 作比較時，及 [S1.] 與 [S2.] 作比較，其比較結果如下：

   (1) 當 [S1.]>[S2.] 時，即 C0（7、8、9、10、11、12）>K6 時，則 Y10 ON。

   (2) 當 [S1.]=[S2.] 時，即 C0=K6 時，則 Y11 ON。

   (3) 當 [S1.]<[S2.] 時，即 C0（0、1、2、3、4、5）<K6 之現在值時，則 Y12 ON。

4. 上述 2.(1) 與 3.(3) 的比較結果相同，Y0 與 Y12 同時輸出，原因只是 [S1.] 與 [S2.] 比較方式相反。

   同理，2.(3) 與 3.(1) 的比較結果相同，Y2 與 Y10 同時輸出。

4-2.6　接點型比較命令之應用 (2)

(一)控制回路：與其他接點串聯、並聯之比較命令 AND、OR

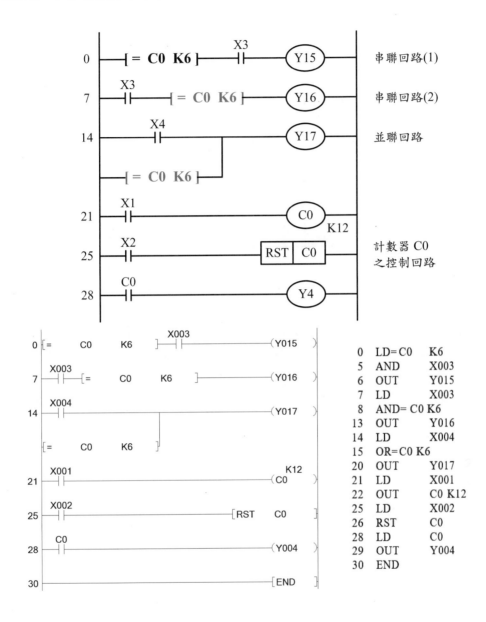

(二)動作說明

1. X1 為 C0 之計數輸入，X2 為復置輸入，而當 C0 計數終了（12 次），則 C0 之 a 接點為 ON，Y4 ON。

2. 串聯回路 (1)、(2) 之控制動作結果相同，只是 [= C0 K6] 的比較命令接點和 X3 的串聯前後順序對調，當串聯的兩個條件均成立時，Y15 及 Y16 均 ON。

   串聯回路 (1) 之程式編寫為：LD= C0 K6，AND X3，OUT Y15。

   串聯回路 (2) 之程式編寫為：LD X3，AND= C0 K6，OUT Y16。

3. 當並聯回路的兩個條件，X4 和 [= C0 K6] 的比較命令接點任一個成立時，則 Y17 ON。並聯回路之程式編寫為：LD X4，OR= C0 K6，OUT Y17。

4-2.7 遞增、遞減命令

　　（FNC24　INC：Increment 遞增）

　　（FNC25　DEC：Decrement 遞減）

㈠控制回路

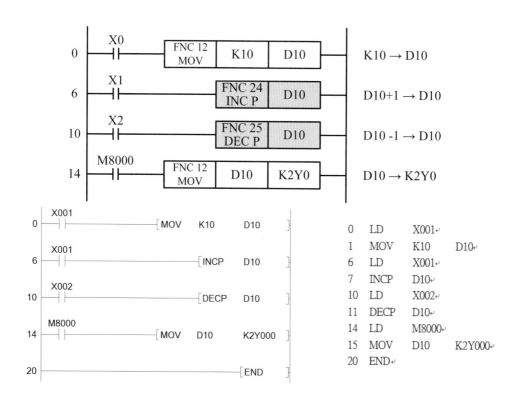

㈡動作說明

1. 每當 X1 ON 時，用 BIN 遞增命令 INC P 將 D10 之內容值加 1，然後將運算結果再存入 D10 中，其中 P 表示該命令為脈衝執行；如果命令不是用脈波命令，則在每次演算週期均執行加算一次。

2. 相同的，每當 X2 ON 時，用 BIN 遞減命令 DEC P 將 D10 之內容值減 1，然後將運算結果再存入 D10 中。

3. 當 X0 ON 時，K10 之數值搬移至 D10，

4. M8000 為 PLC 運轉常時 ON 之接點，將 D10 之內容搬移至 K2Y0 顯示，如果 D10 之數值為 10，則 K2Y0（Y7~Y0）每位元之狀態為 000,1010，即 Y3、Y1 ON：

5. 當 D10=K11（0000,1011）時，則 Y3、Y1、Y0 ON；當 D10=K12（0000,1100）時，則 Y3、Y2 ON：

　　當 D10=K15（0000,1111）時，則 Y3、Y2、Y1、Y0 ON；當 D10=K16（0001,0000）時，則 Y4 ON：

　　當 D10=K9（0000,1001）時，則 Y3、Y0 ON；當 D10=K8（0000,1000）時，則 Y3 ON。

4-2.8　四則運算命令

（FNC20　ADD：Addition　Binary　BIN 加算）

（FNC21　SUB：Subtraction　Binary　BIN 減算）

（FNC22　MUL：Multiplication　Binary　BIN 乘算）

（FNC23　DIV：Divsion Binary　BIN 除算）

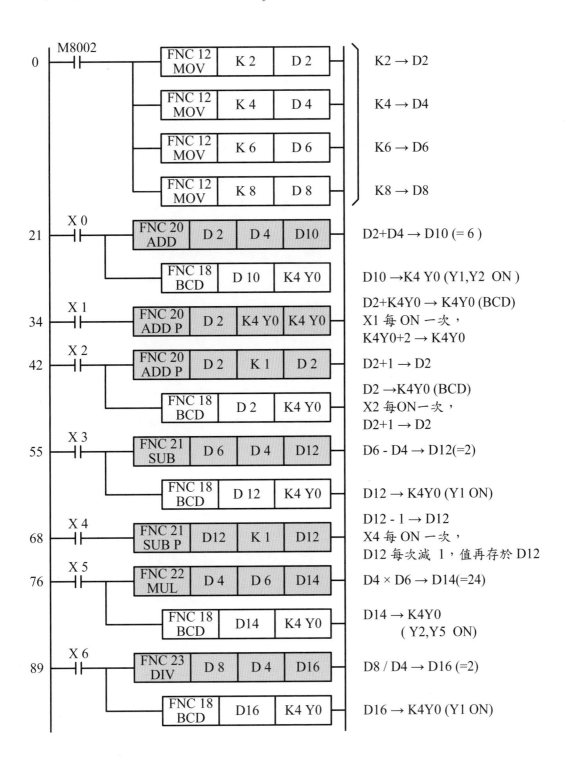

㈡動作說明

1. PLC 之加（ADD）、減（SUB）、乘（MUL）、除（DIV）四則運算命令，係將兩個來源要素中的 BIN 資料，彼此作加減乘或除之運算，然後將運算結果存入目的地要素中。

2. 如圖所示，使用初始脈波 M8002 將常數 2、4、6 及 8 各存入暫存器 D2、D4、D6 及 D8 中。因此每次 PLC-RUN，D2、D4、D6 及 D8 之值各為 2、4、6、8。

3. 當入力 X0 ON 時，D2(2) 加 D4(4) 後存於 D10 中，而以 BCD 顯示於 K4 Y0，因 D10 = 6(0110)，故 Y1 及 Y2 ON。

4. 當入力 X1 ON 時，則 D2(2) 加入上 K4 Y0 之數值後顯示於 K4 Y0；如果 D2 之初始值為 2，而 K4 Y0 初始值為 0（即 Y0~Y17 均 OFF）則第一次 X1 ON 時，D2(2) + K4Y0(0) = K4Y0 = 2 + 0 = 2(0010)，故 Y1 為 2；X1 第二次 ON 時，D2(2) + K4Y0(2) = K4Y0 = 2 + 2 = 4(0100)，故 Y2 ON；X1 第三次 ON 時，D2(2) + K4Y0(4) = K4Y0 = 2 + 4 = 6(0110)，故 Y1 及 Y2 ON；因此每次 X1 ON 時，K4Y0 之值均增加 2，所以 K4Y0 之值從 Y1(2)ON，而 Y2(4)ON，Y1 及 Y2（共 6）ON，接著 Y3(8)ON，Y1 及 Y3（共 10）ON，Y2 及 Y3（共 12）ON，Y1、Y2 及 Y3（共 14）ON，Y4(16)ON，Y4 及 Y1（共 18）ON，而一直每次加 2 運算下去。

5. 當入力 X2 每次 ON 時，則 D2 之內容加上常數 K1 後，將和再存於 D2 中，然後以 BCD 碼在 K4Y0 顯示。當入力 X2 第一次 ON 時，因 D2 之初始值為 2，故 D2(2) = 2 + 1 = 3(0011)，故 Y0 及 Y1 ON，X2 第二次 ON 時 D2 = 3 + 1 = 4(0100)，故 Y2 ON，依此類推，X2 每 ON 一次，D2 即自動加 1，而在 K4 Y0 以 BCD 碼顯示其數值。

6. 當入力 X3 ON 時，作減法（SUB）運算；D6 – D4 = 6 – 4 = 2 存於 D12，因此 D12 = 2(0010)，故輸出 Y1 為 ON。

7. 當入力 X4 ON 時，存於 D12 – 1；(1) 若 D12 之初始值為 2 時（如前項 6 之說明），則 X4 每 ON 一次，D12 自動減 1，因此 D12 之值從 –2、–1、0、–1、–2……一直遞減下去。(2) 若 D12 之初始值為 0 時（當 PLC RUN 時，D12 之值為 0），則 X4 每 ON 一次，D12 自動減 1，因此 D12 之值從 0、–1、–2、–3……一直遞減下去。

8. 當入力 X5ON 時，作乘法（MUL）運算，D4×D6 = 4×6 = 24 存於 D14，因 D14 = 24，故 Y2 及 Y5 為 ON。

9. 當入力 X6 ON 時，作除法（DIV）運算，D8÷D4 = 8÷4 = 2 存於 D16，因 D16 = 2，故 Y1 為 ON。

4-2.9 指撥開關命令（FNC72 DSW：DIGITAL SWITCH）

㈠控制回路

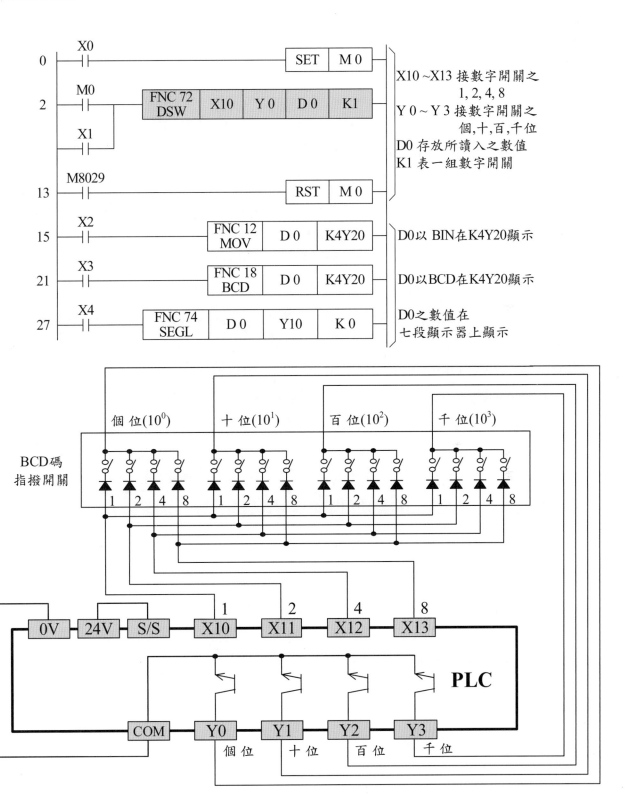

㈡動作說明

1. FNC72 DSW 指撥開關命令係將四位數之指撥開關連接至 PLC 之四個輸入端 X10~X13，並經由四個輸出端 Y0~Y3 每隔 0.1 秒依序讀入 PLC，而 DSW 命令以二進制之方式，將其數值存放在 D0 中。

2. 當入力 X1 持續為 ON，則 DSW 命令將數字開關之數值讀入 PLC 而存於 D0 中；數字開關之數字任意更動，則 D0 之資料亦隨之變化。例如數字開關之數值設定為 0068，則 68 將存入 D0 中。X3 ON 時，則 D0 之值以 BCD 碼顯示在 K4 Y20，因 68 之 BCD 碼表示為 0000,0000,0110,1000，故 Y23、Y25、26 為 ON。如果入力 X4 ON，則 D0 之數值將以 SEGL 命令顯示在七段顯示器上，數值表示 0068。

3. 若 D0 數值為 68，而將入力 X2 ON，則 D0 之數值直接搬移（MOV）至 K4Y20，因 68 之二進位表示為 0000,0000,0100,0100，故 Y22 及 Y26 為 ON。

4. DSW 命令之四個輸出點 Y0~Y3 以 0.1 秒間隔自動動作，在一個連續操作完成之前，如果此命令之驅動入力 OFF，則此讀取動作暫停，當此命令再次 ON 時，此動作再從頭開始再起動；為了避免動作之暫停，可使用執行完成旗號 M8029 來控制如上之控制回路。

5. 當 X0 ON 後隨之 OFF，M0 保持動作（SET），DSW 命令動作，Y0~Y3 依序動作，在一個演算週期結束後，執行完成旗號 M8029 動作，而使 M0 復置（RST），因此 M0 保持動作一直到 DSW 命令執行完成。

6. 當以上述之方式規劃程式，DSW 命令經由一連串之動作來讀取數位開關之值，其僅讀取一次而已；因為這些輸出接點 Y0~Y3 並非連續不斷的動作，所以不須擔心其工作壽命，即使 PLC 之輸出接點使用繼電器型式也沒問題。

4-3 評量及複習

1. 設計一個紅綠燈控制回路，紅綠燈之裝置圖及燈號動作順序圖，如 [第 2-4 節複習及評量第 6 題] 所示，請以左、右移位命令應用命令設計之，劃出 I/O 接線圖及所需之控制回路，並編寫程式鍵入 PLC 中實習驗證之。

第五章　永宏FBs系列PLC基礎回路實習

　　本章所述之永宏 FBs-PLC 之基礎回路，其動作原理與三菱 FX3 系列 PLC 大致相同，因此在本章僅以各種基本回路的實習方式說明。

　　永宏 FBs-PLC 的運算元，單點 BIT 狀態者，主要包含 X、Y、TR、M、S、T、C…等，運算元的範圍包含（X0-X255）、（Y0-Y255）、（M0-M1911）、（M1912-M2001）、（S0-S999）、（T0-T255）、（C0-C255）…等，列表如下，詳細資料請參考附錄說明。

項　目			規　格
單點：BIT狀態	X	輸入接點（DI）	X0～X255（256點）
	Y	輸出繼電器（DO）	Y0～Y255（256點）
	TR	暫存繼電器	TR0～TR39（40點）
	M	內部繼電器　非保持型	M0～M799（800點）* M1400～M1911（512點）
		內部繼電器　保持型	M800～M1399（600點）*
		特殊繼電器	M1912～M2001（90點）
	S	步進繼電器　非保持型	S0～S499（500點）*
		步進繼電器　保持型	S500～S999（500點）*
	T	計時器「計時到」狀態接點	T0～T255（256點）
	C	計數器「計數到」狀態接點	C0～C255（256點）

　　FBs-PLC 設計程式時，主要使用 (1) 順序指令及 (2) 應用指令，包含步進指令。

　　永宏 FBs-PLC 的順序指令，主要包含 ORG（網路以 A 接點開始）、ORG NOT（網路以 B 接點開始）、LD（母線或分歧線以 A 接點開始）、LD NOT（母線或分歧線以 B 接點開始）、AND（電路串聯 A 接點）、AND NOT（電路串聯 B 接點）、OR（電路並聯 A 接點）、OR NOT（電路並聯 B 接點）、ANDLD（兩區塊串聯之結合）、ORLD（兩區塊並聯之結合）、OUT（將運算結果送到外部輸出線）、SET（設定線圈）、RST（清除線圈）…等，與三菱 PLC 類似。

　　FBs-PLC 之應用指令總共有百餘種，加上 D、P 衍生指令，總數超過 300 個指令，選擇常用基礎功能之應用指令，與四個 SFC 指令，列表說明如下。

　　永宏 FBs-PLC 若以編輯軟體 Winproladder 直接編輯控制回路時，則不須輸入指令碼，詳細資料請參考附錄 C 之說明。

項目	指令號碼	運算元	指令名稱	功能
一般計時 / 計數指令		PV	Tnnn	一般計時器指令（nnn 為 0～255 共 256 個）
		PV	Cnnn	一般計數器指令（nnn 為 0～255 共 256 個）
設定 / 清除指令		SET	D	設定單點或暫存器之所有位元（設為 1）
		RST	D	清除單點或暫存器之所有位元（設為 0）
	114	Z-WR	N	區域設定或區域清除
SFC 指令		STP	Snnn	定義 STEP
		STPEND		STEP 程式之結束
		TO	Snnn	STEP 分歧指令
		FROM	Snnn	STEP 合流指令
數學運算指令	11	（＋）	Sa,Sb,D	Sa 加 Sb，結果存入 D（Sa ＋ Sb → D）
	12	（－）	Sa,Sb,D	Sa 減 Sb，結果存入 D（Sa － Sb → D）
	13	（＊）	Sa,Sb,D	將 Sa 乘以 Sb，結果存於 D（Sa × Sb → D）
	14	（／）	Sa,Sb,D	將 Sa 除以 Sb，結果存於 D（Sa ÷ Sb → D）
比較指令	17	CMP	Sa,Sb	比較 Sa 和 Sb 資料，再將比較結果送到 FO0～FO2
接點型比較指令	170	＝	Sa,Sb	將 Sa 和 Sb 作相對等之比較
	171	＞	Sa,Sb	將 Sa 和 Sb 作大於之比較
	172	＜	Sa,Sb	將 Sa 和 Sb 作小於之比較
	173	＜＞	Sa,Sb	將 Sa 和 Sb 作相對等之比較
	174	＞＝	Sa,Sb	將 Sa 和 Sb 作大於或等於之比較
	175	＝＜	Sa,Sb	將 Sa 和 Sb 作小於或等於之比較
搬移指令	8	MOV	S,D	將 S 資料搬移至 D（S → D）

5-1　順序指令實習範例

實習 5-1.1　自保持控制回路，（X12/PB1-OFF，接 b 接點）

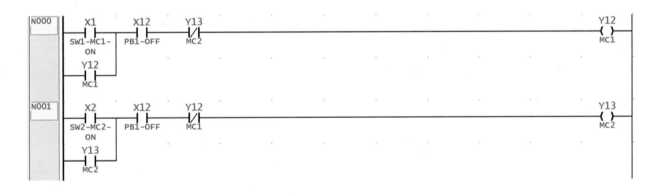

實習 5-1.2　電氣互鎖控制回路

實習 5-1.3　先執行優先動作控制回路

實習 5-1.4　後執行優先動作控制回路

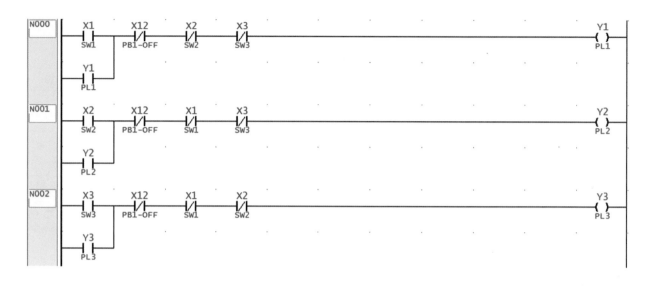

實習 5-1.5　多處啟動控制回路 (1)

1. SW1、SW2、SW3 控制回路設計如下

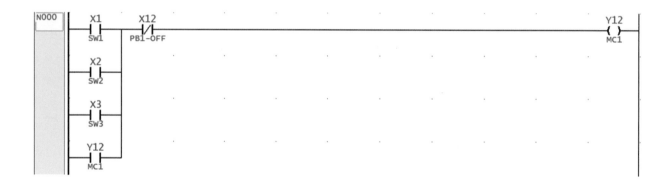

2. 多處啟動控制回路之 SW1、SW2、SW3 並聯接線

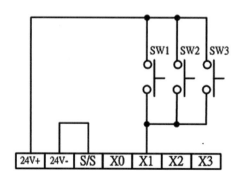

實習 5-1.6　多處啟動控制回路 (2)，三接點中以兩接點啟動

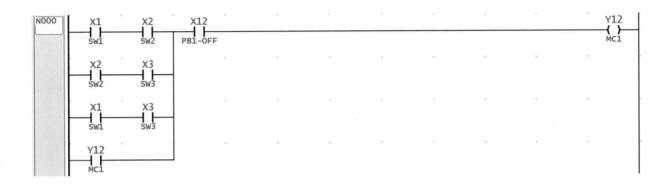

實習 5-1.7　多處停止控制回路

1. PB1、PB2、PB3 之接線如下

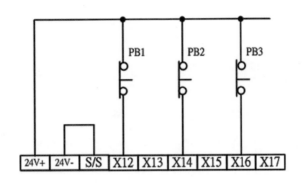

2. 多處啟動停止回路之 PB1、PB2、PB3 採串聯接線

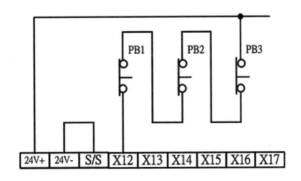

實習 5-1.8　計時器控制回路

1. 計時器使用說明

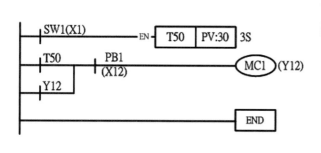

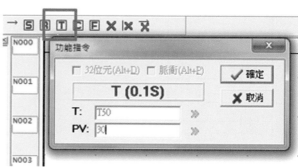

2. 計時器監視

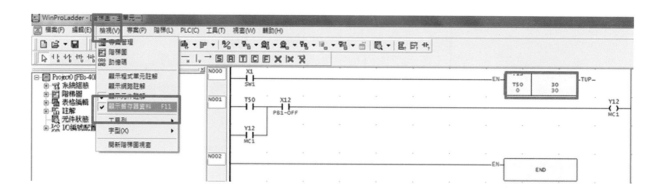

3. T0、T50、T200 三只計時器設定值均為 10 秒之實習回路。

實習 5-1.9　通電延時控制回路 (1)

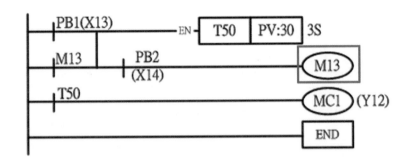

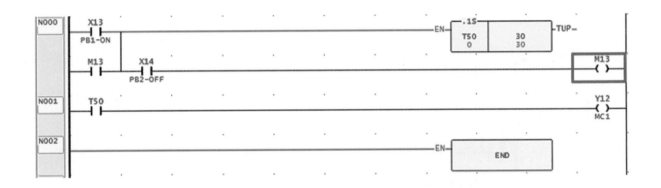

實習 5-1.10　通電延時控制回路 (2)

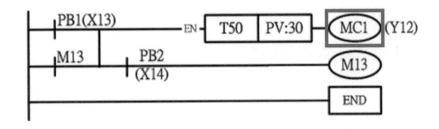

實習 5-1.11 斷電延時控制回路

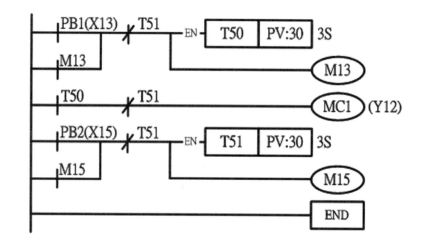

實習 5-1.12 通電及斷電延時控制回路

實習 5-1.13 計時順序循環動作控制回路 (1)

實習 5-1.14 計時順序循環動作控制回路 (2)

　　* 增加功能：MC3 動作 3 秒後，MC1～MC3 停止

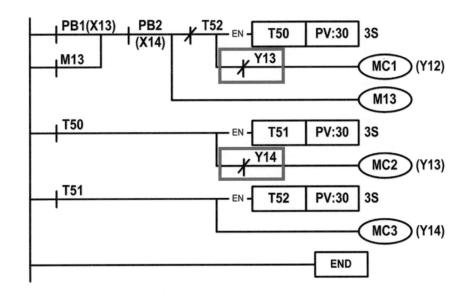

實習 5-1.15 單燈閃爍控制回路

實習 5-1.16 雙燈閃爍控制回路

實習 5-1.17 交替開關控制回路 (1)

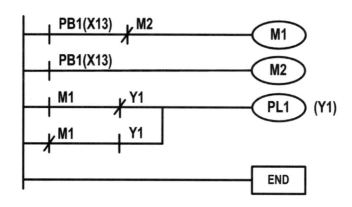

實習 5-1.18 交替開關控制回路 (2)

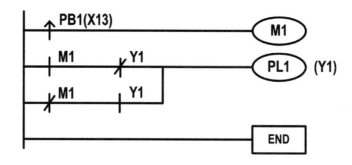

實習 5-1.19 交替開關控制回路 (3)

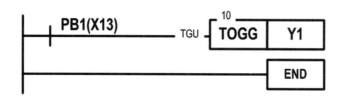

實習 5-1.20 SET/RESET 控制回路

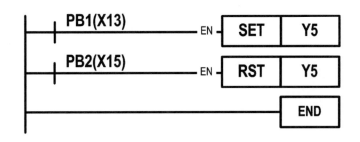

實習 5-1.21 計數器控制回路

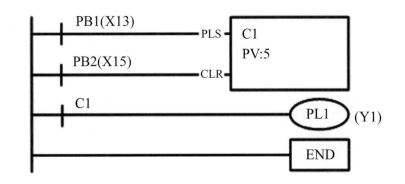

實習 5-1.22 脈波計時器控制回路

1. 常用脈波信號

　　(1) M1920：0.01 秒週期脈波

　　(2) M1921：0.1 秒週期脈波

　　(3) M1922：1 秒週期脈波

　　(4) M1923：0.01 秒週期脈波

　　(5) M1924：起始脈波

2. 控制回路

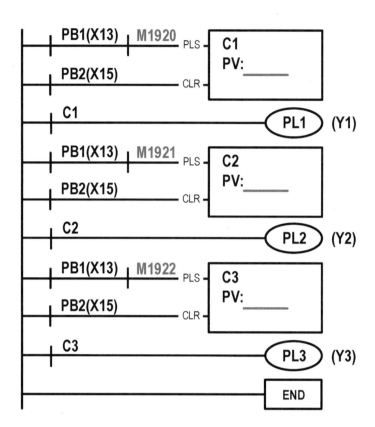

實習 5-1.23 三段開關控制回路

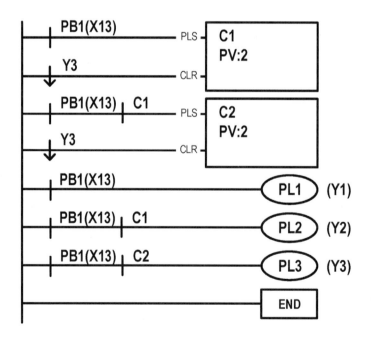

實習 5-1.24 三處控一燈控制回路

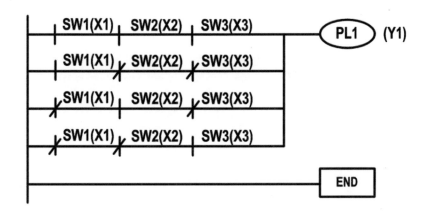

實習 5-1.25 應用練習：交通號誌自動控制回路

㈠交通號誌配置圖

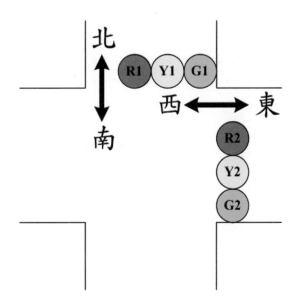

㈡交通號誌—動作說明

1. 當電源開啟後，綠燈 G1 亮，南北向可通行；紅燈 R2 亮，東西向不可通行。

2. 綠燈 G1 轉換為黃燈 Y1 之時間為 15 秒，黃燈 Y1 轉換為紅燈 R1 之時間為 3 秒，紅燈 R2 轉換為綠燈 G2 之時間為 20 秒，雙向燈號轉換之時間均相同。

3. 雙向燈號轉換之時間均相同。

4. 當按 PB1，則雙向之黃燈 Y1 及 Y2 交替閃爍，閃爍週期為 1 秒（ON 0.5 秒 /OFF 0.5 秒）；再按一次 PB1，則黃燈交替閃爍停止，回復正常交通號誌動作狀態。

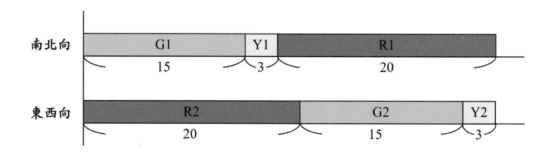

(三)交通號誌—PLC 外部控制電路

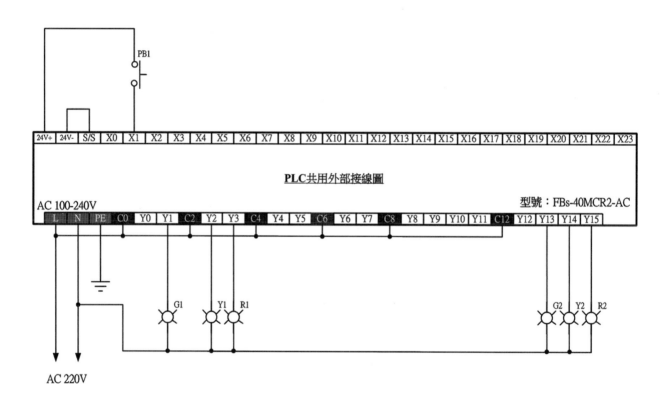

5-2 應用指令及步進指令實習範例

實習 5-2.1 三燈循環控制回路

(一)動作說明

1. 步進指令之優點：專門針對機械動作流程之順序控制，使程式可讀性高、維護、更新容易。

2. 步進指令：STP、FROM、TO、STPEND 等四種。

3. M1924：FBs PLC 之起始脈波，功能與 FX3 PLC 之 M8002 相同。

4. PLC 運轉，M1924 使 S0 動作。

5. 當 PLC RUN，S0、S21、S22 順序循環動作，Y0、Y1、Y2 也順序循環動作，各使用

T51、T52、T53 計時，時間間隔 1 秒。

㈡ 流程圖

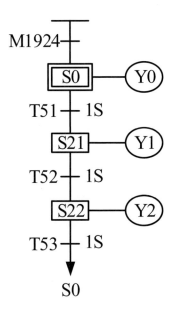

㈢ Winproladder 階梯圖

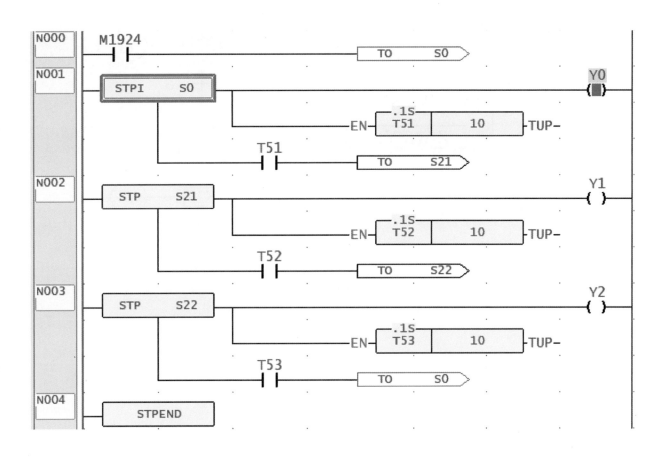

實習 5-2.2　三燈循環控制回路,附 ON/OFF 控制及停止表示燈

㈠動作說明

1. 三燈循環控制回路,動作如前所述,本實習加上 ON/OFF 控制,附停止表示燈。

2. 初始狀態控制回路如圖所示,除 M1924 之初始脈波可使初始狀態 S0 動作外,X1/PB-OFF 之停止按鈕,亦可使初始狀態 S0 動作,並且運用 [114 P. Z-WR] 指令,[區域清除] 所有動作的狀態。

3. [114 P. Z-WR] 區域寫入(ZONE WRITE)指令中,P. 表脈波執行,D 表欲寫入或清除區域之起始位址,N 表欲寫入或清除區域之長度(1~511)。

4. 例如程式範例中,使用 [Z-WR S21 3] 及 [Z-WR Y1 3] 區域寫入指令,當 X1/PB-OFF 導通時,將 S21~S23 寫入為 0,將 Y1~Y3 寫入為 0,並且使 S0 ON,恢復到初始狀態動作。

5. 當當 X2/PB-ON 導通時,則開始三燈循環動作。

㈡初始狀態控制回路及流程圖

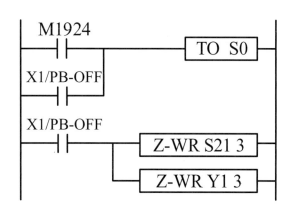

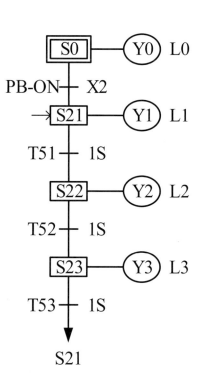

㈢Winproladder 階梯圖

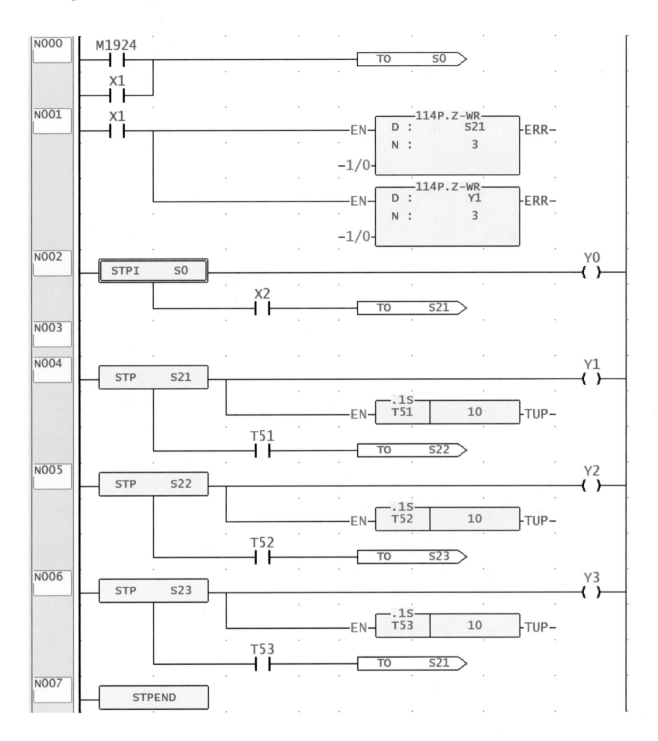

實習 5-2.3　手動／自動切換回路（選擇分歧、合流回路）

㈠動作說明

1. 當切換開關 COS 切到位置 1（COS-1/X16）時，是為手動測試控制，S21 ON，L1、L2 與 L3 均 ON。

2. 當切換開關 COS 切到位置 0（COS-0/X0）時，是停止控制，S0 ON，Y0 ON。

3. 當切換開關 COS 切到位置 2（COS-2/X17）時，是為自動循環控制，則 L1 → L2 → L3 → L1 → L2 → L3……三個輸出依序循環動作，時間間隔各為 1 秒。

4. 當切換開關由 COS-1、COS-0、COS-2 之間切換時，均會動作到初始狀態。

(二) I/O 接線圖及流程圖

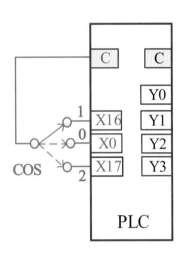

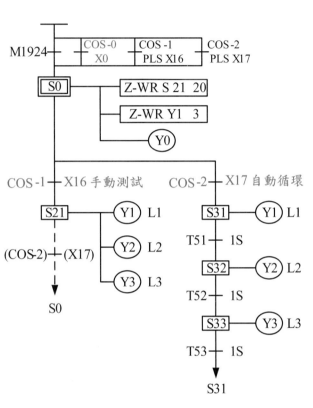

I/O 接線圖　　　　　　　　　　　　流程圖

(三) Winproladder 階梯圖

1. Winproladder 階梯圖在 PLC 連線動作中顯示，初始狀態 [TO S0] 及 [STPI S0] 動作，[Y0] 也動作，所以這三個部分以紅色顯示其在動作的狀態。

2. 此實習是為 [選擇分歧、合流回路] 的步進控制流程，所以在 [STPI S0] 狀態時，若 X16 ON，則 [TO S21] 動作；若 X17 ON，則 [TO S31] 動作。

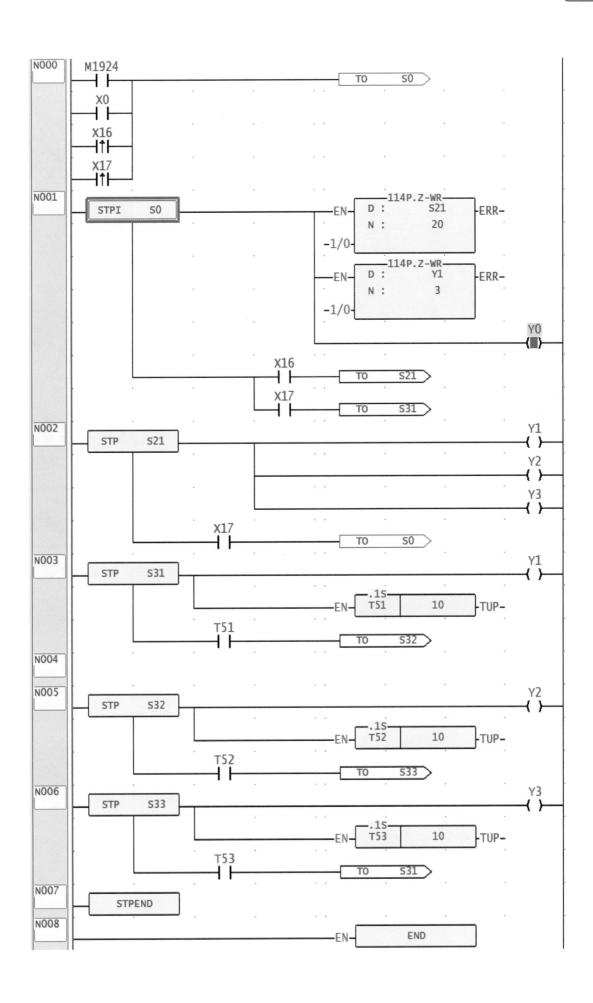

第二篇：
工業配線乙級術科檢定第一站
低壓測試試題

第一題：自動啟閉控制

1-1 動作示意圖及說明

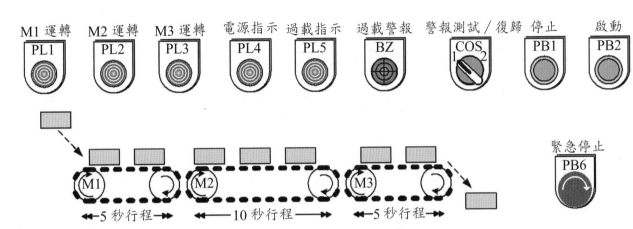

@ 統一指定輸入／輸出位址：

	指定可程式控制器之輸入位址		指定電磁接觸器線圈之輸出位址
PB1		MC1	
PB2		MC2	

1. 本試題為「自動起閉控制」，如示意圖所示，係模擬三段輸送帶之機構，主要之控制方式為「順序起動」控制及「順序停止」控制。

2. 「順序啟動」控制為輸送帶在啟動時，三只電動機輸送物料之啟動運轉順序為：
   M1 → M1、M2 → M1、M2、M3 之順序啟動。

3. 「順序停止」控制之目的，為輸送帶在停止時，三只電動機之停止運轉順序為：
   M1、M2、M3 → M2、M3 → M3，以清除輸送帶上殘留物件。

4. 本試題須統一指定輸入／輸出位址
   (1) 指定可程式控制器之輸入位址：PB1、PB2 兩處
   (2) 指定電磁接觸器線圈之輸出位址：MC1、MC2 兩處

5. 本試題之輸送帶之運轉情形，圖示如下：

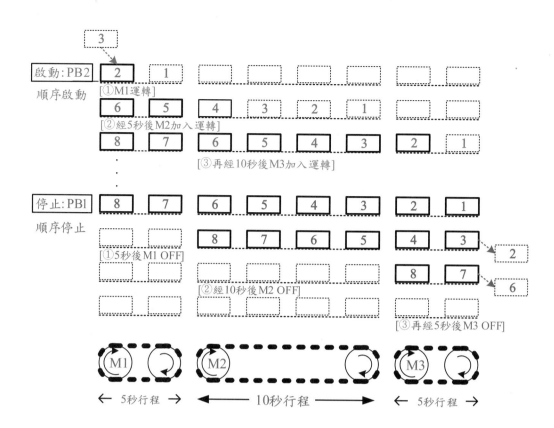

1-2 動作要求

一、受電部分：

1. NFB ON，電源指示燈 PL4 亮。

2. BZ 性能測試：

    (1) COS 切於 2 位置，BZ 響。

    (2) COS 切回 1 位置，BZ 停響。

二、正常操作部分，COS切於1位置：（試題內閃爍需求之頻率為1Hz）

1. 按啟動按鈕 PB2，M1 電動機運轉 [MC1、PL1]。

2. 經 5 秒 [PL4 閃爍] 後，M2 電動機加入運轉 [MC2、PL2]。

3. 再經 10 秒 [PL4 閃爍] 後，M3 電動機加入運轉 [MC3、PL3]、PL4 亮（停閃）。

4. 運轉中（不論啟動完成與否）或在停車狀態下，為清除輸送帶上殘留物件：按停止按鈕 PB1，電動機 M1、M2、M3 全部投入運轉，5 秒 [PL4、PL1 交互閃爍] 後，M1 電動機停止運轉。

5. 經 10 秒 [PL4、PL2 交互閃爍] 後，M2 電動機停止運轉。

6. 再經 5 秒 [PL4、PL3 交互閃爍] 後，M3 電動機停止運轉，PL4 亮（停閃）。

7. 正常操作執行中，按 PB6（緊急停止開關：EMO），所有電動機立即停止運轉，指示燈全熄（PL4 除外），BZ 斷續響（ON/OFF 各 0.5 秒）。

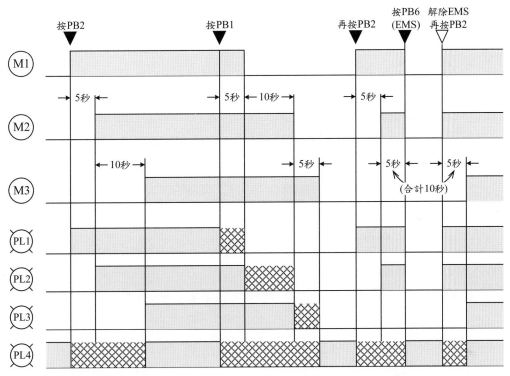

註：網底標示為燈號閃爍

8. PB6（EMO）栓鎖解除之後，BZ 停響，按 PB2 恢復執行按 PB6（EMO）之前被迫中斷的原有操作，並延續計時器中斷後未被執行的剩餘計時。

三、過載及警報部分：

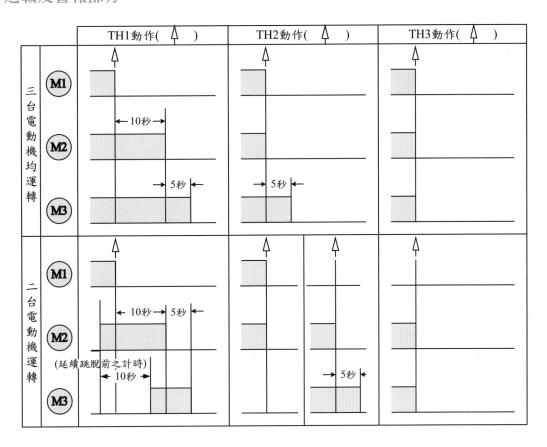

1. 運轉中，任一積熱電驛（TH）動作時，各對應之電動機立即停止運轉，且：

   (1) 較該機早先已運轉之電動機，同時停止運轉。

   (2) 較該機遲後已運轉之電動機及其接續未運轉的電動機，依下列過載流程，其執行執行方式如下：

   ① M1、M2、M3 電動機均運轉時：

   ·TH1 跳脫：M1 電動機立即停止運轉→（10 秒）[PL4、PL2 交互閃爍]→M2 電動機停止運轉→（5 秒）[PL4、PL3 交互閃爍]→M3 電動機停止運轉。

   ·TH2 跳脫：M1、M2 電動機立即停止運轉→（5 秒）[PL4、PL3 交互閃爍]→M3 電動機停止運轉。

   ·TH3 跳脫：所有電動機停止運轉。

   ② M1、M2 電動機運轉時：

   ·TH1 跳脫：各電動機流程如下：

   M1 電動機立即停止運轉。

   M2 電動機之動作：M2 電動機仍繼續運轉→（10 秒）tPL4、PL2 交互閃爍]→M2 電動機停止運轉。

   M3 電動機之動作：合併跳脫前 M2 電動機已運轉之計時共 10 秒→M3 電動機開始運轉 [PL3]→（5 秒）[PL4、PL3 交互閃爍]→M3 電動機停止運轉。

   ·TH2 跳脫：M1、M2 電動機立即停止運轉。

   ③ M2、M3 電動機運轉時：

   ·TH2 跳脫：M2 電動機立即停止運轉→（5 秒）[PL4、PL3 交互閃爍]→M3 電動機停止運轉。

   ·TH3 跳脫：所有電動機停止運轉。

   ④ 單部電動機運轉時：

   ·該部電動機之 TH 跳脫，該部電動機立即停止運轉。

   (3) BZ 響，PL 亮；COS 切於 2，BZ 停響。

2. 當過載流程執行完畢後，所有電動機均停止運轉，全部積熱電驛都復歸，PL5 熄。此時須將 COS 切回 1 位置，恢復正常操作狀態。

四、其他規定：

1. PL1、PL2、PL3 作為運轉指示時，不能以 PLC 輸出接點直接控制。

2. 當積熱電驛控制接點連接 PLC 之電路被切斷時，應等同積熱電驛跳脫。

3. 當緊急停止開關控制接點連接 PLC 之電路被切斷時，應等同緊急停止開關動作。

4. 為符合 IEC 機器安全規範：

   (1) PB6（EMO）作為切斷主負載功能時，須經由安全電驛控制，不得直接接至 PLC 輸入端。

   (2) PB6（EMO）須具備援性，為避免接點單一失效，須使用具 2 組 b 接點之 PB6 （EMO）。

1-3 PLC 之 I/O 接線

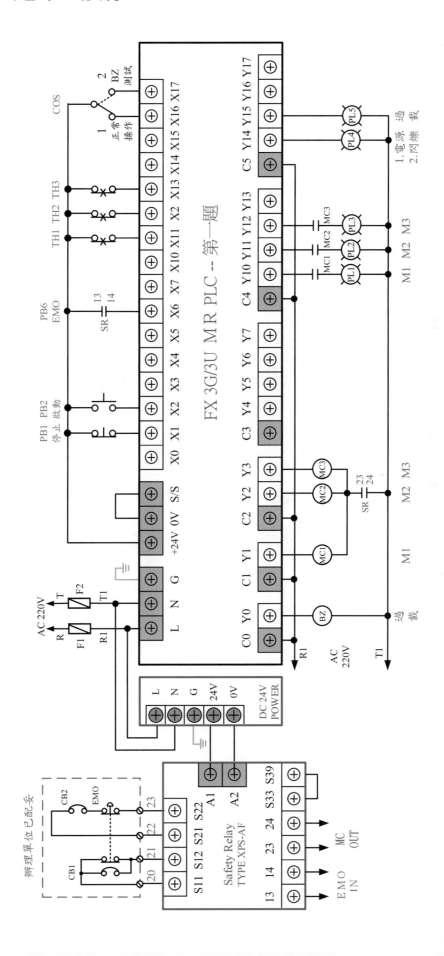

[安全電驛模組之使用說明]

1. 為符合 IEC 機器安全性規範：

   (1) PB6（EMO）作為切斷主負載功能時，須經安全電驛控制，不得直接接到 PLC 輸入端。

   (2) 須具備援性，為避免接點單一失效，須採用具 2 組 b 接點之 PB6（EMO）。

2. 如下為 PNOZ 機型（皮爾磁公司）及 XPS-AF 機型（施耐德公司）之安全電驛（Safety Relay, SR），兩者之接線大致相同，XPS-AF 機型之端子配置圖如圖所示。

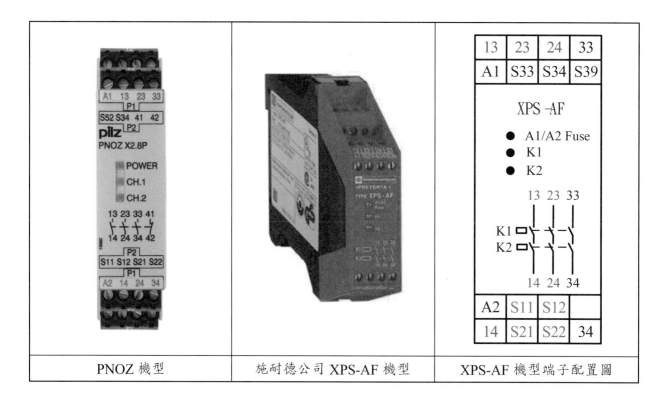

PNOZ 機型	施耐德公司 XPS-AF 機型	XPS-AF 機型端子配置圖

3. 安全電驛模組（XPS-AF 機型）端子配置及各部位名稱說明：

   (1) A1/A2：24V DC 輸入

   (2) S33/S39（或 S33/S34）：啟動輸入（差別在於使用啟動按鈕的差別，S33/S39 之間可直接短路接通，S33/S34 之間可使用啟動按鈕來起啟動系統）

   (3) S11/S12：安全輸入 1

   (4) S21/S22：安全輸入 2

   (5) 13/14、23/24、33/34：安全輸出 NO 接點

   (6) LED 燈：

   ① A1/A2-Fuse：電源 ON 指示。

   ② K1：安全輸出 1 系統 ON。

   ③ K2：安全輸出 2 系統 ON。

4. 安全電驛（XPS-AF 機型）接線參考圖及動作說明

   (1) 當安全輸入 1（S11/S12）及安全輸入 2（S21/S22）ON，START 啟動輸入（S33/ S39）也 ON，則安全電驛正常運轉，安全輸出 ON，動作指示燈全部亮。

   (2) 若安全輸入 1（S11/S12）的電路產生斷線狀況，則 K2 的 LED 燈熄滅，安全輸出 OFF。

       若安全輸入 2（S21/S22）的電路產生斷線狀況，則 K1 的 LED 燈熄滅，安全輸出 OFF。

   (3) 狀態的復歸方法

      ① 恢復配線，解除故障狀態。

      ② 將安全輸入復歸，亦即將 E-STOP 按下，然後復歸。

      ③ 按下 [啟動] 開關，待 [啟動] 開關從 ON 變成 OFF：亦即按下 START 按鈕。

      ④ 恢復正常運轉，安全輸出 ON 時，動作 LED 全部亮燈。

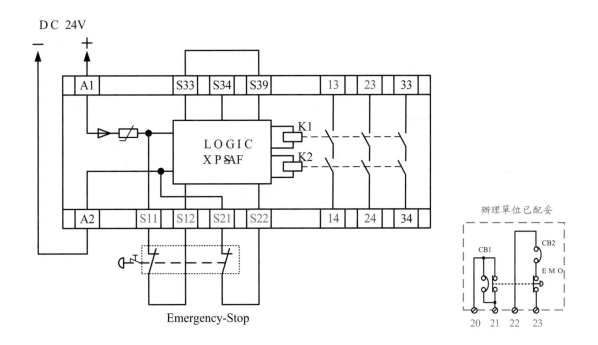

1-4 階梯圖設計

1. 初始回路：當初始脈波 M8002 動作時，則初始狀態 S0 ON。

   [ZRST S20 S100] 指令將流程圖中 S20~S100 之狀態電驛全部復歸。

2. 指示燈控制回路

   (1) PL1 為 M1/Y1 運轉指示燈。

   (2) PL2 為 M2/Y2 運轉指示燈。

   (3) PL3 為 M3/Y3 運轉指示燈。

(4) PL4 為電源指示，NFB ON，PL4 亮。

(5) PL5 為過載指示，

　① 當三只 TH 均正常未跳脫時，M100 動作，PL5 熄。

　② 當任一 TH 過載動作時，M100 OFF，b 接點導通，PL5 亮。

(6) 在順序啟動及停止時，PL1~PL4 閃爍之部分，在流程圖中設計。

3. 警報控制回路

(1) 當 TH1~TH3 均未跳脫，於正常狀態時，X11、X12、X13 的 b 接點均導通，M100 動作。

(2) COS 切於 2（X17 ON）：是為測試位置

　當 X17 導通時，且 M100 的 a 接點導通，此時 BZ 會響，可作 BZ 性能正常測試之用。

(3) COS 切於 1（X16 ON）：是為正常位置

　① 當 X16 導通時，且 TH1~TH3 均正常未動作時，M100 ON，b 接點斷開，則 BZ 不會響。

　② 當 X16 導通時，且當任一 TH 動作時，M100 OFF，b 接點導通，則 BZ 會響。

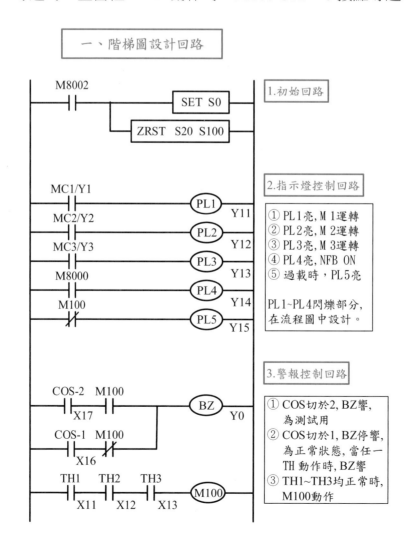

1-5 流程圖設計

本題流程圖之設計，主要包含：

(1) 初始狀態及緊急停止控制流程（如圖二所示）

(2) 正常操作控制流程（如圖三所示）

一、初始狀態及緊急停止控制流程（如圖二）

1. PLC RUN，初始脈波 M8002 使初始狀態 S0 ON。

2. 當 S0 ON 時，執行並進分歧的流程，分為

   (1) 緊急停止控制流程：包含狀態 S80 及 S81。

   (2) 自動啟閉之正常操作控制流程：包含狀態 S20~S23、S31~S33（將於下節說明）。

3. 緊急停止控制之流程，包含狀態 S80 及 S81，動作原理如下：

   (1) 當自動啟閉之控制流程正常執行中，狀態 S20、S80 動作。

   (2) 在 S80 動作時，若按 PB6（緊急停止開關：EMO），則 S81 ON，所有電動機立即停止運轉（ZRST Y1 Y17），指示燈全熄（PL4 除外），BZ 斷續響（ON/OFF 各 0.5 秒）。

   (3) 在 S81 動作時，將 PB6（EMO）栓鎖解除，則 BZ 停響；若再按 PB2／啟動，則恢復執行按 PB6（EMO）之前被迫中斷的原有操作，並延續計時器中斷後未被執行的剩餘計時。

   (4) 於 S81 ON 時之動作原理為：

   ① 在正常操作控制流程中之 S21、S22、S31、S32、S33 的各狀態，T250~T254 計時線圈之前，均串聯 PB6（EMO）的 a 接點，以及 S80 的 a 接點。

   ② 當 PB6（EMO）栓鎖解除，則 PB6（EMO) 的 a 接點導通，並且等待再按 PB2/ 啟動後，S80 ON。

   ③ 當串聯 S80 的 a 接點也導通，則 [停電保持型] 計時器 T250~T254 會恢復計時，可延續計時器中斷後未被執行動作。

二、正常操作控制流程（如圖三）

自動啟閉正常操作之控制流程，主要包含下列兩個控制的項目

(1) 自動啟閉之控制流程

(2) 過載及警報之控制

(一)自動啟閉之控制流程說明

1. 正常操作之自動啟閉控制流程，主要為「順序啟動」與「順序停止」之控制。

   (1) 按啟動按鈕 PB2 則順序啟動：S21 → S22 → S23。

(2) 按停止按鈕 PB1 則順序停止：S31 → S32 → S33。

2.「順序啟動」說明

(1) PLC RUN，初始脈波 M8002 使初始狀態 S0 ON，S20 及 S80 ON。

(2) 在 S20 ON 時，[ZRST T250 T254] 指令將流程圖中所使用的 [停電保持型] 計時器 T250~T254 全部復歸。

(3) 在 S20 ON 時，按啟動按鈕 PB2/X2，則 S21 ON，Y1 ON，T250 計時 5 秒；

(4) 經 5 秒後，S22 (Y1、Y2) ON，Y1、Y2ON，T251 計時 10 秒；

(5) 經 10 秒後，S23 ON，Y1、Y2、Y3 ON。

3.「順序停止」說明

(1) 按停止按鈕 PB1/X1，則 S31 (Y1、Y2、Y3) 仍然 ON，T252 計時 5 秒。

(2) 經 5 秒後，S32 (Y2、Y3) ON，Y1 OFF，T253 計時 10 秒。

(3) 經 10 秒後，S33 (Y3) ON，Y2 OFF，T254 計時 5 秒。

(4) 經 5 秒後，S20 ON，Y3 OFF，回到初始狀態。

4. 於主要流程中，S21、S22、S31、S32 及 S33 中之計時器，各使用 T250、T251、T252、T253 及 T254 之 [停電保持型] 計時器來計時，且各計時器線圈之前各串聯 PB6(EMO，X6)SR 之 a 接點，以及 S80 的 a 接點。

使用「停電保持型」之計時器，及在激磁線圈之前串聯接點的原因，係欲符合下列動作要求之規定。

(1) [動作要求二 .7] 正常操作執行中，按 PB6（緊急停止開關：EMO），所有電動機立即停止運轉，指示燈全熄（PL4 除外），BZ 斷續響（ON/OFF 各 0.5 秒）。

(2) [動作要求二 .8] PB6 (EMO) 栓鎖解除之後，BZ 停響，按 PB2 恢復執行按 PB6 (EMO) 之前被迫中斷的原有操作，並延續計時器中斷後未被執行的剩餘計時

5. 於主要流程中，S20、S21、S22 中，各加入停止按鈕 PB1 動作時，使 S31 動作，執行順序停止的流程，係為符合：[動作要求二 .4. 運轉中（不論啟動完成與否）或在停車狀態下，為清除輸送帶上殘留物件：按停止按鈕 PB1，電動機 M1、M2、M3 全部投入運轉，5 秒 [PL4、PL1 交互閃爍] 後，M1 電動機停止運轉。]

(二)過載及警報之控制流程說明

綜合本試題對於三個電動機過載時之動作要求，分析過載的情況，可分為下列四種類型。並且於電動機過載時，BZ 會響，PL 亮；當 COS 切於 2，則 BZ 停響。

① M1、M2、M3 電動機均運轉

② M1、M2 電動機運轉

③ M2、M3 電動機運轉

④ 單部電動機運轉時

　　茲將各種過載的情況之動作原理，分別說明之。

[情況 1] M1、M2、M3 電動機均運轉時（於狀態 S23 或 S31）

　　[1.1] TH1 跳脫：M1 電動機立即停止運轉→（10 秒）[PL4、PL2 交互閃爍]→M2 電動機停止運轉→（5 秒）[PL4、PL3 交互閃爍]→M3 電動機停止運轉。[即如下圖：情況 1.1，S32 動作]

　　[1.2] TH2 跳脫：M1、M2 電動機立即停止運轉→（5 秒）[PL4、PL3 交互閃爍]→M3 電動機停止運轉。[即如下圖：情況 1.2，S33 動作]

　　[1.3] TH3 跳脫：所有電動機停止運轉。[即如下圖：情況 1.3，S20 動作]

　　[1.1]、[1.2]、[1.3] 之流程圖說明

　　於狀態 S23 及 S31 中，M1、M2、M3 電動機均運轉時，

　　(1) 若 TH1 跳脫，則 S32 動作。

　　(2) 若 TH2 跳脫，則 S33 動作。

　　(3) 若 TH3 跳脫，則 S20 動作。

[情況 2] M1、M2 電動機運轉時（於狀態 S22）

　　[2.1] TH1 跳脫：各電動機流程如下：[即如下圖：情況 2.1，S32 動作]

　　M1 電動機立即停止運轉。

　　M2 電動機之動作：M2 電動機仍繼續運轉→（10 秒）[PL4、PL2 交互閃爍]→M2 電動機停止運轉。[備註：係使用 T253 計時]

　　M3 電動機之動作：合併跳脫前 M2 電動機已運轉之計時共 10 秒→M3 電動機開始運轉 [PL3] →（5 秒）[PL4、PL3 交互閃爍]→M3 電動機停止運轉。[備註：係使用 T251 計時]

　　【2.1】之流程圖設計說明，可分為 [情況 2.1-a] 及 [情況 2.1-b] 說明。

　　[2.1-a] T253 之計時 10 秒，係應用於 M1 過載停止時，M2 仍繼續運轉 10 秒才停止。

　　　　（係符合 [順序停止] 之要求：M1 停止後，M2 在 10 秒才停止）

　　　　(1) 於狀態 S22 中，M1、M2 運轉時，若 TH1 跳脫，則 S32 動作，M1 立即停止。M2 仍繼續運轉；T253 計時 10 秒。

　　　　(2) 當 T253 計時 10 秒時間到，S33 動作，M2 停止運轉；T254 計時 10 秒。

　　　　(3) 當 T254 計時 5 秒時間到，S20 動作，M3 停止運轉。

　　[2.1-b] T251 之計時 10 秒，係應用於，M2 運轉 10 秒後，M3 才開始運轉之計時。

　　　　（係符合 [順序啟動] 之要求：M2 運轉 10 秒後，M3 才開始運轉）

　　　　(1) 於狀態 S22 中，M1、M2 運轉時，T251 亦開始 10 秒的計時。

(2) 若 TH1 跳脫，則 S32 動作；因於 MC3(Y3) 前面串聯 T251 及 T252 停電保持之延時 a 接點，待 T251 於 S22 及 S32 動作時，總共之計時 10 秒鐘時間到，T251 延時動作的 a 接點導通；或於 S31 動作時，T252 的計時時間到，MC3(Y3) 才動作，M3 開始運轉。

[2.2] TH2 跳脫：M1、M2 電動機立即停止運轉。[即如下圖：情況 2.2，S20 動作]

【2.2】之流程圖設計說明

於狀態 S22 中，M1、M2 運轉時，若 TH2 跳脫，則 S20 動作，M1、M2 電動機立即停止運轉。

[情況 3] M2、M3 電動機運轉時（於狀態 S32）

[3.1] TH2 跳脫：M2 電動機立即停止運轉→（5秒）[PL4、PL3 交互閃爍]→M3 電動機停止運轉。[即如下圖：情況 3.1，S33 動作]

【3.1 之流程圖設計說明】

於狀態 S32 中，M2、M3 運轉時；若 TH2 跳脫，則 S33 動作，M2 停止，M3 運轉。同時，T254 計時 5 秒時間到，S20 動作，M3 停止運轉。

[3.2] TH3 跳脫：所有電動機停止運轉。[即如下圖：情況 3.2，S20 動作]

【3.2 之流程圖設計說明】

於狀態 S32 中，M2、M3 運轉時；若 TH3 跳脫，則 S20 動作，所有電動機停止運轉。

[情況 4] 單部電動機運轉時於（狀態 S21、S33）

[4.1] 於狀態 S21 之 M1 運轉時，若 TH1 跳脫，則 S20 動作，M1 停止運轉。

[4.2] 於狀態 S33 之 M3 運轉時，若 TH3 跳脫，則 S20 動作，M3 停止運轉。

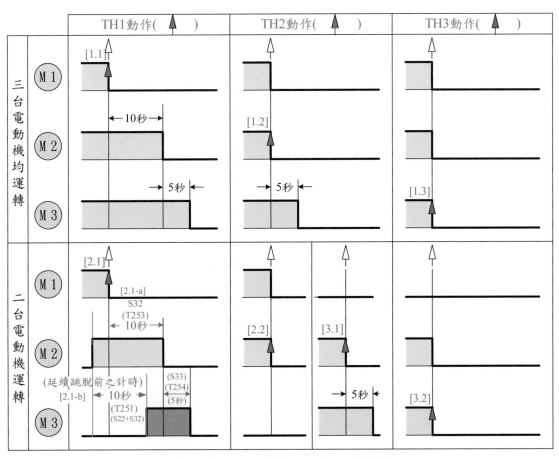

電動機各種過載情況之動作時序圖

二、初始狀態及緊急停止控制流程

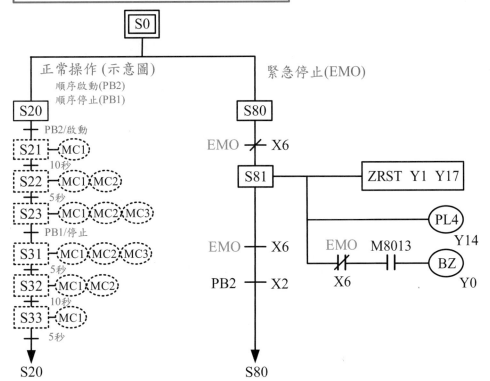

三、正常操作控制流程

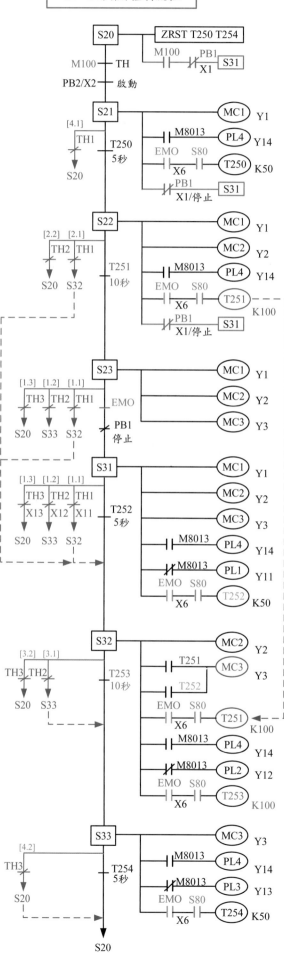

S20

S20

1-6 完整之控制回路圖及程式

梯形圖	指令碼

```
      M8002
0     ┤├─────────────────────────[ SET    S0  ]

                              ─────[ ZRST   S20   S100 ]

      Y001
8     ┤├──────────────────────────────( Y011 )

      Y002
10    ┤├──────────────────────────────( Y012 )

      Y003
12    ┤├──────────────────────────────( Y013 )

      M8000
14    ┤├──────────────────────────────( Y014 )

      M100
16    ┤/├──────────────────────────────( Y015 )

      X017   M100
18    ┤├────┤├───────────────────────( Y000 )
      X016   M100
      ┤├────┤/├

      X011   X012   X013
24    ┤├────┤├────┤├──────────────────( M100 )

      S0
28    ┤STL├─────────────────────────[ SET    S20 ]

                              ─────────[ SET    S80 ]

      S20
33    ┤STL├────────────────[ ZRST   T250   T254 ]

             M100   X001
39           ┤├────┤/├──────────────[ SET    S31 ]

             M100   X002
43           ┤├────┤├───────────────[ SET    S21 ]

      S21
47    ┤STL├──────────────────────────( Y001 )

             M8013
49           ┤├──────────────────────( Y014 )

             X006   S80                    K50
51           ┤├────┤├──────────────────( T250 )

             X001
56           ┤/├───────────────────[ SET    S31 ]

             T250
59           ┤├────────────────────[ SET    S22 ]

             X011
62           ┤/├───────────────────[ SET    S20 ]
```

```
0    LD    M8002
1    SET   S0
3    ZRST  S20
           S100
8    LD    Y001
9    OUT   Y011
10   LD    Y002
11   OUT   Y012
12   LD    Y003
13   OUT   Y013
14   LD    M8000
15   OUT   Y014
16   LDI   M100
17   OUT   Y015
18   LD    X017
19   AND   M100
20   LD    X016
21   ANI   M100
22   ORB
23   OUT   Y000
24   LD    X011
25   AND   X012
26   AND   X013
27   OUT   M100
28   STL   S0
29   SET   S20
31   SET   S80
33   STL   S20
34   ZRST  250
           T254
39   LD    M100
40   ANI   X001
41   SET   S31
43   LD    M100
44   AND   X002
45   SET   S21
47   STL   S21
48   OUT   Y001
49   LD    M8013
50   OUT   Y014
51   LD    X006
52   AND   S80
53   OUT   T250
           K50
56   LDI   X001
57   SET   S31
59   LD    T250
60   SET   S22
62   LDI   X011
63   SET   S20
```

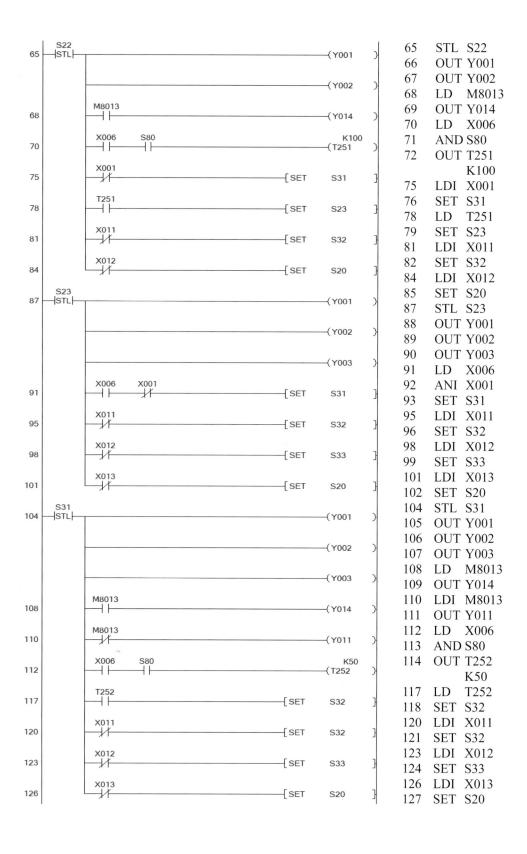

65	STL S22
66	OUT Y001
67	OUT Y002
68	LD M8013
69	OUT Y014
70	LD X006
71	AND S80
72	OUT T251
	K100
75	LDI X001
76	SET S31
78	LD T251
79	SET S23
81	LDI X011
82	SET S32
84	LDI X012
85	SET S20
87	STL S23
88	OUT Y001
89	OUT Y002
90	OUT Y003
91	LD X006
92	ANI X001
93	SET S31
95	LDI X011
96	SET S32
98	LDI X012
99	SET S33
101	LDI X013
102	SET S20
104	STL S31
105	OUT Y001
106	OUT Y002
107	OUT Y003
108	LD M8013
109	OUT Y014
110	LDI M8013
111	OUT Y011
112	LD X006
113	AND S80
114	OUT T252
	K50
117	LD T252
118	SET S32
120	LDI X011
121	SET S32
123	LDI X012
124	SET S33
126	LDI X013
127	SET S20

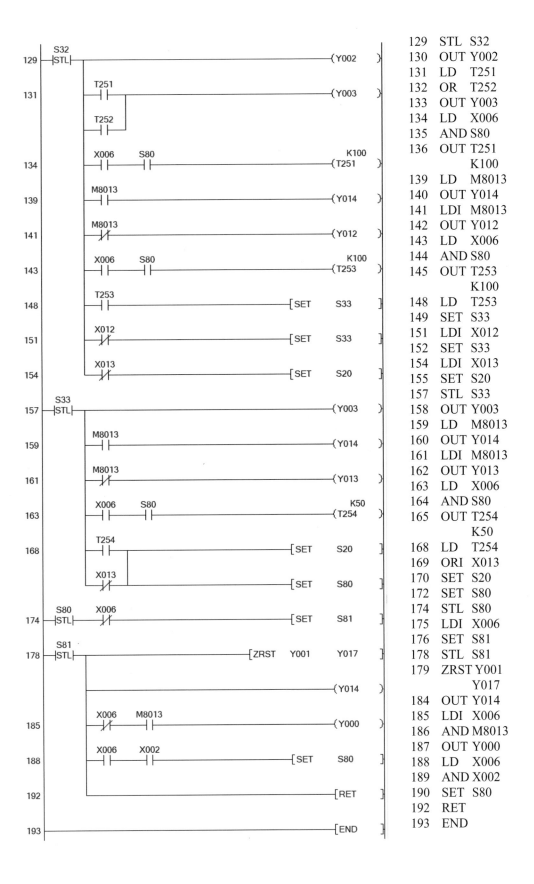

129	STL S32
130	OUT Y002
131	LD T251
132	OR T252
133	OUT Y003
134	LD X006
135	AND S80
136	OUT T251
	K100
139	LD M8013
140	OUT Y014
141	LDI M8013
142	OUT Y012
143	LD X006
144	AND S80
145	OUT T253
	K100
148	LD T253
149	SET S33
151	LDI X012
152	SET S33
154	LDI X013
155	SET S20
157	STL S33
158	OUT Y003
159	LD M8013
160	OUT Y014
161	LDI M8013
162	OUT Y013
163	LD X006
164	AND S80
165	OUT T254
	K50
168	LD T254
169	ORI X013
170	SET S20
172	SET S80
174	STL S80
175	LDI X006
176	SET S81
178	STL S81
179	ZRST Y001
	Y017
184	OUT Y014
185	LDI X006
186	AND M8013
187	OUT Y000
188	LD X006
189	AND X002
190	SET S80
192	RET
193	END

1-7 主電路

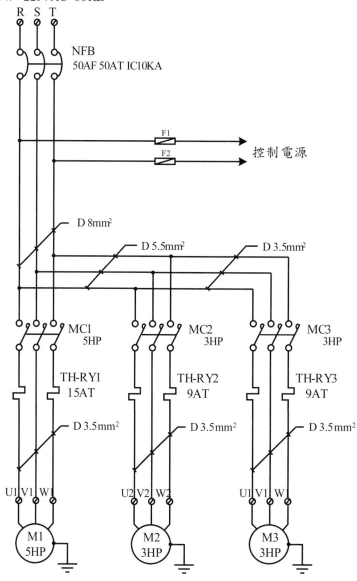

※NFB 電源側及虛線部分接線由檢定場地預先配妥。

1-8 主要機具設備表

項次	代號	名稱	規格	數量	備註
1	NFB	無熔線斷路器	3P 50AF 50AT IC10KA	1 只	
2	DF	卡式保險絲含座	600V 2A	2 只	F1.F2
3	CB	電路斷路器	1P 220VAC 10KA 3A	2 只	CB1 並接 EMO 接點、CB2 串接 EMO 接點
4	MC	電磁接觸器	5HP 220VAC 60Hz 2a2b	1 只	
5	MC	電磁接觸器	3HP 220VAC 60Hz 2a2b	2 只	
6	TH	積熱電驛	15A	1 只	TH1
7	TH	積熱電驛	9A	2 只	TH2、TH3
8	PB	按鈕開關	ϕ30mm 1a1b 黃色	2 只	附 PB1、PB2 銘牌
9	EMO	緊急停止開關	ϕ30mm 2b 紅色	1 只	附銘牌
10	PL	指示燈	ϕ30mm 220VAC 白色	5 只	附 PL1～PL5 銘牌
11	BZ	蜂鳴器	ϕ30mm 220VAC	1 只	附銘牌
12	COS	切換開關	ϕ30mm 1a1b 二段式	1 只	附 1/2 銘牌
13	PLC	可程式控制器	輸入 16 點（含）以上、輸出（繼電器型）16 點（含）以上	1 只	
14	TB1	端子台	20A 12P	1 只	
15	TB2	過門端子台	20A 25P 含過門線束	1 組	1.具線號及接點對照標示 2.輸入接點具共點 3.完成 EMO 與 CB1.CB2 串／並聯接線
16	M1	電動機	3ϕ 220VAC 60Hz IM 5HP	1 只	得以 1/8HP（含）以上電動機代替
17	M2 M3	電動機	3ϕ 220VAC 60Hz IM 3HP	2 只	得以 1/8HP（含）以上電動機代替
18		安全電驛模組 Safety relay	24VDC、至少具 **2NO** 接點輸出	1 只	
19		電源供應器 Power Supply	INPUT：220VAC OUTPUT：24VDC 2A	1 只	
20		木心板	300mmL×200mmW×3/4"t	1 塊	PLC 固定用

1-9 操作板及器具板配置圖

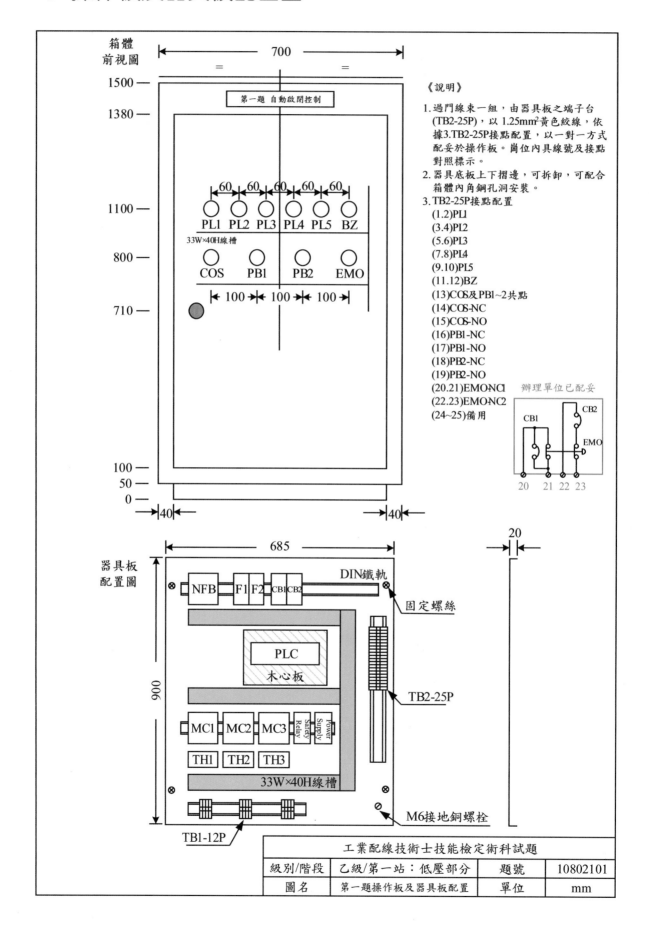

《說明》

1. 過門線束一組，由器具板之端子台 (TB2-25P)，以 1.25mm² 黃色絞線，依據 3.TB2-25P 接點配置，以一對一方式配妥於操作板。崗位內具線號及接點對照標示。
2. 器具底板上下摺邊，可拆卸，可配合箱體內角鋼孔洞安裝。
3. TB2-25P 接點配置
   (1.2)PL1
   (3.4)PL2
   (5.6)PL3
   (7.8)PL4
   (9.10)PL5
   (11.12)BZ
   (13)COS及PB1~2共點
   (14)COS-NC
   (15)COS-NO
   (16)PB1-NC
   (17)PB1-NO
   (18)PB2-NC
   (19)PB2-NO
   (20.21)EMO-NC1
   (22.23)EMO-NC2
   (24~25)備用

工業配線技術士技能檢定術科試題			
級別/階段	乙級/第一站：低壓部分	題號	10802101
圖名	第一題操作板及器具板配置	單位	mm

1-10 評審表

◎第一題（自動啟閉控制）　　　　　　　　（第一站第一題第 1 頁／共 6 頁）

姓　名		站別	第一站	評審結果	
術科檢定編號		試題編號	01300-10802101	□及格　　□不及格	
檢 定 日 期		工作崗位			

評審方式說明如下：

(1) 以表列之每一項次為計算單位。

(2)「主要功能」功能認定及處理方式：

　1) 應動作之元件未能正確動作，判定為動作錯誤，直接在該元件名稱上打「×」。

　2) 不應動作之元件產生動作，加註該元件名稱判定為動作錯誤，並在該元件名稱上打「×」。

　3) 任一元件動作錯誤，即判定評審結果為「不及格」，該動作錯誤欄位後之功能不須繼續評審。

(3)「次要功能」功能認定及處理方式：

　1) 應動作之元件未能正確動作，判定為動作錯誤，直接在該元件名稱上打「×」。

　2) 不應動作之元件產生動作，加註該元件名稱判定為動作錯誤，並在該元件名稱上打「×」。

　3) 每項次有任一元件動作錯誤，在該項次「評分」欄內打「×」

　4) 動作錯誤項數合計後，填入「動作錯誤項數」欄位。

　5) 依容許動作錯誤項數，評定合格或不合格。

(4)「一、功能部分」及「二、其他部分」均「合格」者，方判定第一站評審結果為「及格」

一、功能部分：

項次	步驟	操作方式	順序	次要功能		計時	評分 ×	主要功能
				指示元件				對應元件
				ON	閃（斷續ON）			

■受電部分、指定 I/O 測試

項次	步驟	操作方式	順序	ON	閃	計時	評分	對應元件
壹	1	CB1 OFF、CB2 ON NFB ON						
	2	按 PB1 及 PB2						僅檢查對應輸入燈
	3	TH-RY 過載測試						僅檢查對應輸入燈
	4	COS 切至 1、NFB 斷電再送電	PL4					
	5	COS 切至 2	PL4、BZ					
	6	COS 切至 1	PL4					

項次	步驟	操作方式	順序	次要功能				主要功能
				指示元件		計時	評分 ×	對應元件
				ON	閃（斷續ON）			

■正常操作流程（全程），NFB 斷電再送電

項次	步驟	操作方式	順序	ON	閃（斷續ON）	計時	評分×	對應元件
貳		COS 切至 1→按 PB2	(1)	PL1	PL4	5s		M1 正轉並確認指定輸出
			(2)	PL1、PL2	PL4	10s		M1、M2 正轉並確認指定輸出
			(3)	PL1、PL2、PL3、PL4				M1、M2、M3 正轉
		按 PB1	(1)	PL2、PL3	PL1/PL4	5s		M1、M2、M3 正轉
			(2)	PL3	PL2/PL4	10s		M2、M3 正轉
			(3)		PL3/PL4	5s		M3 正轉
			(4)	PL4				

■正常操作流程（中途按 PB1）

項次	步驟	操作方式	順序	ON	閃（斷續ON）	計時	評分×	對應元件
參	1	按 PB2						
	2	（立即...）按 PB1	(1)	PL2、PL3	PL1/PL4	5s		M1、M2、M3 正轉
			(2)	PL3	PL2/PL4	10s		M2、M3 正轉
			(3)		PL3/PL4	5s		M3 正轉
			(4)	PL4				

■正常操作流程（停車狀態下→按 PB1 清除輸送帶上殘留物件）

項次	步驟	操作方式	順序	ON	閃（斷續ON）	計時	評分×	對應元件
肆	1	（電動機全部 OFF...）按 PB1	(1)	PL2、PL3	PL1/PL4	5s		M1、M2、M3 正轉
			(2)	PL3	PL2/PL4	10s		M2、M3 正轉
			(3)		PL3/PL4	5s		M3 正轉
			(4)	PL4				

項次	步驟	操作方式	順序	次要功能				主要功能
				指示元件		計時	評分×	對應元件
				ON	閃（斷續ON）			

■操作中途按 EMO（PB6）

項次	步驟	操作方式	順序	ON	閃（斷續ON）	計時	評分×	對應元件
伍	1	按 PB2						
	2	（M2 加入運轉時（10 秒內），按 PB6（EMO）		PL4	BZ	<10s (A)s		
	3	解除 PB6（EMO）栓鎖		PL4				
	4	按 PB2	(1)	PL1、PL2	PL4	(10-A)s		M1、M2 正轉
			(2)	PL1、PL2、PL3、PL4				M1、M2、M3 正轉

■M1、M2、M3 運轉下→ TH1、TH2、TH3 分別跳脫

項次	步驟	操作方式	順序	ON	閃（斷續ON）	計時	評分×	對應元件
陸	1	TH1 跳脫	(1)	PL3、PL5、BZ	PL2/PL4	10s		M2、M3 正轉
			(2)	PL5、BZ	PL3/PL4	5s		M3 正轉
			(3)	PL4、PL5、BZ				
	2	TH1 復歸		PL4				
	3	按 PB1		PL2、PL3	PL1/PL4			M1、M2、M3 正轉
	4	（立即…）TH2 跳脫	(1)	PL5、BZ	PL3/PL4	5s		M3 正轉
			(2)	PL4、PL5、BZ				
	5	TH2 復歸		PL4				
	6	按 PB2						
	7	（M3 加入運轉後…）TH3 跳脫		PL4、PL5、BZ				
	8	按 PB2（※ 無作用）		PL4、PL5、BZ				
	9	按 PB1（※ 無作用）		PL4、PL5、BZ				
	10	TH3 復歸		PL4				

項次	步驟	操作方式	順序	次要功能		計時	評分 ×	主要功能
				指示元件				對應元件
				ON	閃（斷續ON）			

■ M1、M2 運轉時→ TH1、TH2 分別跳脫

柒	1	按 PB2						
	2	M2 加入運轉，3 秒後 TH1 跳脫	(1)	PL5、BZ	PL2/PL4	3s	10 s	M2 正轉
			(2)	PL3、PL5、BZ	PL2/PL4	7s		M2、M3 正轉
			(3)	PL5、BZ	PL3/PL4	5s		M3 正轉
			(4)	PL4、PL5、BZ				
	3	COS 切至 2		PL4、PL5				
	4	TH1 復歸		PL4、BZ				
	5	COS 切至 1		PL4				
	6	按下 PB2						
	7	（M2 加入運轉時 ...）TH2 跳脫		PL4、PL5、BZ				
	8	TH2 復歸		PL4				

■ M2、M3 運轉時→ TH2、TH3 跳脫

捌	1	按 PB1						
	2	M1 停止後（10 秒內）TH2 跳脫	(1)	PL5、BZ	PL3/PL4	5s		M3 正轉
			(2)	PL4、PL5、BZ				
	3	COS 切至 2		PL4、PL5				
	4	TH2 復歸		PL4、BZ				
	5	COS 切至 1		PL4				
	6	按 PB1						
	7	（M1 停止後 ...）TH3 跳脫		PL4、PL5、BZ				
	8	TH3 復歸		PL4				

■ M1 運轉時→ TH1 跳脫

玖	1	按 PB2						
	2	（立即 ...）TH1 跳脫		PL4、PL5、BZ				
	3	COS 切至 2		PL4、PL5				
	4	TH1 復歸		PL4、BZ				
	5	COS 切至 1		PL4				

項次	步驟	操作方式	順序	次要功能				主要功能
				指示元件		計時	評分 ×	對應元件
				ON	閃（斷續ON）			

■ TH 跳脫後，全部積熱電驛復歸且所有電動機停止，才能恢復正常操作

拾	1	按 PB1					╱	
	2	TH1 跳脫後立即復歸，10 秒內按 PB2 及 PB1（※ 無作用）		PL3、BZ 響 TH 復歸即停響	PL2/PL4	10s		M2、M3 正轉
	3				PL3/PL4	5s		M3 正轉
	4			PL4				

■ TH 跳脫後，全部積熱電驛復歸且所有電動機停止，才能恢復正常操作

拾壹	1	將 CB1 ON→按 PB2，（M1、M2 運轉時）					╱	
	2	按 PB6（EMO）		PL4	BZ			
	3	CB1 OFF		PL4	BZ			
	4	解除 PB6（EMO）栓鎖		PL4				
	5	按 PB2 重新啟動（M1、M2 運轉時）					╱	M1、M2 正轉
	6	CB2 立即 OFF		PL4	BZ			
	7	CB2 ON		PL4				
	8	按 PB2 重新啟動					╱	M1、M2 正轉

功能部分評定結果：	容許動作錯誤項數：62（次要功能總項數）×20% = 13	動作錯誤項數	
	合格：□主要功能完全正確及次要功能動作錯誤項數在容許項數內。（請繼續執行「其他部分」所列項目評審）		
	不合格：□主要功能動作錯誤 □次要功能動作錯誤項數超過容許動作錯誤項數。（判定不合格，「二、其他部分」不需評審）		

二、其他部分：

A、重大缺點：有下列任「一」項缺點評定為不合格	缺點以 ✕ 註記	缺點內容簡述
1.PLC 外部接線圖與實際配線之位址或數量不符		
2. 未整線或應壓接之端子中有半數未壓接		
3. 通電試驗發生兩次以上短路故障（含兩次）		
4.EMO 直接接至 PLC 輸入端，未經安全電驛控制		
5. 應壓接之端子未以規定之壓接鉗作業		
6. 應檢人未經監評人員認可，自行通電檢測者		
B、主要缺點：有下列任「三」項缺點評定為不合格	缺點以 ✕ 註記	(B) 主要缺點統計
1. 違反試題要求，指示燈由 PLC 輸出接點直接控制		
2. 未依規定作 PLC 外部連鎖控制		
3. 未按規定使用 b 接點連接 PLC 輸入端子		
4. 未按規定接地		
5. 控制電路：部分未壓接端子		
6. 導線固定不當（鬆脫）		
7. 導線選色錯誤		
8. 導線線徑選用不當		
9. 施工時損壞器具		
10. 未以尺規繪圖（含 PLC 外部接線圖）		
11. 未注意工作安全		
12. 積熱電驛未依圖面或說明正確設定跳脫值		
13. 通電試驗發生短路故障一次		
C、次要缺點：有下列任「五」項缺點評定為不合格	缺點以 ✕ 註記	(C) 次要缺點統計
1. 端子台未標示正確相序或極性		
2. 導線被覆剝離不當、損傷、斷股		
3. 端子壓接不良		
4. 導線分歧不當		
5. 未接線螺絲鬆動		
6. 施工材料、工具散置於地面		
7. 導線未入線槽		
8. 導線線束不當		
9. 溢領材料造成浪費		
10. 施工後場地留有線屑雜物未清理		
D、主要缺點（B）與次要缺點（C）合計共「六」項及以上評定為不合格		(B)＋(C) 缺點合計

（其他部分）評定結果：

☐ 合格：缺點項目在容許範圍內。
☐ 不合格：缺點項目超過容許範圍。

1-11 自我評量

1. 本題為「_____控制」，係模擬三段輸送帶之機構，主要之控制方式為
   「順序_____控制」及「順序_____控制」。

2. 「順序啟動控制」為輸送帶在啟動時，三只電動機輸送物料之運轉順序為_____
   →_____→_____之順序啟動。

3. 「順序停止控制」之目的，為輸送帶在停止時，三只電動機之運轉順序為_____
   →_____→_____，以清除輸送帶上殘留物件。

4. 為符合 IEC 機器安全規範：

   (1) PB6（EMO）作為切斷主負載功能時，須經由_____電驛控制，不得直接接至
       PLC 輸入端。

   (2) PB6（EMO）須具備援性，為避免接點單一失效，須使用具_____組_____接點
       之 PB6（EMO）。

5. 為符合如下試題動作要求之規定，本檢定試題須要使用_____計時器，
   並在計時器之激磁線圈串聯_____之 a 接點的原因，係欲符合下列動作
   要求之規定。

   (1) [動作要求二.7] 正常操作執行中，按 PB6（緊急停止開關：EMO），所有電動機
       立即停止運轉，指示燈全熄（PL4 除外），BZ 斷續響（ON/OFF 各 0.5 秒）。

   (2) [動作要求二.8] PB6（EMO）栓鎖解除之後，BZ 停響，按 PB2 恢復執行按 PB6
       （EMO）之前被迫中斷的原有操作，並延續計時器中斷後未被執行的剩餘計時。

6. 本自動啟閉控制之輸入 / 輸出控制，包含如下項目：

   (1) 按鈕開關：PB1、PB 共兩只，功能各為_____、_____。

   (2) 緊急停止開關（EMO）：PB6 一只，功能為_____。

   (3) 切換開關：COS 一只，功能為_____。

   (4) 指示燈：PL1、PL2、PL3、PL4、PL5 共五只，功能各為_____、_____
       _____、_____、_____、_____。

   (5) 電動機：M1、M2、M3 共三只，功能為功能為_____。

   (6) 蜂鳴器：BZ 一只，功能為_____。

7. 術科檢定之工作規劃，步驟大致如下：

   (1) 檢視並瞭解，檢定試題時所提供之（壹）、_____圖，（貳）、_____
       _____要求，（參）、_____線路，及（肆）、操作板及器具板配置
       等資料。

   (2) 依_____，劃出 PLC 之外部 I/O 接線圖。

   (3) 依_____，劃出 PLC 之控制回路圖。

(4) 依劃出 PLC 之＿＿＿＿＿＿＿＿接線圖，實施配線。

(5) 依劃出 PLC 之＿＿＿＿＿＿＿＿圖，將程式輸入。

(6) 依試題之評審表，逐項測試。

第二題：兩部抽水機控制

2-1 動作示意圖及說明

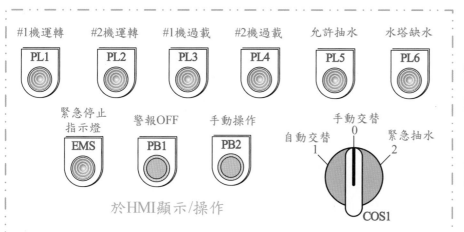

	指定電磁接觸器線圈之輸出位址
MC1	
MC2	

@統一指定輸入/輸出位址：

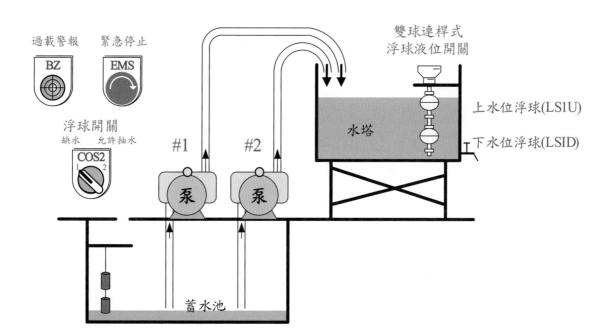

一、主要控制功能

1. 本題為「兩部抽水機控制」，應用 M1 或 M2 抽水機將蓄水池的水抽到水塔。

2. 正常抽水之控制，有三種不同方式，於人機介面（HMI）之 C0S1 控制：

　(1) 自動交替抽水（COS1 切於 1）

(2) 手動交替抽水（COS1 切於 0）

(3) 緊急抽水（COS1 切於 2）

3. 蓄水池使用浮球式液位開關（COS2）作為水位開關，於缺水時接點導通。

  (1) 若切換開關 COS2 切於 1 時，接點（X3）導通，表蓄水池缺水，HMI 標示「缺水」。

  (2) 若切換開關 COS2 切於 2 時，接點（X3）斷路，表蓄水池有水，HMI 標示「允許抽水」。

4. 水塔使用雙球連桿式浮球液位開關（LS1U、LS1D）作為水位開關，LS1U、LS1D之接點，於缺水時接點導通。

  (1) 若下水位浮球開關 LS1D 之接點導通時，表水塔缺水，HMI 標示「缺水」。

  (2) 於上水位浮球開關 LS1U 之接點導通時，表水塔水位未達高水位。

  因此當 LS1U 之接點斷路時，水塔水位位於高水位，HMI 標示「滿水」。

二、本檢定試題之動作要求，除PLC之程式設計外，尚有下列部分

1. 統一指定輸入／輸出位址，如動作示意圖所示。

2. 須規劃人機介面之監控功能設計，如動作要求六。

3. PLC 須做輸出確認判斷及處理，如動作要求七、4。

2-2　動作要求

一、受電部分：NFB ON。

二、自動交替抽水（COS1切於1）：

1. 初始狀態：#1 抽水機停止運轉，PL1 亮綠燈；#2 抽水機停止運轉，PL2 亮綠燈；蓄水池滿水，PL5 亮綠燈；水塔滿水，PL6 亮綠燈。

2. 水塔缺水，水位位於低水位，PL6 亮紅燈，#1 抽水機運轉 [MC1、PL1 亮紅燈]；水塔滿水，水位位於高水位，PL6 亮綠燈，#1 抽水機停止運轉，PL1 亮綠燈。

3. 水塔再次缺水，水位位於低水位，PL6 亮紅燈，換成 #2 抽水機運轉 [MC2、PL2 亮紅燈]；水塔滿水，水位位於高水位，PL6亮綠燈，#2抽水機停止運轉，PL2亮綠燈。

4. 水塔三度缺水，水位位於低水位，PL6 亮紅燈，換回 #1 抽水機運轉 [MC1、PL1 亮紅燈]；水塔滿水，水位位於高水位，PL6 亮綠燈，#1抽水機停止運轉，PL1 亮綠燈；如此，每轉換一次水位之高低水位位置，兩部抽水機輪流交替運轉。

5. 蓄水池水位位於低水位，PL5 亮紅燈，所有抽水機無法運轉。

6. 蓄水池水位高於低水位，PL5 亮綠燈，抽水機恢復正常的交替運轉操作：（步驟 1~3 ）。

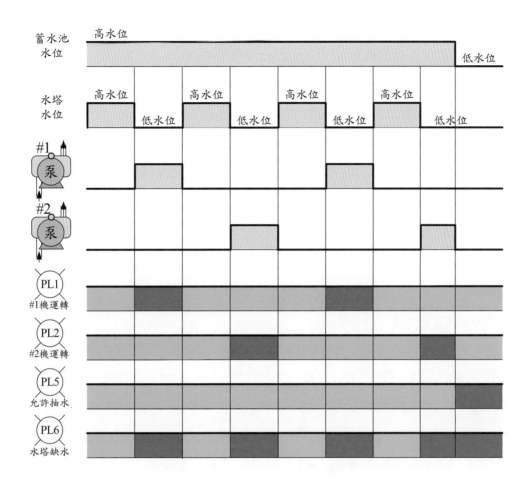

三、手動交替抽水（COS1切於0）：（不用考慮水塔水位開關狀態）

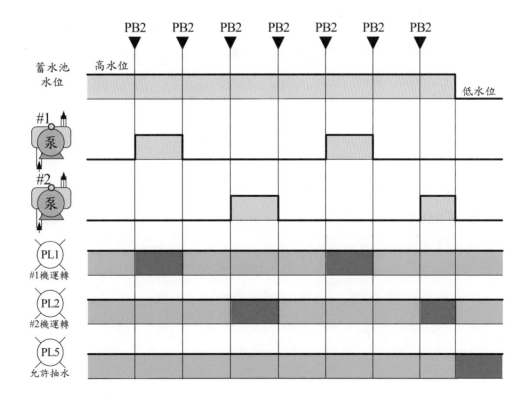

1. 第一次按 PB2，#1 抽水機運轉 [MC1、PL1 亮紅燈]；第二次按 PB2，#1 抽水機停止運轉，PL1 亮綠燈。

2. 第三次按 PB2，#2 抽水機運轉 [MC2、PL2 亮紅燈]；第四次按 PB2，#2 抽水機停止運轉，PL2 亮綠燈。

3. 第五次按 PB2，換回 #1 抽水機運轉 [MC1、PL1 亮紅燈]；第六次按 PB2，#1 抽水機停止運轉，PL1 亮綠燈；如此，每按、放 PB2 一次，輪換運轉狀態，兩部抽水機並作交替運轉。

4. 蓄水池水位低於低水位時，PL5 亮紅燈，所有抽水機無法運轉。

5. 蓄水池水位高於低水位位置，PL5 亮綠燈，抽水機恢復正常的狀態輪換與交替運轉操作：（步驟 1~3）。

四、緊急抽水（COS1切於2）：

1. 水塔缺水，水位位於低水位，PL6 亮紅燈，#1、#2 抽水機同時運轉 [MC1、MC2、PL1 及 PL2 亮紅燈]；水塔滿水，水位位於高水位，PL6 亮綠燈，#1、#2 抽水機同時停止運轉，PL1 及 PL2 亮綠燈。

2. 運轉中，遇蓄水池水位位於低水位時，PL5 亮紅燈，兩台抽水機停止運轉，待蓄水池水位高於低水位，PL5 亮綠燈，#1、#2 抽水機恢復運轉。

五、過載及警報部分：

1. 運轉中，任一只積熱電驛（TH1 或 TH2）動作，對應的過載指示燈（PL3 或 PL4）亮紅燈，BZ 斷續響（ON/0.5 秒，OFF/0.5 秒），10 秒後停響；積熱電驛動作同時，該部抽水機停止運轉：積熱電驛復歸後，對應的過載指示燈（PL3 或 PL4）亮綠燈，加入運轉行列接受控制。

2. COS1 切於 1（或 0）執行交替抽水時：

   (1) 積熱電驛動作同時，立即換上另一部抽水機繼續運轉，直至水塔水位位於高水位（此時 COS1 係切於 1）或是再度按 PB2（此時 COS 係切於 0），抽水機才停止運轉。

   (2) 積熱電驛未復歸前，以單機抽水；水塔水位每轉換高低水位位置（或按 PB2）一次，該抽水機做運轉、停止動作一次。

3. 兩只積熱電驛（TH1、TH2）均跳脫時，過載指示燈 PL3 及 PL4 亮紅燈，除兩部抽水機停止運轉外，BZ 斷續響（ON/0.5 秒，OFF/0.5 秒），直至按 PB1，BZ 停響。此時，須待積熱電驛全部復歸，PL3 及 PL4 亮綠燈，才能恢復正常操作狀態。

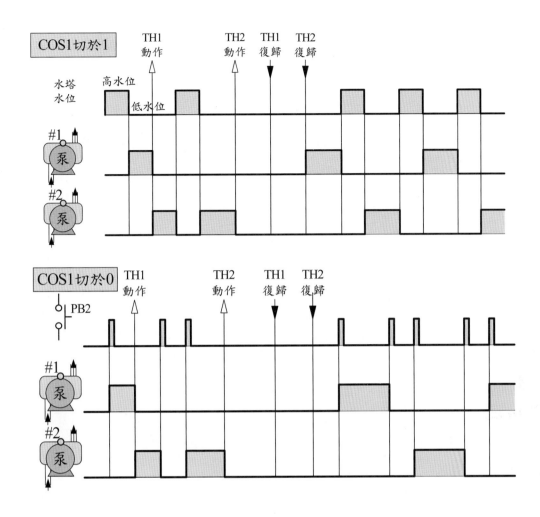

六、人機介面（以下簡稱HMI）：

1. 應檢人需依示意圖及下方 HMI 參考面之相對位置、形狀、文字（含應檢人姓名及現場崗位編號），於 HMI 規劃軟體，進行一頁人機介面之元件及文字等配置及設定。

2. 按鈕開關及指示燈之顏色設定：所有頁面之按鈕開關及指示燈於動作或異常事件時為紅色，未動作時為綠色。

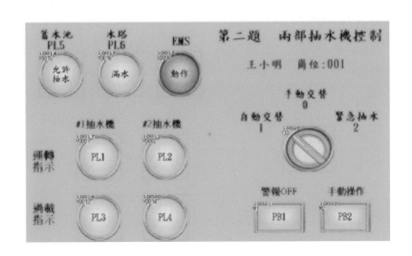

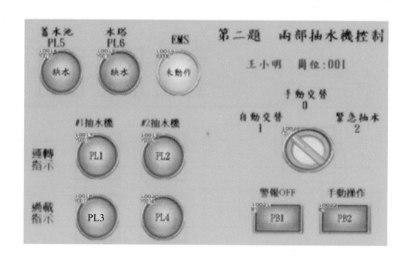

七、其他規定：

1. 按 EMS（緊急停止開關），所有抽水機必須立即停止運轉，EMS 指示燈亮紅燈；待 EMS 栓鎖解除後，EMS 指示燈亮綠燈，才能恢復系統初始狀態操作。

2. 在 TH 跳脫未復歸之狀況下，重新啟動 PLC 或將已動作之 EMS 栓鎖解除時，未復歸 TH 所對應的過載指示燈（PL3 或 PL4）應以紅燈閃爍（ON/0.5 秒，OFF/0.5 秒）方式顯示 TH 未復歸之訊息，BZ 停響。TH 復歸後，所對應的過載指示燈亮綠燈。當全部 TH 均復歸時，才能恢復系統初始狀態操作。

3. 當積熱電驛或 EMS（緊急停止開關）之控制接點連接至 PLC 電路被切斷時，應等同積熱電驛跳脫或 EMS（緊急停止開關）動作。

4. PLC 須做輸出確認判斷及處理：

   (1) 電磁接觸器線圈，因故未能與其相對應之 PLC 輸出信號同步動作時（1.PLC 有輸出，電磁接觸器線圈未動作；2.PLC 未輸出，電磁接觸器線圈動作），所有負載及警報全部 OFF，所有指示燈亮綠燈，任何操作均無作用。

   (2) 電動機未運轉，其對應之積熱電驛（TH）動作，所有負載及警報全部 OFF，所有指示燈亮綠燈，任何操作均無作用。

   (3) 故障排除後，電源開關 ON，重新啟動 PLC，恢復正常操作之初始狀態。

2-3 PLC 之 I/O 接線

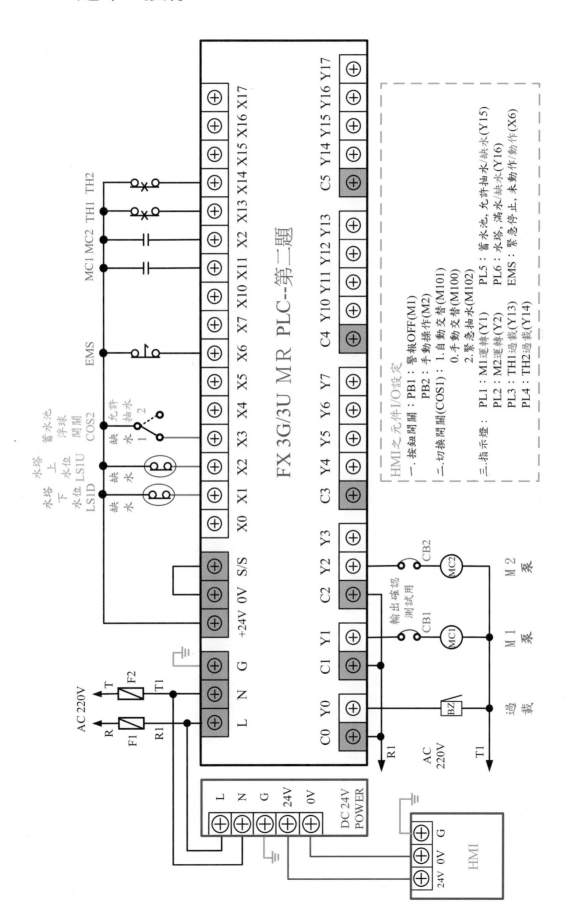

2-4 人機介面設計

一、檢定試題要求

1. 應檢人需依示意圖及 HMI 參考圖面之相對位置、形狀、文字（含應檢人姓名及現場崗位編號），於 HMI 規劃軟體，進行一頁人機介面之元件及文字等配置及設定。

2. 按鈕開關及指示燈之顏色設定：所有頁面之按鈕開關及指示燈於動作或異常事件時為紅色，未動作時為綠色。

二、人機介面之文字及元件等配置及設定

1. HMI 畫面輸入文字（共 14 處）

編號	輸入文字	屬性（位置、形狀）	備註（相關顯示）
1	蓄水池 PL5	（參考試題圖面）	允許抽水、缺水
2	水塔 PL6	（參考試題圖面）	滿水、缺水
3	EMS	（參考試題圖面）	未動作、動作
4	#1 抽水機	（參考試題圖面）	PL1、PL3
5	#2 抽水機	（參考試題圖面）	PL2、PL4
6	運轉指示	（參考試題圖面）	PL1（#1）、PL2（#1）
7	過載指示	（參考試題圖面）	PL3（#1）、PL4（#2）
8	第二題　兩部抽水機控制	（參考試題圖面）	
9	王小明　崗位：001	（參考試題圖面）	藍色字體
10	自動交替 1	（參考試題圖面）	COS-1
11	手動交替 0	（參考試題圖面）	COS-0
12	緊急抽水 2	（參考試題圖面）	COS-2
13	警報 OFF	（參考試題圖面）	PB1
14	手動操作	（參考試題圖面）	PB2

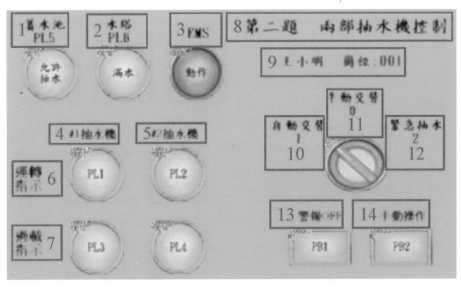

HMI 畫面輸入文字之順序編號

2.建立位元指示燈

編號	對應 繼電器	未動作： 亮綠燈加 [文字]	動作或異常： 亮紅燈加 [文字]	備註
1	Y1(Y11)	亮綠燈	亮紅燈	PL1：#1
2	Y2(Y12)	亮綠燈	亮紅燈	PL2：#2
3	Y13	亮綠燈	亮紅燈	PL3：TH1
4	Y14	亮綠燈	亮紅燈	PL4：TH2
5	Y15	亮綠燈 +「允許抽水」	亮紅燈 +「缺水」	PL5：蓄水池
6	Y16	亮綠燈 +「滿水」	亮紅燈 +「缺水」	PL6：水塔
7	X6	亮綠燈 +「未動作」	亮紅燈 +「動作」	EMS

3.建立按鈕開關及切換開關元件

編號	按鈕名稱	對應繼電器	備註
8	PB1	M1	按鍵屬性：觸發型
9	PB2	M2	按鍵屬性：觸發型
10	COS1-1：自動交替 COS1-0：手動交替 COS1-2：緊急抽水	M101 M100 M102	HMI 三段切換開關 COS1 之設計： 應用 [CMP K1 C0 M10] 比較命令來設計。

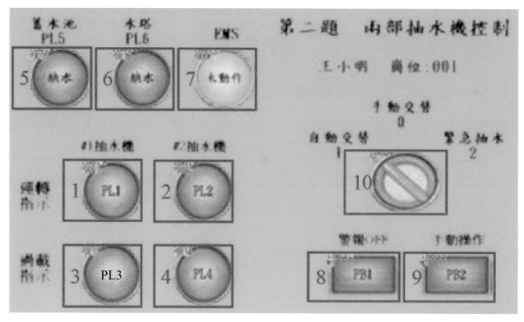

HMI 畫面建立位元指示燈、按鈕開關及切換開關元件之順序編號

2-5 階梯圖及流程圖設計

一、階梯圖設計

1. 初始回路

(1) PLC 初始脈波 M8002 ON，初始狀態 S0 ON。

(2) 當 #1/M1 及 #2/M2 均可正常運轉時，即 TH1/X13 及 TH2/X14 均未動作時，M34 ON。

2. HMI 指示燈號控制

(1) PL1/Y11：

 ① 當 #1/MC1/Y1 停止時，PL1/Y11 OFF，亮綠燈。

 ② 當 #1/MC1/Y1 運轉時，PL1/Y11 ON，亮紅燈。

 * 於 HMI，PL1 指示燈可使用 Y1 設定。

(2) PL2/Y12：

 ① 當 #2/MC2/Y2 停止時，PL2/Y12 OFF，亮綠燈。

 ② 當 #2/MC2/Y2 運轉時，PL2/Y12 ON，亮紅燈。

 * 於 HMI，PL2 指示燈可使用 Y2 設定。

(3) PL3/Y13：

 ① 當 TH1/X13 未動作時，PL3/Y13 OFF，亮綠燈。

 ② 當 TH1/X13 動作時，PL3/Y13 ON，亮紅燈。

(4) PL4/Y14：

　　① 當 TH2/X14 未動作時，PL4/Y14 OFF，亮綠燈。

　　② 當 TH2/X14 動作時，PL4/Y14 ON，亮紅燈。

(5) PL5/Y15：

　　① 當蓄水池水位高於低水位，浮球開關 COS2 切至 2 位置，X3 OFF，PL5/Y15 OFF，亮綠燈，標示「允許抽水」。

　　② 當蓄水池水位低於低水位，浮球開關 COS2 切至 1 位置，X3 ON（缺水導通），PL5/Y15 ON，亮紅燈，標示「缺水」。

(6) PL6/Y16：

　　① 水塔缺水時，水位位於低水位，LS1D 導通（缺水導通），X1 ON，[SET PL6/M6]，PL6/Y16 ON，亮紅燈，表「缺水」。

　　② 水塔滿水時，水位位於高水位，LS1U 斷路，X2 OFF，[RST PL6/M6]，PL6/Y16 OFF，亮綠燈，表「滿水」。

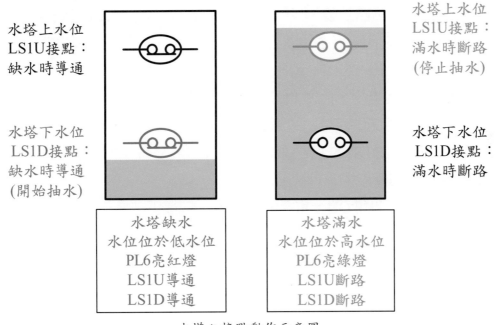

水塔之接點動作示意圖

(7) EMS/Y17：

　　① 當按 EMS 時，X6 斷路，PL7/Y17 ON，EMS 指示亮紅燈，標示「動作」，所有抽水機立即停止。

　　② 待 EMS 復歸後，X6 導通，PL7/Y17 OFF，EMS 指示亮綠燈，標示「未動作」，恢復系統初始狀態。

＊於 HMI，EMS 指示燈可使用 X6 設定。

3. HMI 三段切換開關 COS1 之設計

(1) 在檢定試題 HMI 之設計部分，需在畫面上製作一個三段式切換開關，並且根據按壓的次數，分別將指標切換至指定的 1、0、2 的位置上。

(2) 應用 [CMP K1 C0 M10] 之 K1 與 C0 的現在值之比較命令來設計。

① 當 K1>C0，M10 ON，M100 ON，於 HMI 上顯示 COS1 切於 1，表自動交替功能。

② 當 K1=C0，M11 ON，M101 ON，於 HMI 上顯示 COS1 切於 0，表手動交替功能。

③ 當 K1<C0，M12 ON，M102 ON，於 HMI 上顯示 COS1 切於 2，表緊急抽水功能。

4. PLC 輸出確認判斷及處理

(1) 電磁接觸器線圈，因故未能與其相對應之 PLC 輸出信號同步動作時，所有負載、指示燈及警報均無作用。亦即在 PLC 的 I/O 接線圖中，有下列之故障現象時：

① PLC 有輸出，MC1/Y1 ON、MC2/ Y2 ON 時，而 MC 的線圈未能動作，例如 MC 之動作線圈斷路故障，以致於連接到 X11、X12 的 MC1/Y1、MC2/ Y2 的 a 接點不能導通，而使 PLC 之 X11、X12 沒有輸入。此為故障現象 1。

② PLC 未輸出，Y1、Y2 OFF 時，MC1、MC2 的線圈不會動作，但因 MC 的 a 接點因短路故障而導通，而使 PLC 之 X11、X12 沒有輸入。此為故障現象 2。

(2) 若 PLC 的 I/O 接線圖中有這些故障現象發生時，經過 T99 計時超過 2 秒後，S300 ON，執行「ZRST S0 S299」、「ZRST Y0 Y17」之命令，使所有負載及警報全部 OFF，任何操作均無作用。

(3) 故障排除後，電源開關 ON，重新啟動 PLC，恢復正常操作之初始狀態。

(一) 初始回路

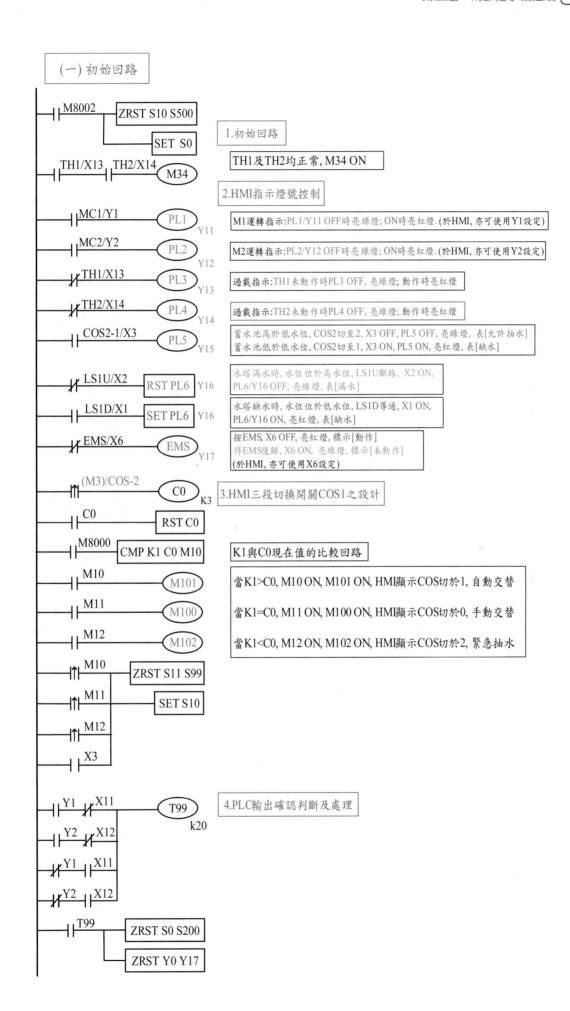

1.初始回路

TH1及TH2均正常, M34 ON

2.HMI指示燈號控制

M1運轉指示:PL1/Y11 OFF時亮綠燈;ON時亮紅燈.(於HMI, 亦可使用Y1設定)

M2運轉指示:PL2/Y12 OFF時亮綠燈;ON時亮紅燈.(於HMI, 亦可使用Y2設定)

過載指示:TH1未動作時PL3 OFF, 亮綠燈; 動作時亮紅燈

過載指示:TH2未動作時PL4 OFF, 亮綠燈; 動作時亮紅燈

蓄水池高於低水位, COS2切至2, X3 OFF, PL5 OFF, 亮綠燈, 表[允許抽水]
蓄水池低於低水位, COS2切至1, X3 ON, PL5 ON, 亮紅燈, 表[缺水]

水塔滿水時, 水位於高水位, LS1U斷路, X2 ON, PL6/Y16 OFF, 亮綠燈, 表[滿水]

水塔缺水時, 水位於低水位, LS1D導通, X1 ON, PL6/Y16 ON, 亮紅燈, 表[缺水]

按EMS, X6 OFF, 亮紅燈, 標示[動作]
待EMS復歸, X6 ON, 亮綠燈, 標示[未動作]
(於HMI, 亦可使用X6設定)

3.HMI三段切換開關COS1之設計

K1與C0現在值的比較回路

當K1>C0, M10 ON, M101 ON, HMI顯示COS切於1, 自動交替

當K1=C0, M11 ON, M100 ON, HMI顯示COS切於0, 手動交替

當K1<C0, M12 ON, M102 ON, HMI顯示COS切於2, 緊急抽水

4.PLC輸出確認判斷及處理

二、流程圖設計

㈠S10：正常操作控制流程

1. 本題為兩部抽水機控制，可分為 (1) 自動交替抽水；(2) 手動交替抽水；及 (3) 緊急抽水三部分。

2. PLC RUN，則初始脈波使初始狀態 S0 ON，並 [ZRST S10 S139]。

   初始狀態 S0 ON，可並進分歧三個流程：

   (1) S10：正常操作控制流程

   (2) S100：TH 過載及警報控制流程

   (3) S120：EMS 緊急停止控制流程

3. 於 S10 ON 時，蓄水池水位高於低水位，COS2-1/X3（允許抽水）ON，S11 ON，抽水機可正常的交替運轉操作

4. S11 ON 時，可實施下列三種抽水模式。

   (1) 當 COS1 切於 1 位置時，M101 ON，S20 ON，是為「自動交替抽水」控制；

   (2) 當 COS1 切於 0 位置時，M100 ON，S30 ON，是為「手動交替抽水」控制；

   (3) 當 COS1 切於 2 位置時，X102 ON，S40 ON，是為「緊急抽水」控制。

5. 自動交替抽水（COS1-1/M101，S20 ON）

   (1) 於 S20 ON 時，若水塔缺水，水位位於低水位，則 LS1D/X1 之接點導通，S21 ON，MC1/Y1 ON，M1 抽水。

   (2) 水塔滿水，水位位於高水位，LS1U/X2 之接點導通，S22 ON，M1 停止。

   (3) 於 S22 ON 時，水塔再次缺水，水位位於低水位，LS1D/X1 之接點又導通，S23 ON，MC2/Y2 ON，M2 抽水。

   (4) 於 S23 ON 時，水塔滿水，水位位於高水位，LS1U/X2 之接點又導通，又回到 S20 ON，M2 停止。

   (5) 如此，每轉換一次水位之高、低水位位置，兩部抽水機作「自動交替」運轉。

   (6) 蓄水池水位低於低水位時，PL5 亮紅燈，所有抽水機無法運轉。

   (7) 蓄水池水位高於低水位位置，PL5 亮綠燈，抽水機恢復正常的狀態輪換與交替運轉操作。

   (8) 運轉中，任一積熱電驛動作，對應之抽水機停止運轉。積熱電驛動作同時，立即換上另一部抽水機繼續運轉，直至水塔水位位於高水位

6. 手動交替抽水（COS1-0/M100，S30 ON）

   (1) 於 S30 ON 時，第一次按 HMI 之 PB2/M2，S31 ON，M1 運轉；第二次按 PB2/M2，S32 ON，M1 停止。

   (2) 第三次按 PB2/M2，S33 ON，M2 運轉；第四次按 PB2/M2，又回到 S30 ON，M1 停止。

(3) 如此，每按、放 PB2 一次，兩部抽水機作「手動交替」運轉。

(4) 蓄水池水位低於低水位時，PL5 亮紅燈，所有抽水機無法運轉。

(5) 蓄水池水位高於低水位位置，PL5 亮綠燈，抽水機恢復正常的狀態輪換與交替運轉操作。

(6) 運轉中，任一積熱電驛動作，對應之抽水機停止運轉。積熱電驛動作同時，立即換上另一部抽水機繼續運轉，再度按 PB2（此時 COS1 係切於 0），抽水機才停止運轉。

7.「緊急抽水」控制（COS1-2/M102，S40 ON）

(1) 於 S40 ON 時，若水塔缺水，水位位於低水位，則若 LS1D/X1 之接點導通，則 S41 ON，MC1/Y1 ON，MC2/Y2 ON，M1 及 M2 同時「緊急抽水」。

(2) 若水塔滿水，水位位於高水位，則 LS1U/X2 之接點導通，S40 ON，M1 及 M2 同時停止。

(3) 水塔再次缺水時，則 S41 又 ON，M1 及 M2 又同時「緊急抽水」，重複動作。

(4) 運轉中，遇蓄水池水位位於低水位時，PL5 亮紅燈，兩台抽水機停止運轉，待蓄水池水位高於低水位，PL5 亮綠燈，#1、#2 抽水機恢復運轉。

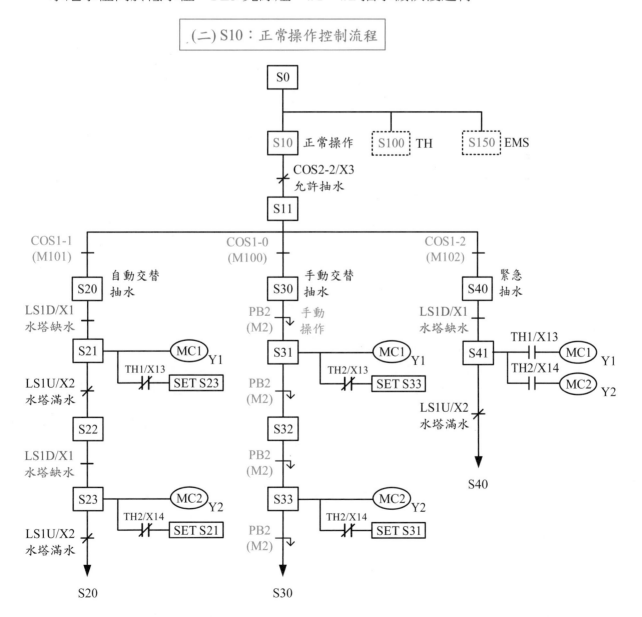

(二) S10：正常操作控制流程

(二)S100：TH 過載及警報控制流程

1. S100 ON 時，任一只積熱電驛（TH1 或 TH2）動作，則 S100 ON，BZ 斷續響（ON/0.5 秒，OFF/0.5 秒），10 秒後停響。

2. COS1 切於 1（或 0）執行交替抽水時：

   (1) 積熱電驛動作同時，立即換上另一部抽水機繼續運轉，直至水塔水位位於高水位（此時 COS1 係切於 1）或是再度按 PB2（此時 COS 係切於 0），抽水機才停止運轉。

   (2) 積熱電驛未復歸前，以單機抽水；水塔水位每轉換高低水位位置（或按 PB2）一次，該抽水機做運轉、停止動作一次。

3. 兩只積熱電驛（TH1、TH2）均跳脫時，過載指示燈 PL3 及 PL4 亮紅燈，除兩部抽水機停止運轉外，BZ 斷續響（ON/0.5 秒，OFF/0.5 秒），直至按 PB1，BZ 停響。此時，須待積熱電驛全部復歸，PL3 及 PL4 亮綠燈，才能恢復正常操作狀態。

4. 在 TH 跳脫而未復歸之狀況下，重新啟動 PLC 時，S200 ON，則執行在未復歸 TH1、TH2 所對應的過載指示燈（PL3 或 PL4），應以紅燈閃爍（ON/0.5 秒，OFF/0.5 秒）方式顯示 TH 未復歸之訊息

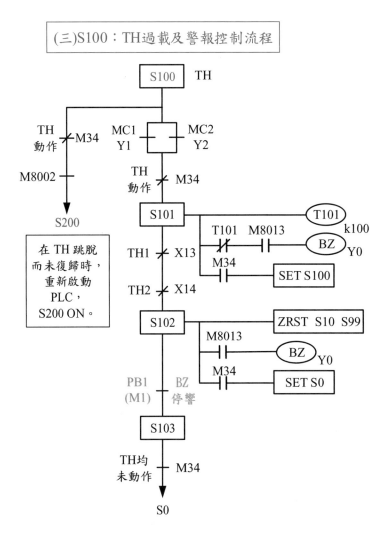

(三)S100：TH過載及警報控制流程

㈢S120：EMS 緊急停止控制流程

1. 於 S150 ON 時，按下 EMS/X6，[ZRST S10 S99]，M1、M2 均停止運轉，於 HMI 上，EMS 指示燈亮紅燈；待 EMS 栓鎖解除後，S200 ON，EMS 指示燈亮綠燈。

2. 於 S200 ON 時，若 M134 動作，S0 ON，恢復系統初始狀態。

3. 於 S200 ON 時，若

   (1) 在 TH 跳脫未復歸之狀況下，重新啟動 PLC（於此狀況下，M100 OFF），或

   (2) 將已動作之 EMS 栓鎖解除時，S140 ON，

   　則在未復歸 TH1、TH2 所對應的過載指示燈（PL3 或 PL4），應以紅燈閃爍（ON/0.5 秒，OFF/0.5 秒）方式顯示 TH 未復歸之訊息，BZ 停響。

   (3) TH 復歸後，所對應的過載指示燈亮綠燈。

   (4) 當全部 TH 均復歸時，才能恢復系統初始狀態 S0 之操作。

㈣S150：EMS緊急停止控制流程

2-6 完整之控制回路圖及程式

梯形圖	指令表

```
0   M8002 ─────────────[ZRST  S10   S500]
                    └────[SET   S0]
8   X013  X014 ─────────────────(M34)
11  Y001 ──────────────────────(Y011)
13  Y002 ──────────────────────(Y012)
15  X013 ──────────────────────(Y013)
17  X014 ──────────────────────(Y014)
19  X003 ──────────────────────(Y015)
21  X002 ─────────────────[RST  Y016]
23  X001 ─────────────────[SET  Y016]
25  X006 ──────────────────────(Y017)
27  M3 ────────────────────K3 (C0)
32  C0 ──────────────────[RST  C0]
35  M8000 ──────────[CMP  K1   C0   M10]
43  M10 ──────────────────────(M101)
45  M11 ──────────────────────(M100)
47  M12 ──────────────────────(M102)
49  M10 ────────────────[ZRST  S11  S99]
    M11 ─────────────────[SET  S10]
    M12
    X003
63  Y001  X011 ────────────────K20 (T99)
    Y002  X012
    Y001  X011
    Y002  X012
77  T99 ─────────────────[ZRST  S0   S200]
                    └─────[ZRST  Y000  Y007]
```

```
0    LD    M8002
1    ZRST  S10
           S500
6    SET   S0
8    LD    X013
9    AND   X014
10   OUT   M34
11   LD    Y001
12   OUT   Y011
13   LD    Y002
14   OUT   Y012
15   LDI   X013
16   OUT   Y013
17   LDI   X014
18   OUT   Y014
19   LD    X003
20   OUT   Y015
21   LDI   X002
22   RST   Y016
23   LD    X001
24   SET   Y016
25   LDI   X006
26   OUT   Y017
27   LDP   M3
29   OUT   C0 K3
32   LD    C0
33   RST   C0
35   LD    M8000
36   CMP   K1
           C0   M10
43   LD    M10
44   OUT   M101
45   LD    M11
46   OUT   M100
47   LD    M12
48   OUT   M102
49   LDP   M10
51   ORP   M11
53   ORP   M12
55   OR    X003
56   ZRST  S11
           S99
61   SET   S10
63   LD    Y001
64   ANI   X011
65   LD    Y002
66   ANI   X012
67   ORB
68   LDI   Y001
69   AND   X011
70   ORB
71   LDI   Y002
72   AND   X012
73   ORB
74   OUT   T99 K20
77   LD    T99
78   ZRST  S0 S200
83   ZRST  Y0 Y7
```

88	STL	S0
89	SET	S10
91	SET	S100
93	SET	S150
95	STL	S10
96	LDI	X003
97	SET	S11
99	STL	S11
100	LD	M101
101	SET	S20
103	LD	M100
104	SET	S30
106	LD	M102
107	SET	S40
109	STL	S20
110	LD	X001
111	SET	S21
113	STL	S21
114	OUT	Y001
115	LDI	X013
116	SET	S23
118	LDI	X002
119	SET	S22
121	STL	S22
122	LD	X001
123	SET	S23
125	STL	S23
126	OUT	Y002
127	LDI	X014
128	SET	S21
130	LDI	X002
131	SET	S20
133	STL	S30
134	LDF	M2
136	SET	S31
138	STL	S31
139	OUT	Y001
140	LDI	X013
141	SET	S33
143	LDF	M2
145	SET	S32
147	STL	S32
148	LDF	M2
150	SET	S33
152	STL	S33
153	OUT	Y002
154	LDI	X014
155	SET	S31
157	LDF	M2
159	SET	S30
161	STL	S40
162	LD	X001
163	SET	S41

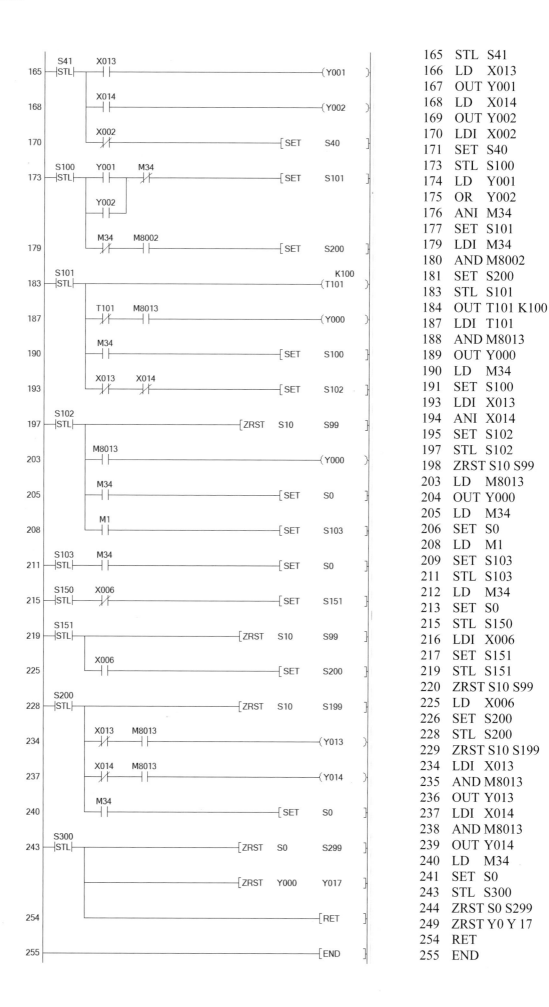

165	STL S41
166	LD X013
167	OUT Y001
168	LD X014
169	OUT Y002
170	LDI X002
171	SET S40
173	STL S100
174	LD Y001
175	OR Y002
176	ANI M34
177	SET S101
179	LDI M34
180	AND M8002
181	SET S200
183	STL S101
184	OUT T101 K100
187	LDI T101
188	AND M8013
189	OUT Y000
190	LD M34
191	SET S100
193	LDI X013
194	ANI X014
195	SET S102
197	STL S102
198	ZRST S10 S99
203	LD M8013
204	OUT Y000
205	LD M34
206	SET S0
208	LD M1
209	SET S103
211	STL S103
212	LD M34
213	SET S0
215	STL S150
216	LDI X006
217	SET S151
219	STL S151
220	ZRST S10 S99
225	LD X006
226	SET S200
228	STL S200
229	ZRST S10 S199
234	LDI X013
235	AND M8013
236	OUT Y013
237	LDI X014
238	AND M8013
239	OUT Y014
240	LD M34
241	SET S0
243	STL S300
244	ZRST S0 S299
249	ZRST Y0 Y 17
254	RET
255	END

2-7 主電路

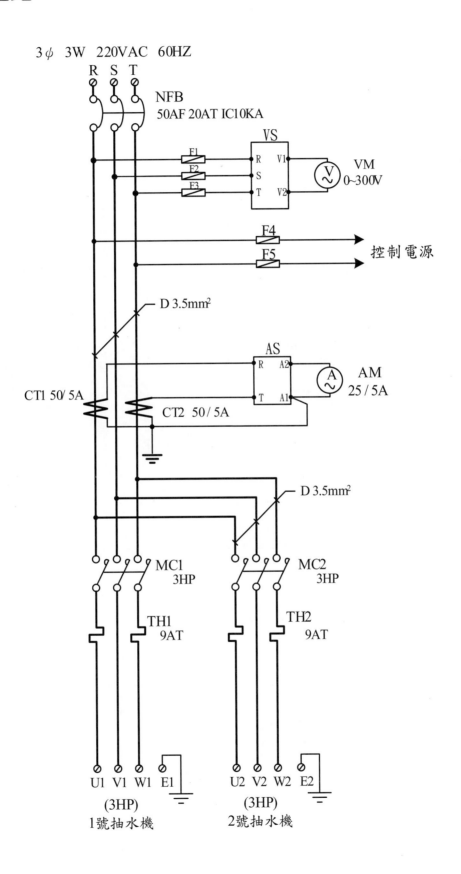

2-8 主要機具設備表

項次	代號	名稱	規格	數量	備註
1	NFB	無熔線斷路器	3P 50AF 20AT IC10KA	1 只	
2	DF	卡式保險絲含座	600V 2A	2 只	F1.F2
3	CB	電路斷路器	1P 220VAC 5KA 3A	2 只	CB1、CB2 輸出確認用
4	MC	電磁接觸器	3HP 220VAC 60HZ 2a2b	2 只	MC1.MC2
5	TH	積熱電驛	9A	2 只	TH1.TH2
6	HMI	人機介面	24VDC7" 全彩	1 只	
7	PLC	可程式控制器	輸入 16 點（含）以上、輸出（繼電器型）16 點（含）以上	1 只	
8		連桿式浮球液位開關	雙球式	1 只	水塔用，缺水時，上／下水位接點均導通
9		切換開關	φ30mm 兩段式 1a1b	1 只	代替蓄水池浮球開關，附蓄水池 - 缺水／允許抽水銘牌缺水時，接點導通
10	EMS	緊急停止開關	φ30mm 1b	1 只	附銘牌
11	BZ	蜂鳴器	φ30mm 220VAC	1 只	附銘牌
12	TB1	端子台	20A 8P	1 只	
13	TB2-3	過門端子台	20A 20P 含過門線束	1 組	具線號及接點對照標示
14	M	電動機	3φ220VAC 60HZ IM 3HP	2 只	得以 1/8HP（含）電動機代替
15		電源供應器	INPUT：220VAC OUTPUT：24VDC 2A	1 只	
16		木心板	300mmL　200mmW　3/4"t	1 塊	

2-9 操作板及器具板配置圖

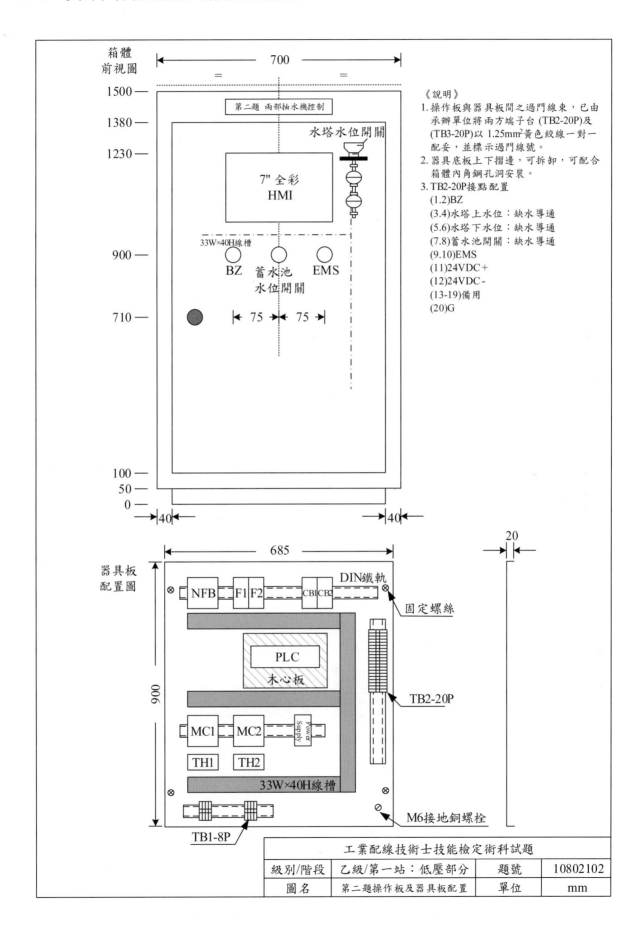

《說明》
1. 操作板與器具板間之過門線束，已由承辦單位將兩方端子台 (TB2-20P) 及 (TB3-20P) 以 1.25mm² 黃色絞線一對一配妥，並標示過門線號。
2. 器具底板上下摺邊，可拆卸，可配合箱體內角鋼孔洞安裝。
3. TB2-20P接點配置
   (1.2)BZ
   (3.4)水塔上水位：缺水導通
   (5.6)水塔下水位：缺水導通
   (7.8)蓄水池開關：缺水導通
   (9.10)EMS
   (11)24VDC＋
   (12)24VDC－
   (13-19)備用
   (20)G

工業配線技術士技能檢定術科試題		
級別/階段	乙級/第一站：低壓部分	題號
		10802102
圖名	第二題操作板及器具板配置	單位
		mm

2-10 評審表

◎第二題（兩部抽水機控制）　　　　　　　（第一站第二題第1頁／共7頁）

姓名		站別	第一站	評審結果	
術科檢定編號		試題編號	01300-10802102	□及格	□不及格
檢定日期		工作崗位			

評審方式說明如下：

(1) 以表列之每一項次為計算單位。

(2)「主要功能」功能認定及處理方式：

　1) 應動作之元件未能正確動作，判定為動作錯誤，直接在該元件名稱上打「×」。

　2) 不應動作之元件產生動作，加註該元件名稱判定為動作錯誤，並在該元件名稱上打「×」。

　3) 任一元件動作錯誤，即判定評審結果為「不及格」，該動作錯誤欄位後之功能不須繼續評審。

(3)「次要功能」功能認定及處理方式：

　1) 應動作之元件未能正確動作，判定為動作錯誤，直接在該元件名稱上打「×」。

　2) 不應動作之元件產生動作，加註該元件名稱判定為動作錯誤，並在該元件名稱上打「×」。

　3) 每項次有任一元件動作錯誤，在該項次「評分」欄內打「×」。

　4) 動作錯誤項數合計後，填入「動作錯誤項數」欄位。

　5) 依容許動作錯誤項數，評定合格或不合格。

(4)「一、功能部分」及「二、其他部分」均「合格」者，方判定第一站評審結果為「及格」。

一、功能部分：

項次	步驟	操作方式	順序	次要功能		計時	評分 ×	主要功能
				指示元件				對應元件
				亮紅燈	閃（斷續ON）			

■ HMI 畫面內容確認：

壹	1	操作及指示元件編號及狀態標示						標示完整
	2	元件相對位置						
	3	元件形狀						
	4	畫面文字標示						

■ PLC 接線方式確認

貳	NFB ON							
	1	蓄水池低水位／高水位						對應 PLC 輸入燈熄／亮
	2	EMS 動作／復歸						對應 PLC 輸入燈熄／亮
	3	TH-RY 跳脫／復歸						對應 PLC 輸入燈熄／亮

項次	步驟	操作方式	順序	次要功能		計時	評分 ×	主要功能
				指示元件				對應元件
				亮紅燈	閃（斷續ON）			

■輸出確認測試之一：‧PLC 有輸出 → MC 未同步動作

項次	步驟	操作方式	順序	亮紅燈	閃（斷續ON）	計時	評分 ×	對應元件
參	1	手動交替抽水，將 COS1 切至 0 →按 PB2		PL1				#1 機正轉
	2	#1 運轉時，將 MC1 線圈所串接之斷路器 OFF						
	3	按 PB2、PB1（※ 無作用）						
	4	將 MC1 串接之斷路器投入→ PLC 重新啟動						
	5	按 PB2 三次		PL2				#2 機正轉
	6	M2 運轉時，將 MC2 線圈所串接之斷路器 OFF						
	7	按 PB2、PB1（※ 無作用）						
	8	將 MC2 串接之斷路器投入→ PLC 重新啟動						

■輸出確認測試之二：‧PLC 沒有輸出 → MC 動作

項次	步驟	操作方式	順序	亮紅燈	閃（斷續ON）	計時	評分 ×	對應元件
肆	1	按 MC1 閉合桿						
	2	按 PB2、PB1（※ 無作用）						
	3	PLC 重新啟動						
	4	按 MC2 閉合桿						
	5	按 PB2、PB1（※ 無作用）						
	6	PLC 重新啟動						

項次	步驟	操作方式	順序	次要功能		計時	評分 ×	主要功能
				指示元件				對應元件
				亮紅燈	閃（斷續ON）			

■自動交替抽水：·未列出之 PL 亮綠燈　·蓄水池水位變換

項次	步驟	操作方式	順序	亮紅燈	閃（斷續ON）	計時	評分 ×	對應元件
伍	1	水塔及蓄水池水位均位於高水位、COS1 切至 1，PLC → RUN						
	2	水塔水位「位於」低水位		PL1、PL6				#1 機正轉確認輸出為指定位置
	3	水塔水位「位於」高水位						
	4	再次水塔水位「位於」低水位		PL2、PL6				#2 機正轉確認輸出為指定位置
	5	水塔水位「位於」高水位						
	6	再次水塔水位「位於」低水位		PL1、PL6				#1 機正轉
	7	水塔水位「位於」高水位						
	8	再次水塔水位「位於」低水位		PL2、PL6				#2 機正轉
	9	蓄水池水位「位於」低水位		PL5、PL6				
	10	蓄水池水位「位於」高水位		PL1、PL6				#1 機正轉
	11	蓄水池水位「位於」低水位		PL5、PL6				
	12	蓄水池水位「位於」高水位		PL1、PL6				#1 機正轉
	13	水塔水位「位於」高水位						

項次	步驟	操作方式	順序	次要功能		計時	評分×	主要功能
				指示元件				對應元件
				亮紅燈	閃（斷續ON）			

■手動交替抽水：・未列出之 PL 亮綠燈　　・蓄水池水位變換

項次	步驟	操作方式	順序	亮紅燈	閃（斷續ON）	計時	評分×	對應元件
陸	1	將 COS1 切至 0						
	2	按 PB2		PL1				#1 機正轉
	3	再次按 PB2						
	4	再次按 PB2		PL2				#2 機正轉
	5	再次按 PB2						
	6	再次按 PB2		PL1				#1 機正轉
	7	再次按 PB2						
	8	再次按 PB2		PL2				#2 機正轉
	9	蓄水池水位「位於」低水位		PL5				
	10	蓄水池水位「位於」高水位						
	11	按 PB2		PL1				#1 機正轉
	12	蓄水池水位「位於」低水位		PL5				
	13	蓄水池水位「位於」高水位						
	14	再次按 PB2		PL1				#1 機正轉

■緊急抽水：・未列出之 PL 亮綠燈　　・蓄水池水位變換

項次	步驟	操作方式	順序	亮紅燈	閃（斷續ON）	計時	評分×	對應元件
柒	1	COS1 切至 2						
	2	水塔水位「位於」低水位		PL1、PL2、PL6				#1 機正轉 #2 機正轉
	3	水塔水位「位於」高水位						
	4	水塔水位「位於」低水位		PL1、PL2、PL6				#1 機正轉 #2 機正轉
	5	水塔水位「位於」高水位						
	6	水塔水位「位於」低水位		PL1、PL2、PL6				#1 機正轉 #2 機正轉
	7	蓄水池水位「位於」低水位		PL5、PL6				
	8	蓄水池水位「位於」高水位		PL1、PL2、PL6				#1 機正轉 #2 機正轉

項次	步驟	操作方式	順序	次要功能 指示元件 亮紅燈	閃（斷續ON）	計時	評分 ×	主要功能 對應元件

■緊急抽水之 TH 跳脫／復歸：‧未列出之 PL 亮綠燈　‧EMS 測試　‧NFB 重啟
‧水塔水位「位於」低水位、蓄水池水位「高於」低水位

項次	步驟	操作方式	順序	亮紅燈	閃（斷續ON）	計時	評分×	對應元件
捌	1	TH1 跳脫		PL2、PL3、PL6	BZ	10s…		#2 機正轉
	2	（立即…）TH1 復歸		PL1、PL2、PL6				#1 機正轉 #2 機正轉
	3	TH2 跳脫	(1)	PL1、PL4、PL6	BZ	10s		#1 機正轉
			(2)	PL1、PL4、PL6				#1 機正轉
	4	TH1 跳脫		PL3、PL4、PL6	BZ			
	5	按 EMS（※ 無作用）		PL3、PL4、PL6、EMS	BZ			
	6	解除 EMS 栓鎖		PL6	PL3、PL4			
	7	NFB 重啟 （或 PLC 重新啟動）		PL6	PL3、PL4			
	8	TH1 復歸		PL6	PL4			
	9	TH2 復歸		PL1、PL2、PL6				#1 機正轉 #2 機正轉

■手動交替抽水：‧TH 跳脫／復歸　‧EMS 處理　‧水塔位於低水位

項次	步驟	操作方式	順序	亮紅燈	閃（斷續ON）	計時	評分×	對應元件
玖	1	將 COS1 切至 0		PL6				
	2	按 PB2		PL1、PL6				#1 機正轉
	3	TH1 跳脫	(1)	PL2、PL3、PL6	BZ	10S		#2 機正轉
			(2)	PL2、PL3、PL6				#2 機正轉
	4	再次按 PB2		PL3、PL6				
	5	再次按 PB2		PL2、PL3、PL6				#2 機正轉
	6	TH2 跳脫		PL3、PL4、PL6	BZ			
	7	按 PB1		PL3、PL4、PL6				
	8	TH1 復歸		PL4、PL6				
	9	按 PB2（※ 無作用）		PL4、PL6				
	10	TH2 復歸		PL6				
	11	按 PB2		PL1、PL6				#1 機正轉
	12	按 EMS		EMS、PL6				
	13	解除 EMS 栓鎖		PL6				
	14	再次按 PB2		PL1、PL6				#1 機正轉
	15	再次按 PB2		PL6				

項次	步驟	操作方式	順序	次要功能		計時	評分 ×	主要功能
				指示元件				對應元件
				亮紅燈	閃（斷續ON）			

■自動交替抽水之 TH 跳脫／復歸：

‧未列出之 PL 亮綠燈　　‧EMS 測試　　‧蓄水池水位「高於」低水位

項次	步驟	操作方式	順序	亮紅燈	閃（斷續ON）	計時	評分×	對應元件
拾	1	水塔水位「位於」低水位、將 COS1 切至 1		PL1、PL6				#1 機正轉
	2	TH1 跳脫	(1)	PL2、PL3、PL6　BZ		10S		#2 機正轉
			(2)	PL2、PL3、PL6				#2 機正轉
	3	水塔水位「位於」高水位		PL3				
	4	再次水塔水位「位於」低水位		PL2、PL3、PL6				#2 機正轉
	5	TH2 跳脫		PL3、PL4、PL6　BZ				
	6	按 PB1		PL3、PL4、PL6				
	7	TH1 復歸		PL4、PL6				
	8	TH2 復歸		PL1、PL6				#1 機正轉
	9	按 EMS		PL6、EMS				
	10	解除 EMS 栓鎖		PL1、PL6				#1 機正轉
	11	水塔水位「位於」高水位						

功能部分評定結果：	容許動作錯誤項數： 76（次要功能總項數）×20% = 16	動作錯誤項數	
	合　格：□主要功能完全正確及次要功能動作錯誤項數在容許項數內。 （請繼續執行「其他部分」所列項目評審）		
	不合格：□主要功能動作錯誤 □次要功能動作錯誤項數超過容許動作錯誤項數。 （判定不合格，「二、其他部分」不需評審）		

二、其他部分：

A、重大缺點：有下列任「一」項缺點評定為不合格	缺點以 ✕ 註記	缺點內容簡述
1. PLC 外部接線圖與實際配線之位址或數量不符		
2. 未整線或應壓接之端子中有半數未壓接		
3. 通電試驗發生兩次以上短路故障（含兩次）		
4. 應壓接之端子未以規定之壓接鉗作業		
5. 應檢人未經監評人員認可，自行通電檢測者		
B、主要缺點：有下列任「三」項缺點評定為不合格	缺點以 ✕ 註記	(B) 主要缺點統計
1. 違反試題要求，指示燈由 PLC 輸出接點直接控制		
2. 未依規定作 PLC 外部連鎖控制		
3. 未按規定使用 b 接點連接 PLC 輸入端子		
4. 未按規定接地		
5. 控制電路：部分未壓接端子		
6. 導線固定不當（鬆脫）		
7. 導線選色錯誤		
8. 導線線徑選用不當		
9. 施工時損壞器具		
10. 未以尺規繪圖（含 PLC 外部接線圖）		
11. 未注意工作安全		
12. 積熱電驛未依圖面或說明正確設定跳脫值		
13. 通電試驗發生短路故障一次		
C、次要缺點：有下列任「五」項缺點評定為不合格	缺點以 ✕ 註記	(C) 次要缺點統計
1. 端子台未標示正確相序或極性		
2. 導線被覆剝離不當、損傷、斷股		
3. 端子壓接不良		
4. 導線分歧不當		
5. 未接線螺絲鬆動		
6. 施工材料、工具散置於地面		
7. 導線未入線槽		
8. 導線線束不當		
9. 溢領材料造成浪費		
10. 施工後場地留有線屑雜物未清理		
D、主要缺點 (B) 與次要缺點 (C) 合計共「六」項及以上評定為不合格		(B)+(C) 缺點合計

（其他部分）評定結果：　　□合　格：缺點項目在容許範圍內。
　　　　　　　　　　　　　□不合格：缺點項目超過容許範圍。

2-11 自我評量

1. 本試題為「＿＿＿＿＿＿＿＿＿＿控制」，應用 M1 或 M2 抽水機將蓄水池的水抽到水塔。

2. 若蓄水池有水時，允許抽水機抽水。蓄水池之水位開關使用＿＿＿＿＿＿＿＿液位開關，若水位開關之接點接通，表示有水；若接點開斷，表示缺水。

3. 水塔之水位開關使用＿＿＿＿＿＿＿＿＿液位開關，若水塔滿水，則上水位浮球動作，其接點接通；若水塔缺水，則下水位浮球不動作，其接點開斷。

4. 抽水之控制如動作要求所示，有三種不同方式：

   (1) ＿＿＿＿＿＿＿＿交替抽水（COS1 切於 1）

   (2) ＿＿＿＿＿＿＿＿交替抽水（COS1 切於 0）

   (3) ＿＿＿＿＿＿＿＿抽水（COS1 切於 2）

5. 當積熱電驛或 EMS（緊急停止開關）之控制接點連接至 PLC 電路被切斷時，應等同積熱電驛跳脫或 EMS（緊急停止開關）動作，所以其控制接點，應該使用＿＿＿＿＿接點（a 或 b 接點）。

6. 人機介面（HMI）規劃設計時，按鈕開關及指示燈之顏色設定：所有頁面之按鈕開關及指示燈於動作或異常事件時為＿＿＿＿＿色，未動作時為＿＿＿＿＿色。

7. 人機介面（HMI）規劃設計時，包含：

   (1) 輸入文字：＿＿＿＿＿＿＿＿＿＿＿＿＿＿＿＿＿＿＿＿＿＿＿＿＿＿＿＿＿＿。

   (2) 位元指示燈：＿＿＿＿＿＿＿＿＿＿＿＿＿＿＿＿＿＿＿＿＿＿＿＿＿＿＿＿。

   (3) 控制開關：＿＿＿＿＿＿＿＿＿＿＿＿＿＿＿＿＿＿＿＿＿＿＿＿＿＿＿＿＿＿。

8. 本題之 PLC 須做輸出確認判斷及處理：

   (1) 電磁接觸器線圈，因故未能與其相對應之 PLC 輸出信號同步動作時

   ① PLC＿＿＿＿＿＿輸出，電磁接觸器線圈＿＿＿＿＿＿動作。

   ② PLC＿＿＿＿＿＿輸出，電磁接觸器線圈動作。

   則所有負載及警報全部 OFF，所有指示燈亮綠燈，任何操作均無作用。

   (2) 故障排除後，電源開關 ON，重新啟動 PLC，恢復正常操作之初始狀態。

9. 術科檢定之工作規劃如下：

   (1) 檢視並瞭解檢定時提供之＿＿＿＿＿＿＿圖、＿＿＿＿＿＿＿要求等資料。

   (2) 依＿＿＿＿＿＿，劃出 PLC 之外部 I/O 接線圖。

   (3) 依＿＿＿＿＿＿，劃出 PLC 之控制回路圖。

   (4) 依 PLC 之外部＿＿＿＿＿＿圖接線圖，實施配線。

   (5) 依 PLC 之＿＿＿＿＿＿圖，將程式輸入。

   (6) 依試題之評審表，逐項測試。

第三題：多段行程教導運轉定位與顯示控制

3-1 動作示意圖及說明

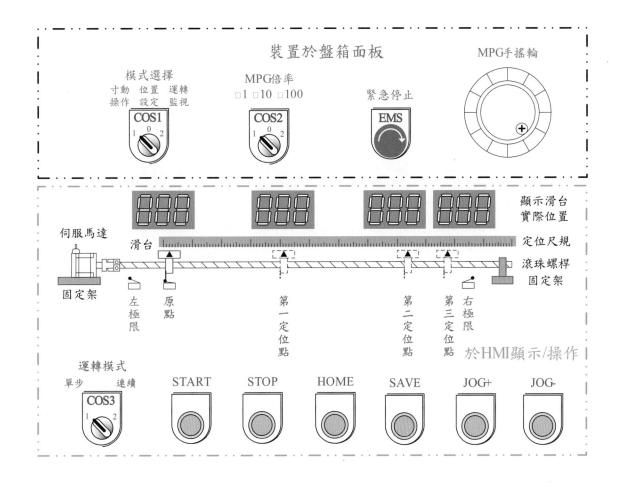

一、主要控制功能

1. [多段行程教導運轉定位與顯示控制] 之操作面板配置及動作示意圖，如上所示。

2. 本試題的特點係使用伺服馬達帶動滾珠螺桿，將伺服馬達軸心的圓周運動，驅動滑台變換為直線運動的定位控制。

  (1) 以手搖輪脈波產生器做為 [多段行程][教導式] 運轉定位的設備。

  (2) 選定「手搖輪」驅動滑台移動的倍率（切換 COS2），執行「位置參數設定」，

完成 B、C、D 三處之「定點設定」。

(3) 伺服馬達之控制常由 PLC 與伺服驅動器配合使用，由 PLC 供給高速脈波來控制伺服驅動器，三菱 PLC 常用輸出 Y0、Y2 來控制伺服電機的位置及速度。

(4) 伺服驅動器又稱為「伺服控制器」或「伺服放大器」，屬於伺服控制系統的一部分，主要應用於高精度的定位系統，其作用類似於變頻器控制交流馬達之轉速。

二、人機介面之監控功能設計

本試題有關人機介面（HMI）的設計，已經由辦理單位製作完成，應考人員只要依據監評人員選定之相關參數要求，進行參數設定即可，HMI 的畫面包含下列功能。

1. 於 HMI 之畫面，COS1 切於 1，HMI 畫面切至「寸動操作」畫面，包含下列操作：

(1)「寸動進（JOG +）」：以 120rpm 速度，移動 5mm。此種操作模式，俗稱「點動」。

(2)「寸動退（JOG-）」：以 120rpm 速度，移動 5mm。此種操作模式，俗稱「點動」。

(3)「長按寸動進或退按鈕超過 3 秒」：以 60rpm 速度，持續向右或向左移動，放開即停。此種操作模式，俗稱「寸動」。

(4)「滑台原點復歸（回原點按鈕 HOME）」：150rpm → 10rpm。
滑台以 150rpm 向機械原點移動，當滑台擋板前緣碰觸原點感測器時，改以 10rpm 移動到機械原點時停止。

(5)「手搖輪之定點位置設定」：執行 B、C、D、A 原點定位點之設定。

(6)「SP1、SP2、SP3 定位點速度設定」：依試題選定之參數設定表設定，在 HMI 操作。

2. 當 COS1 切於 2，則 HMI 畫面自動切至「運轉監視」畫面，包含下列操作：

(1)「單步運轉」：（COS3 切於 1，模式顯示「單步運轉」）
每按啟動按鈕（START）一次，則滑台從原點 A 開始，各以 SP1、SP2、SP3、SP4（此為回原點速度）的速度向各定位點 B、C、D、A 移動到下一個定位點後停止，然後可依序重複操作。

(2)「連續運轉」：（COS3 切於 2，模式顯示「連續運轉」）
當按啟動按鈕（START），則滑台從原點 A 開始，以 SP1、SP2、SP3、SP4（此為回原點速度）的速度向各定位點 B、C、D、A 的順序移動，且各停留 T1、T2、T3、T0 時間，然後可依序重複動作。

3. 警報部分

(1)「行程超出左極限」之警報畫面：滑台碰觸到左極限感測器。

(2)「行程超出右極限」之警報畫面：滑台碰觸到右極限感測器。

(3)「緊急停機」異常警報畫面：按緊急停止按鈕（EMS）。

三、伺服馬達參數的設定及計算

1. 依據試題規定，有關伺服馬達參數的設定及計算，如下說明，但如果實習工廠現現有伺服馬達之規格不同，則請自行設計調整，以方便練習。

2. 若實習工場之伺服馬達設備之規格，如下：2,000 pulse/rev，20 mm/rev。

(一) 要求一個移動的距離（mm），則伺服馬達需要接受多少脈衝數？

1. 以□參數 1 為例：

   (1) 第一定位點 B 之移動距離為 50mm，

      則伺服馬達需接受脈衝數 = 2,000*(50mm/20mm) = 5,000（Pulse）。

   (2) 第二定位點 C 之移動距離為 120mm，

      則伺服馬達需接受脈衝數 = 2,000*(120mm/20mm) = 12,000（Pulse）。

   (3) 第三定位點 D 之移動距離為 300mm，

      則伺服馬達需接受脈衝數 = 2,000*(300mm/20mm) = 30,000（Pulse）。

2. 以「寸動操作」為例：

   「寸動進／退」之移動距離為 5mm，則所需脈衝數為「500/-500」（Pulse）。

      則伺服馬達需接受脈衝數 2,000*(5mm/20mm) = 500（Pulse）。

(二) 要求伺服馬達轉速為多少 rpm，則輸入脈衝頻率為何？

1. 以□參數 1 為例：

   (1) 到第一定位點 B 之轉速為 60rpm，

     則輸入脈衝頻率（HZ）=60*2,000/60=2,000（HZ）。

   (2) 到第二定位點 C 之轉速為 60rpm，

     則輸入脈衝頻率（HZ）=60*2,000/60=2,000（HZ）。

   (3) 到第三定位點 D 之轉速為 120rpm，

     則輸入脈衝頻率（HZ）=120*2,000/60=4,000（HZ）。

2. 以「寸動操作」為例：

   (1)「寸動進／退」之進給速度為 120rpm，

     則輸入脈衝頻率 = 120*2000/60 = 4,000（HZ）。

   (2) 長按「寸動進／退」3 秒後之進給速度為 60rpm，

     則輸入脈衝頻率 = 60*2000/60 = 2,000（HZ）。

3. 當滑台執行「回原點動作」時，滑台以 150rpm 向機械原點移動，當滑台擋板前緣碰觸原點感測器時，改以 10rpm 移動到機械原點時停止。

   則伺服馬達需接受脈衝數，150rpm、10rpm 的輸入脈衝頻率，各為 5,000HZ、333HZ。

3-2 動作要求

一、受電部分

1. NFB ON，PLC 受電，5 秒後 MC1 動作。

二、位置設定：（COS1切於1，HMI畫面自動切至「位置設定」畫面）

1. 寸動操作：

(1) 按「寸動進（JOG＋）」按鈕一次，滑台以120rpm進給速度，向右移動5mm，「目前位置」值隨之增加。當「寸動進（JOG＋）」按壓時間超過 3 秒時，滑台將以60rpm 進給速度向右持續移動，直至放開「寸動進（JOG＋）」按鈕時，滑台停，「目前位置」值停止變動。

(2) 當滑台碰觸到右極限時，滑台停，按「寸動進（JOG＋）」按鈕無作用。

(3) 按「寸動退（JOG-）」按鈕一次，滑台以120rpm進給速度，向左移動5mm，「目前位置」值隨之減少。當「寸動退（JOG-）」按鈕按壓時間超過 3 秒時，滑台將以60rpm 進給速度向左持續移動，直至放開「寸動退（JOG-）」按鈕時，滑台停，「目前位置」值停止變動。

(4) 當滑台碰觸到左極限時，滑台停，按「寸動退（JOG-）」按鈕無作用。

2. 「滑台原點復歸」操作：

(1) 使用「寸動退（JOG-）」或「寸動進（JOG＋）」按鈕將滑台移動到機械原點與右極限間。

(2) 按回原點按鈕（HOME），執行「回原點動作」，動作如下：
滑台以 150rpm 向機械原點移動，當滑台擋板前緣碰觸原點感測器時，改以 10rpm移動到機械原點時停止，「目前位置」及「滑台 mm」A 數值自動歸零。

3. 位置參數設定：

(1) 監評人員在開始測試後 2 小時，提供指定之各項參數值，包含：滑台位置、停留時間及行進至定位點速度。應檢人須於測試時間結束前，於人機介面完成設定。

(2) 切換 COS2，選定手搖輪驅動滑台移動倍率。選擇 ×1 時，手搖輪轉一刻度滑台移動 1 脈波位移量。選擇 ×10 時，手搖輪轉一刻度滑台移動 10 脈波位移量。選擇 ×100 時，手搖輪轉一刻度滑台移動 100 脈波位移量。

4. 定點位置設定：（手搖輪僅在「定點位置設定」時使用）

(1) 執行前述之「滑台原點復歸」，滑台回原點後，「滑台 mm」A 數值自動顯示為0。

(2) 使用手搖輪驅動滑台移動到第一定位點時（該數值顯示於目前位置），按儲存按鈕（SAVE），目前位置數值存入「滑台 mm」B，並閃爍三次，完成第一定位點

設定。

(3) 滑台位於第一定位點，再次使用手搖輪，移動到第二定位點（該數值顯示於目前位置），按儲存按鈕（SAVE），目前位置數值存入「滑台mm」C，並閃爍三次，完成第二定位點設定。

(4) 滑台位於第二定位點，又再次使用手搖輪，移動到第三定位點（該數值顯示於目前位置），按儲存按鈕（SAVE），目前位置數值存入「滑台mm」D，並閃爍三次，完成第三定位點設定。

(5) 完成三個定位點設定後，按原點按鈕（HOME），執行「回原點動作」動作，完成定點設定。

三、運轉監視（COS1切於2，HMI畫面自動切至「運轉監視」畫面）

1. 單步運轉：（COS3切於1，模式顯示「單步運轉」）

(1) 若滑台不在原點位置，則須先執行前述之「滑台原點復歸」。

(2) 滑台位於原點，按啟動按鈕（START），滑台以 SP1 第一定位點速度向第一定位點移動，滑台移動到第一定位點後停止。

(3) 再按啟動按鈕（START）一次，滑台以 SP2 第二定位點速度向第二定位點移動，滑台移動到第二定位點後停止。

(4) 再按啟動按鈕（START）一次，滑台以 SP3 第三定位點速度向第三定位點移動，滑台移動到第三定位點後停止。

(5) 再按啟動按鈕（START）一次，執行「回原點動作」。

(6) 步驟 (2)～(5) 可依續重複操作。

(7) 單步運轉中，按停止按鈕（STOP），滑台繼續動作，直到滑台到達該單步運轉所指定之定位點後停止運轉。

(8) 滑台單步運轉中，COS3 切於 2 時，滑台應繼續運轉，至該單步運轉所指定之定位點後停止運轉，方可進入連續運轉模式，模式顯示為「連續運轉」。

2. 連續運轉：（COS3 切於 2，模式顯示「連續運轉」）

(1) 若滑台不在原點位置，則須先執行前述之「滑台原點復歸」操作。

(2) 滑台位於原點，按啟動按鈕（START），滑台以 SP1 第一定位點速度移動，到第一定位點停止。

(3) 停留 T1 時間後，以 SP2 第二定位點速度移動，至第二定位點停止。

(4) 停留 T2 時間後，再以 SP3 第三定位點速度移動，至第三定位點停止。

(5) 停留 T3 時間後，執行「回原點動作」。

(6) 停留 T0 時間後，滑台再以 SP1 第一定位點速度移動到第一定位點，重複動作 (3)～(6)。

(7) 連續運轉中，按停止按鈕（STOP），滑台繼續動作，直到滑台回到原點後停止運轉。

(8) 當滑台連續運轉中，COS3 切於 1 時，滑台繼續運轉至原點後，方可進入單步運轉模式，模式顯示為「單步運轉」。

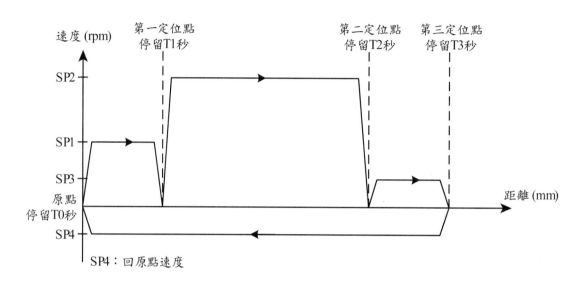

四、警報部分

1. 若滑台碰觸到左／右極限感測器時，伺服馬達停止，同時於 HMI 畫面顯示「行程超出左極限」或「行程超出右極限」之警報畫面（警報畫面須於任意之 HMI 頁面最上層顯示）。

2. 異常警報解除：

   (1)「行程超出左極限」時，按「寸動進（JOG+）」按鈕，滑台以點位進給方式向右移動，滑台離開左極限，警報視窗自動關閉，即可恢復正常操作。

   (2)「行程超出右極限」時，按「寸動退（JOG-）」按鈕，滑台以點位進給方式向左移動，滑台離開右極限，警報視窗自動關閉，即可恢復正常操作。

3. 滑台運轉中，按緊急停止按鈕（EMS），滑台立即停止運轉，MC1 復歸，HMI 出現「緊急停機」異常警報畫面（警報畫面須於任意之 HMI 頁面最上層顯示）。待緊急停止按鈕（EMS）解除栓鎖，經 5 秒，MC1 動作，才能恢復正常操作。

4. EMS（緊急停止開關）之控制接點連接至 PLC 之電路被切斷時，應等 EMS（緊急停止開關）動作。

五、參數設定表

監評選定	□參數 1	□參數 2	□參數 3
原點 T0 停留時間（秒）	9s	6	3
第一定位點 滑台 B（mm）/T1 停留時間（秒）/SP1 速度（rpm）	50mm/3s/60rpm	140/6/120	280/3/120
第二定位點 滑台 C（mm）/T2 停留時間（秒）/SP2 速度（rpm）	120mm/6s/60rpm	80/3/60	200/9/60
第三定位點 滑台 D（mm）/T3 停留時間（秒）/SP3 速度（rpm）	300mm/9s/120rpm	220/9/120	80/6/60

※ B、C、D 數值為與原點之絕對距離。

※ 本題目測速度定義為低速：<100rpm、高速：>100rpm。

六、計算範例

實際設備規格如下：

伺服馬達旋轉一圈脈波數：2,000pulse/rev。

伺服馬達旋轉一圈帶動機構移動距離：20mm/rev。

試問：

1. 如果要求滑台移動 40mm 距離，伺服馬達需接受多少個脈波數？

〔解答〕如果要求滑台移動 40mm 之距離，

則伺服馬達需接受脈波數 = 2,000*（40/20）= 40,000

2. 如果要伺服馬達轉速為 15rpm，則輸入脈衝頻率為何？

〔解答〕如果要伺服馬達轉速為 15rpm，

則輸入脈波頻率（HZ）= 15*2,000/60 = 500（HZ）。

七、人機介面

(1) COS1 切於 1：HMI 自動切至「位置設定」畫面

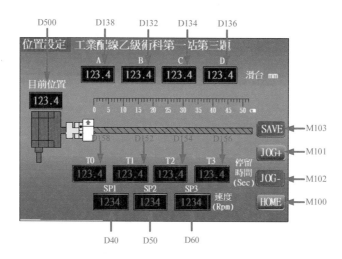

(2) COS1 切於 2：HMI 自動切至「運轉監視」畫面

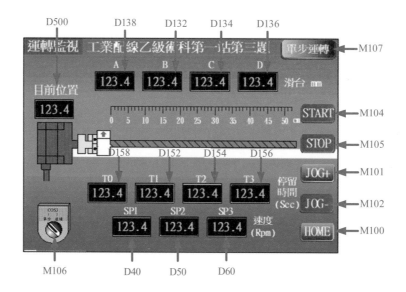

① COS3 切於 1：「單步運轉」模式
② COS3 切於 2：「連續運轉」模式

(3) 警報畫面

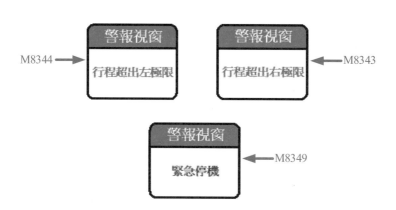

八、人機介面／PLC對應元件規劃表

（對應位置中所填入之資料，係以檢定試題的參數 1 為範例）

位置設定畫面

名稱	對應位置	名稱	對應位置
畫面	X6	速度 SP1[擬以手動設定]	D40（60 rpm）
目前位置	D500	速度 SP2[擬以手動設定]	D50（60 rpm）
滑台 A（mm）	D138（0mm）	速度 SP3[擬以手動設定]	D60（120rpm）
滑台 B（mm）	D132（50mm）	HOME	M100
滑台 C（mm）	D134（120mm）	SAVE	M103
滑台 D（mm）	D136（300mm）	JOG+	M101
停留時間 T0 [擬以手動設定]	D158（9秒）	JOG-	M102
停留時間 T1 [擬以手動設定]	D152（3秒）	A 位置閃爍（亮／熄）	M138
停留時間 T2 [擬以手動設定]	D154（6秒）	B 位置閃爍（亮／熄）	M132
停留時間 T3 [擬以手動設定]	D156（9秒）	C 位置閃爍（亮／熄）	M134
指標	D500	D 位置閃爍（亮／熄）	M136

運轉監視畫面

名稱	對應位置	名稱	對應位置
畫面	X7	速度 SP1[擬以手動設定]	D40（60 rpm）
目前位置	D500	速度 SP2[擬以手動設定]	D50（60 rpm）
滑台 A（mm）	D138（0mm）	速度 SP3[擬以手動設定]	D60（120rpm）
滑台 B（mm）	D132（50mm）	START	M104
滑台 C（mm）	D134（120mm）	STOP	M105
滑台 D（mm）	D136（300mm）	HOME	M100
停留時間 T0 [擬以手動設定]	D158（9秒）	JOG+	M101
停留時間 T1 [擬以手動設定]	D152（3秒）	JOG-	M102
停留時間 T2 [擬以手動設定]	D154（6秒）	單步運轉／連續運轉	M107
停留時間 T3 [擬以手動設定]	D156（9秒）	模式顯示（COS3）	M106
指標	D500		

警報視窗

名稱	對應位置	名稱	對應位置
行程超出左極限	M8344	行程超出右極限	M8343
緊急停機	M8349		

※ 本表由辦理單位填妥【對應位置】後，發至工作崗位。

3-3 PLC之I/O接線

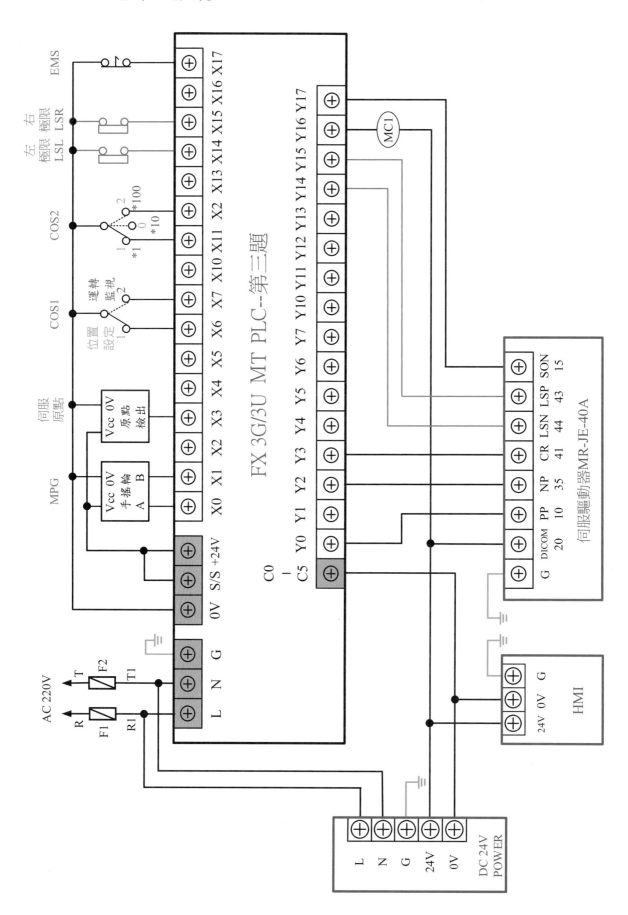

3-4 階梯圖設計

1. 初始狀態

(1) 初始脈波 M8002 ON，[ZRST S0 S999] 及 [SET S0]，進入初始狀態。

(2) COS1-1：位置設定，COS1-2：運轉監視

(3) COS1 於 -1 及 -2 之間切換時，[ZRST S20 S29]、[ZRST S50 S59] 及 [SET 50]，亦可進入初始狀態。

2. 要求四、警報部分：EMS控制

(1) 於 HMI 中，按緊急停止按鈕（EMS/X17）時，[ZRST S0 S99]、[ZRST M6 M7]、[ZRST Y16 Y17] 等指令動作，復置所有動作中的步進點，且 M6、M7、Y16、Y17 均 OFF。

(2) 當 Y16 OFF 時，則 MC1 OFF；Y17 OFF 時，則伺服驅動器 SON 之輸入信號停止，因此滑台立即停止運轉。

(3) 待緊急停止按鈕（EMS/X17）解除栓鎖，經 5 秒，MC1/Y15 動作，初始狀態 S0 動作，始能恢復正常操作。

3. 人機介面距離顯示的單位轉換

(1) 執行 [DDIV D8340 K400 D500] 指令時，將目前脈波數 D8340 的數值除以 400，轉換成前進距離，顯示在人機介面的「目前位置」上（D500）。

(2) 伺服馬達的規格為 2,000 pulse/rev、20mm/rev，所以 2,000pulse 為 20mm，1pluse 為 0.01mm，5,000pluse 為 50mm 為 50.0mm。

4. 要求三、COS3：「單步運轉」與「連續運轉」之切換

於 HMI 中，每次按下 HMI 的 COS3 的按鈕（M106）時，會在 COS3-1：單步運轉，與 COS3-2：連續運轉之間作功能切換。

5. 要求四、警報部分：左 / 右極限

(1) X14 為 PLC 左極限 LSL（使用常閉之 b 接點）的輸入，當滑台碰到左極限 LSL/X14 時，M8344 ON，HMI 之左極限警報畫面視窗觸發動作，顯示「行程超出左極限」。

(2) X15 為 PLC 右極限 LSR（使用常閉之 b 接點）的輸入，當滑台碰到右極限 LSR/X15 時，M8343 ON，HMI 之右極限警報畫面視窗觸發動作，顯示「行程超出右極限」。

6. 要求二、「滑台原點復歸」操作

(1) 於 HMI 中，按下 M100 之回原點按鈕 / HOME 時，執行「回原點動作」，M50 動作形成自保持迴路，ZRN 指令動作。

(2) 滑台以 5,000HZ 的頻率（150rpm）之速度向機械原點移動，

(3) 當滑台擋板前緣碰觸原點感測器 X3 時,改以約 333HZ 的頻率(10rpm)之速度
移動到機械原點時停止,「目前位置」及「滑台 mm」A 數值自動歸零。

(4) ZRN 指令動作完成後 M8029 動作,RST M50 的自保,且 Y3 動作,以清除計數
器偏差的數值。

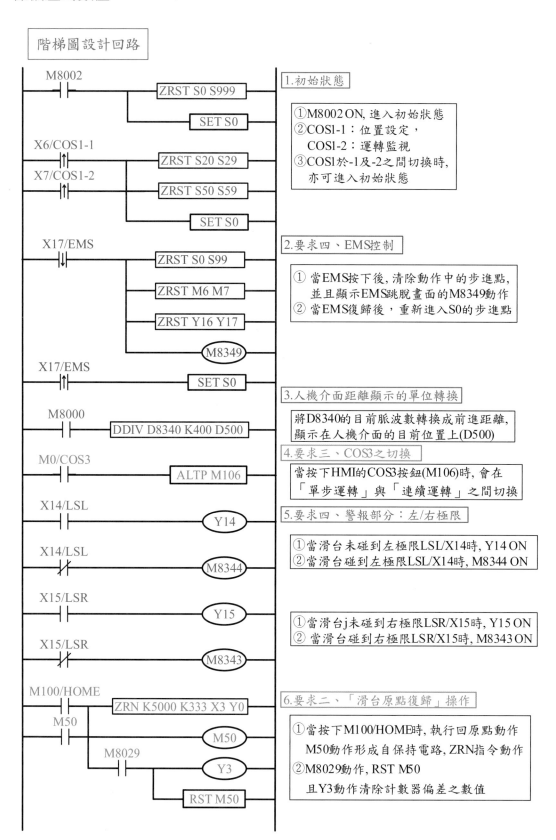

階梯圖設計回路

M8002
　　ZRST S0 S999
　　SET S0

1.初始狀態

① M8002 ON, 進入初始狀態
② COS1-1:位置設定,
　　COS1-2:運轉監視
③ COS1於-1及-2之間切換時,
　　亦可進入初始狀態

X6/COS1-1
　　ZRST S20 S29
X7/COS1-2
　　ZRST S50 S59
　　SET S0

X17/EMS
　　ZRST S0 S99
　　ZRST M6 M7
　　ZRST Y16 Y17
　　(M8349)

2.要求四、EMS控制

① 當EMS按下後,清除動作中的步進點,
　　並且顯示EMS跳脫畫面的M8349動作
② 當EMS復歸後,重新進入S0的步進點

X17/EMS
　　SET S0

3.人機介面距離顯示的單位轉換

M8000
　　DDIV D8340 K400 D500

將D8340的目前脈波數轉換成前進距離,
顯示在人機介面的目前位置上(D500)

4.要求三、COS3之切換

M0/COS3
　　ALTP M106

當按下HMI的COS3按鈕(M106)時,會在
「單步運轉」與「連續運轉」之間切換

X14/LSL
　　(Y14)

5.要求四、警報部分:左/右極限

① 當滑台未碰到左極限LSL/X14時, Y14 ON
② 當滑台碰到左極限LSL/X14時, M8344 ON

X14/LSL
　　(M8344)

X15/LSR
　　(Y15)

① 當滑台j未碰到右極限LSR/X15時, Y15 ON
② 當滑台碰到右極限LSR/X15時, M8343 ON

X15/LSR
　　(M8343)

M100/HOME
　　ZRN K5000 K333 X3 Y0
M50
　　(M50)
M8029
　　(Y3)
　　RST M50

6.要求二、「滑台原點復歸」操作

① 當按下M100/HOME時, 執行回原點動作
　　M50動作形成自保持電路, ZRN指令動作
② M8029動作, RST M50
　　且Y3動作清除計數器偏差之數值

3-5 流程圖設計

有關流程圖之設計，分為下列 6 項，分別說明之。

1. S0：[初始狀態]
2. S10：[要求二 .1：寸動與長按寸動之操作]
3. S20：[要求二 .3：位置設定，手搖輪倍率調整]
4. S30：[要求二 .4：定點位置設定，A～D 的位置儲存]
5. S40：[要求三：COS3-1、COS3-2 之切換操作預先控制]
6. S50：[要求三：單步運轉與連續運轉之控制流程]

1. S0：[初始狀態]說明

(1) 當 PLC RUN，S0 ON，T0 開始計時，五秒後，啟動 Y16（MC1）與 Y17（伺服馬達啟動 S-ON）。

(2) 初始狀態包含下列 5 個控制流程

(a)S10：[要求二 .1：寸動與長按寸動之操作]

(b)S20：[要求二 .3：手搖輪倍率調整，（C0S2）]

(c)S30：[要求二 .4：定點位置設定，A～D 的位置儲存]

(d)S40：[要求三：COS3-1、COS3-2 之切換操作預先控制]

(e)S50：[要求三：單步運轉與連續運轉之控制（COS3）]

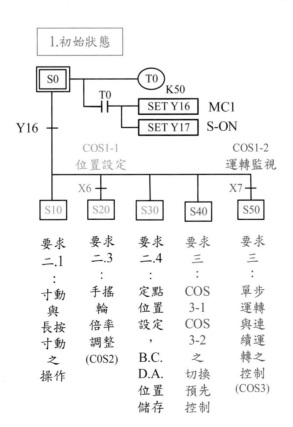

2. **S10：[要求二.1：寸動與長按寸動之操作]說明-----（Q4須修正）**

(1) 當按 M101/JOG+ 按鈕一次，驅動 [DDRVI K500 K4000 Y0 Y2] 指令，滑台向右移動 500 脈波的距離（5mm），以 4,000HZ 的速度前進（120 rpm）。同時，T101 開始 3 秒的計時。

(2) 當按 M102/JOG- 按鈕一次，驅動 [DDRVI K-500 K4000 Y0 Y2] 指令，滑台向左移動 500 脈波的距離（5mm），以 4,000HZ 的速度後退（120 rpm）。同時，T102 開始 3 秒的計時。

(3) 若長按 M101/JOG+ 超過三秒，則 T101 的 a 接點導通，驅動 [DDRVI K999999 K2000 Y0 Y2] 指令，滑台持續向右移動，以 2,000HZ 的速度前進（60 rpm），直到 JOG+ 放開後停止。

(4) 若長按 M102/JOG- 超過三秒，則 T102 的 a 接點導通，驅動 [DDRVI K-999999 K2000 Y0 Y2] 指令，滑台持續向左移動，以 2,000HZ 的速度後退（60 rpm），直到 JOG- 放開後停止。

(5) 相對位置定位指令（FNC158 DRVI：DRIVE TO INCREMENT），係以現在暫存器中的資料為起點，進行增減操作，也稱為增量（相對）驅動方式。

[DRVI S1. S2. D1. D2.]：

S1.：PLC 輸出相對位置脈波數（pulse），亦即決定滑台移動的相對位置（mm）

S2.：PLC 輸出脈波的頻率（Hz），亦即決定伺服馬達的回轉速度（rpm）

2.要求二.1：寸動與長按寸動之操作	M101：寸動進(JOG+)
	M102：寸動退(JOG-)

```
         M101    T101
S10 ──┬───┤├─────┤/├──────[ DDRVI K500 K4000 Y0 Y2 ]
      │                    ( T101 )
      │                      K30
      │         T101
      ├─────────┤├─────────[ DDRVI K999999 K2000 Y0 Y2 ]
      │
      │ M102    T102
      ├───┤├─────┤/├──────[ DDRVI K-500 K4000 Y0 Y2 ]
      │                    ( T102 )
      │                      K30
      │         T102
      └─────────┤├─────────[ DDRVI K-999999 K2000 Y0 Y2 ]
```

操作方法(1)：按[寸動]鍵一次
① 寸動前進5mm：K500(脈波)
② 寸動後退5mm：K-500(脈波)
③ 速度120rpm：K4,000(HZ)

操作方法(2)：長按[寸動]鍵超過3秒
① 可持續前進：(K999,999(脈波))
② 可持續後退：(K-999,999(脈波))
③ 速度60rpm：2,000(HZ)

D1.：脈波輸出的輸出點編號（Y0）

D2.：回轉方向的輸出點編號（Y2），正轉時 Y2 ON，反轉時 Y2 OFF

(6) 絕對位置定位指令（FNC159 DRVA, DRIVE TO ABSOLUTE）則是以絕對方式驅動脈波輸出的指令，自原點的位置進行驅動。

3. S20：[要求二.3：位置設定，手搖輪倍率調整]說明

當 COS1 切於 1 時，S20 動作，HMI 畫面自動切至「位置設定」畫面，經由手搖輪脈波產生器（MPG, Manual Pulse Generator ）控制滑台移動之倍率選擇，以驅動滑台移動之「定點位置設定」。

(1) C251 為高速計數器，讀取 [MPG 產生脈波的數量]，常用於伺服馬達之「位置設定」。

(2) MPG 之脈波的數量倍率調整

　①當 COS2 切於 1 時（X11 ON）時，C251 的數值 *1 倍，儲存於 D251。

　②當 COS2 切於 0 時，C251 數值的 *10 倍，儲存於 D251。

　③當 COS2 切於 2 時（X12 ON），C251 的數值 *100 倍，儲存於 D251。

(3) 應用比較指令 [<> D251 K0]，當 D251 暫存器大於或小於 0，亦即 D251 ≠ 0 時，M20 動作。

(4) 當 M20 動作後，應用 [DDRVI D251 K10,000 Y0 Y2] 的指令，伺服馬達以 10,000HZ 頻率的速度，前進或後退移動到 D251 所儲存脈波數的相對位置；而 D251 儲存之脈波數，係由 MPG 產生。

DDRVI 指令動作完成，M8029 動作，RST C251 計數器，完成一次輸入脈波動作的流程。

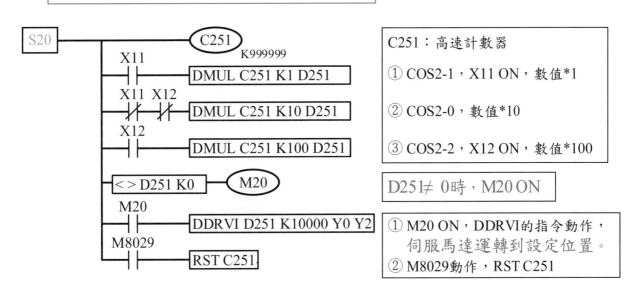

4. S30：[要求二.4：定點位置設定，A～D的位置儲存]說明

狀態 S30～S33 是定點位置設定之控制流程，當伺服馬達前進到定點位置後，每次按下 M103（SAVE）鍵後，會依序儲存 B、C、D、A 的位置。

(1) 於 COS1 切於 1 時，HMI 畫面自動切至「位置設定」畫面，經由 MPG 控制滑台移動之倍率選擇，以驅動滑台完成「定點位置設定」。

(2) 執行前述之「滑台原點復歸」，滑台回原點後，「滑台 mm」A 數值自動顯示為 0。

(3) 於 S30 ON 時，使用 MPG 驅動滑台移動到第一定位點 B，其數值同步等於滑台目前位置的數值（D500）時，按下 M103（SAVE）鍵，則 S31 ON，將 D500 的數值儲存至 D32 暫存器內。同時 D8340（脈波紀錄）的數值亦儲存至 D132 的暫存器內，B 位置數值之顯示會閃爍三次（M132）後停止，完成第一定位點 B 之定位。

(4) 如前述 MPG 之操作，於 S32 ON，完成第二定位點 C 之定位。

(5) 再如前述 MPG 之操作，於 S33 ON，完成第三定位點 D 之定位。

(6) 完成 B、C、D 三個定位點設定後，按原點按鈕（HOME），執行「回原點動作」動作，完成定點設定。

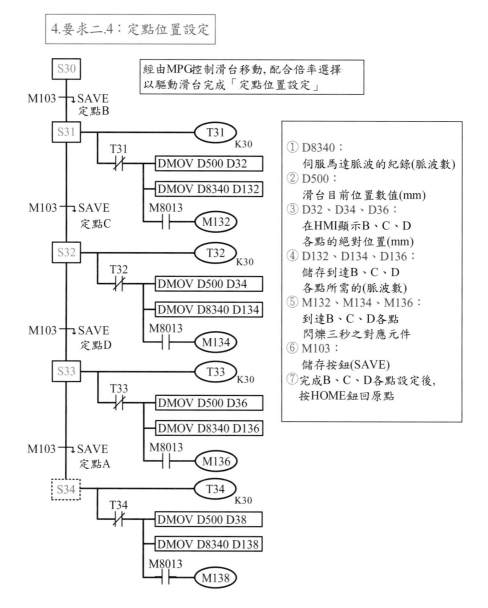

5. S40：[要求三：COS3-1、COS3-2之切換操作預先控制]說明

狀態 S40～S46 為 COS3-1、COS3-2 兩者之間切換操作之預先控制的設計，

① 當 COS3 切於 2，M106 ON，M107 ON，HMI 顯示「連續運轉」模式。

② 當 COS3 切於 1，M106 OFF，M107 OFF，HMI 顯示「單步運轉」模式。

(1) 當 COS3 切於 2 時，HMI 顯示「連續運轉」模式，S45 ON。

① 若滑台位於原點時，指令 [= D500 K0] 成立，且按啟動按鈕（START/ M104），M6 ON，則滑台執行「連續運轉」動作。

② 若滑台不在原點位置時，按停止按鈕（STOP/M105），或 COS3 切於 1 之單步運轉（M106 OFF）時，則 S46 ON。

③ S46 ON 時，待指令 [= D500 K0] 成立後，滑台運轉至原點，M6 OFF，S40 ON，可繼續下一個命令的操作。

(2) 當 COS3 切於 1 時，HMI 模式顯示「單步運轉」，S41 ON。

① 若滑台位於原點時，按啟動按鈕（START/ M104），M7 ON，則滑台執行「單步運轉」動作。

② 若滑台不在原點位置時，按停止按鈕（STOP/M105），或 COS3 切於 2 之連續運轉（M106 ON）時，則 S42 ON。至該單步運轉所指定之定位點後停止運轉，方可進入連續運轉模式，模式顯示為「連續運轉」。

(3) M8340：M8340 是監控 Y0 是否有脈波輸出，若 Y0 有脈波輸出，則 M8340 為 ON，反之則為 OFF。

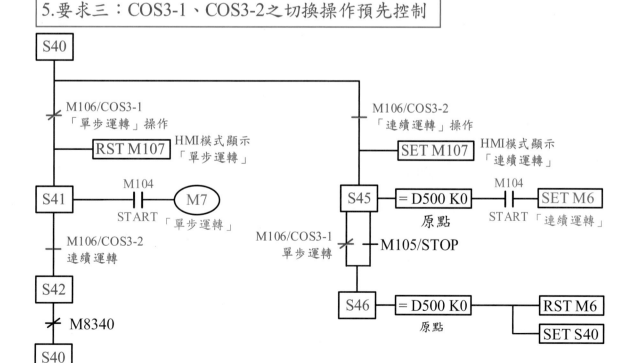

6. S50：[要求三：單步運轉與連續運轉之控制流程]說明

狀態 S50～S58 為設計 [動作要求三：單步運轉與連續運轉之控制流程]

(1) 本控制流程，使用 HMI 運轉監視畫面操控，

 ① COS3 切於 1，模式顯示「單步運轉」，M7 ON。

 ② COS3 切於 2，模式顯示「連續運轉」，M6 ON。

(2)「單步運轉」：（COS3 切於 1，模式顯示「單步運轉」）

 每按啟動按鈕（START）M104 一次，則滑台從原點 A 開始，各以 SP1、SP2、SP3、SP4（此為回原點速度）的速度，向各定位點 B、C、D、A 移動到下一個定位點後停止，然後可依序重複操作。

(3)「連續運轉」：（COS3 切於 2，模式顯示「連續運轉」）

 當按啟動按鈕（START），則滑台從原點 A 開始，以 SP1、SP2、SP3、SP4（此為回原點速度）的速度向各定位點 B、C、D、A 的順序移動，且各停留 T1、T2、T3、T0 時間，然後可依序重複動作。

(4) S52、S54、S56 及 S58 為配合 T1、T2、T3、T0 之各定點 B、C、D、A 之停留時間，例如：若選定試題□參數 1 時，則各為 3、6、6、9 秒。

(5) S51、S53、S55 及 S57 為執行 DDRVA 之指令，以到達各定位點 B、C、D、A。

(6) 於 [單步運轉與連續運轉之控制流程] 中，有關 DDRVA 之移動距離 [S1.] 之參數，係在以手搖輪在「定點位置設定」時，到達 B、C、D、A 各點所需的脈波數，各儲存於 D132（B 點）、D134（C 點）、D136（D 點）及 D138（A 點）之中。

(7) 有關 DDRVA 中之速度 [S2.] 之參數，範例程式中之數據，係數 [□參數 1] 設計。而實際的數據，依試題參數表之規定，所需各種數值，整理如如下表所示。

	□參數 1	□參數 2	□參數 3
移動距離 [S1.]	B：50mm/D132 C：120mm/D134 D：300mm/D136 A：0mm/D138	B：140mm/D132 C：80mm/D134 D：220mm/D136 A：0mm/D138	B：280mm/D132 C：200mm/D134 D：80mm/D136 A：0mm/D138
速度設定 [S2.]	SP1：60rpm/K2,000(HZ) SP2：60rpm/K2,000(HZ) SP3：120rpm/K4,000(HZ) SP4：150rpm/K5,000(HZ)	SP1：120rpm/K4,000(HZ) SP2：60rpm/K2,000(HZ) SP3：120rpm/K4,000(HZ) SP4：150rpm/K5,000(HZ)	SP1：120rpm/K4,000(HZ) SP2：60rpm/K2,000(HZ) SP3：60rpm/K2,000(HZ) SP4：150rpm/K5,000(HZ)
時間設定	T1：6S T2：6S T3：9S T0：9S	T1：6S T2：3S T3：9S T0：6S	T1：3S T2：9S T3：6S T0：3S

(8) □參數 1、2、3 的滑台動作示意圖如下所示，請參考。

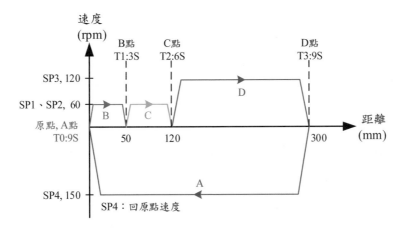

□ 參數 1 動作示意圖

滑台移動方向：原點(A)→向右(B)→向右(C)→向右(D)→向左(原點 A)

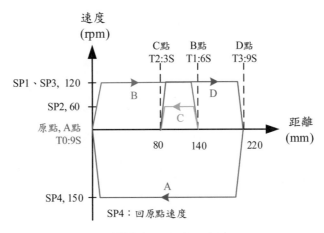

□ 參數 2 動作示意圖

滑台移動方向：原點(A)→向右(B)→向左(C)→向右(D)→向左(原點 A)

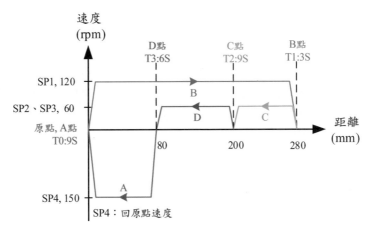

□ 參數 3 動作示意圖

滑台移動方向：原點(A)→向右(B)→向左(C)→向左(D)→向左(原點 A)

6.要求三：單步運轉與連續運轉之控制流程

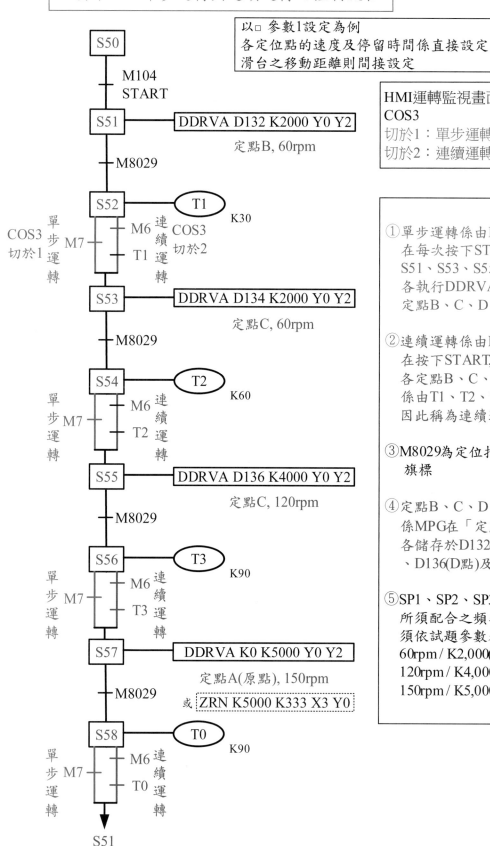

以□ 參數1設定為例
各定位點的速度及停留時間係直接設定
滑台之移動距離則間接設定

HMI運轉監視畫面
COS3
切於1：單步運轉(M7)
切於2：連續運轉(M6)

①單步運轉係由M7控制：
　在每次按下START時, M7動作,
　S51、S53、S55、S57依序動作,
　各執行DDRVA指令,移動到各
　定點B、C、D、A等位置

②連續運轉係由M6控制：
　在按下START, M6動作,
　各定點B、C、D、A...的移動,
　係由T1、T2、T3、T0...來控制,
　因此稱為連續運轉。

③M8029為定位指令執行完成的
　旗標

④定點B、C、D、A的位置數值,
　係MPG在「定點位置設定」時,
　各儲存於D132(B點)、D134(C點)
　、D136(D點)及D138(A點)之中

⑤SP1、SP2、SP3、SP4之速度,
　所須配合之頻率數,如下數種,
　須依試題參數表之規定
　60rpm / K2,000(HZ) (低速)
　120rpm / K4,000(HZ) (高速)
　150rpm / K5,000(HZ) (回原點速度)

3-6 完整之控制回路圖

行號	指令		
0	LD	M8002	
1	ZRST	S0	S999
6	SET	S0	
8	LDP	X006	
10	ORP	X007	
12	ZRST	S20	S39
17	ZRST	S50	S59
22	SET	S0	
24	LDF	X017	
26	ZRST	S0	S99
31	ZRST	M6	M7
36	ZRST	Y016	Y017
41	OUT	M8349	
43	LDP	X017	
45	SET	S0	
47	LD	M8000	
48	DDIV	D8340	
		K400	D500
61	LD	M0	
62	ALTP	M106	
65	LD	X014	
66	OUT	Y014	
67	LDI	X014	
68	OUT	M8344	
70	LD	X015	
71	OUT	Y015	
72	LDI	X015	
73	OUT	M8343	
75	LD	M100	
76	OR	M50	
77	ZRN	K5000	
		K333	X003 Y000
86	OUT	M50	
87	AND	M8029	
88	OUT	Y003	
89	RST	M50	

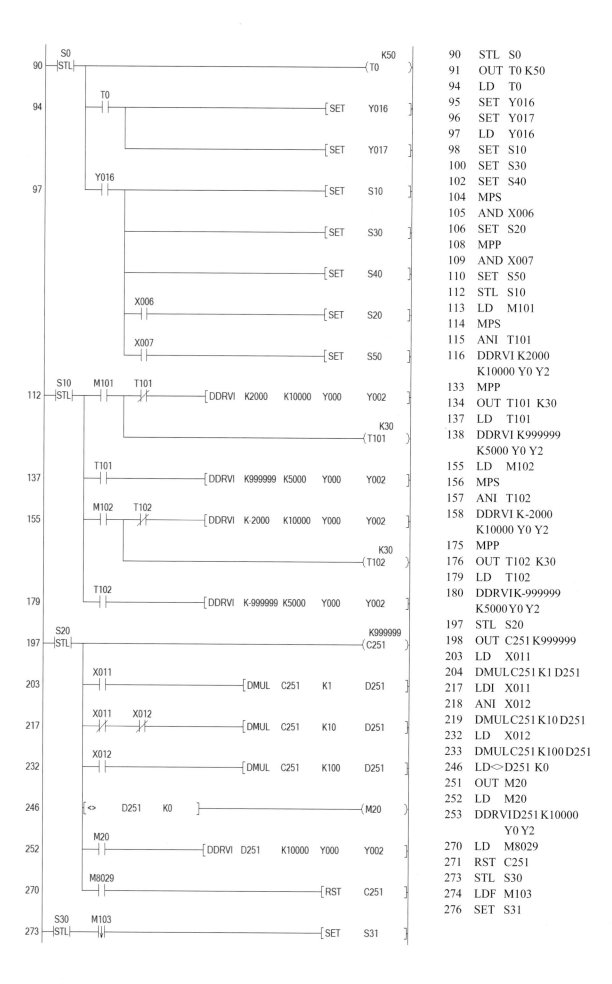

90	STL S0
91	OUT T0 K50
94	LD T0
95	SET Y016
96	SET Y017
97	LD Y016
98	SET S10
100	SET S30
102	SET S40
104	MPS
105	AND X006
106	SET S20
108	MPP
109	AND X007
110	SET S50
112	STL S10
113	LD M101
114	MPS
115	ANI T101
116	DDRVI K2000
	K10000 Y0 Y2
133	MPP
134	OUT T101 K30
137	LD T101
138	DDRVI K999999
	K5000 Y0 Y2
155	LD M102
156	MPS
157	ANI T102
158	DDRVI K-2000
	K10000 Y0 Y2
175	MPP
176	OUT T102 K30
179	LD T102
180	DDRVIK-999999
	K5000 Y0 Y2
197	STL S20
198	OUT C251 K999999
203	LD X011
204	DMUL C251 K1 D251
217	LDI X011
218	ANI X012
219	DMUL C251 K10 D251
232	LD X012
233	DMUL C251 K100 D251
246	LD<> D251 K0
251	OUT M20
252	LD M20
253	DDRVID251 K10000
	Y0 Y2
270	LD M8029
271	RST C251
273	STL S30
274	LDF M103
276	SET S31

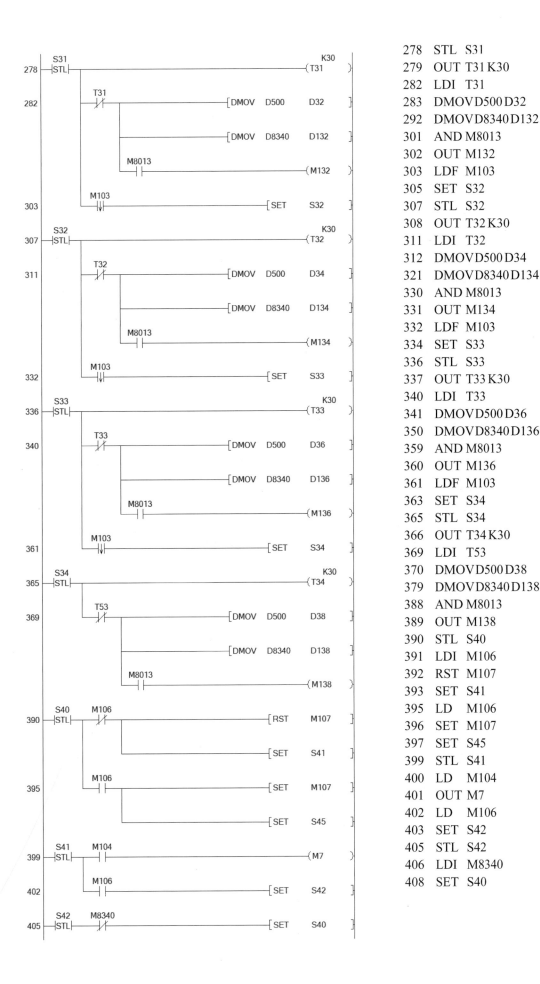

278 STL S31
279 OUT T31 K30
282 LDI T31
283 DMOV D500 D32
292 DMOV D8340 D132
301 AND M8013
302 OUT M132
303 LDF M103
305 SET S32
307 STL S32
308 OUT T32 K30
311 LDI T32
312 DMOV D500 D34
321 DMOV D8340 D134
330 AND M8013
331 OUT M134
332 LDF M103
334 SET S33
336 STL S33
337 OUT T33 K30
340 LDI T33
341 DMOV D500 D36
350 DMOV D8340 D136
359 AND M8013
360 OUT M136
361 LDF M103
363 SET S34
365 STL S34
366 OUT T34 K30
369 LDI T53
370 DMOV D500 D38
379 DMOV D8340 D138
388 AND M8013
389 OUT M138
390 STL S40
391 LDI M106
392 RST M107
393 SET S41
395 LD   M106
396 SET M107
397 SET S45
399 STL S41
400 LD   M104
401 OUT M7
402 LD   M106
403 SET S42
405 STL S42
406 LDI M8340
408 SET S40

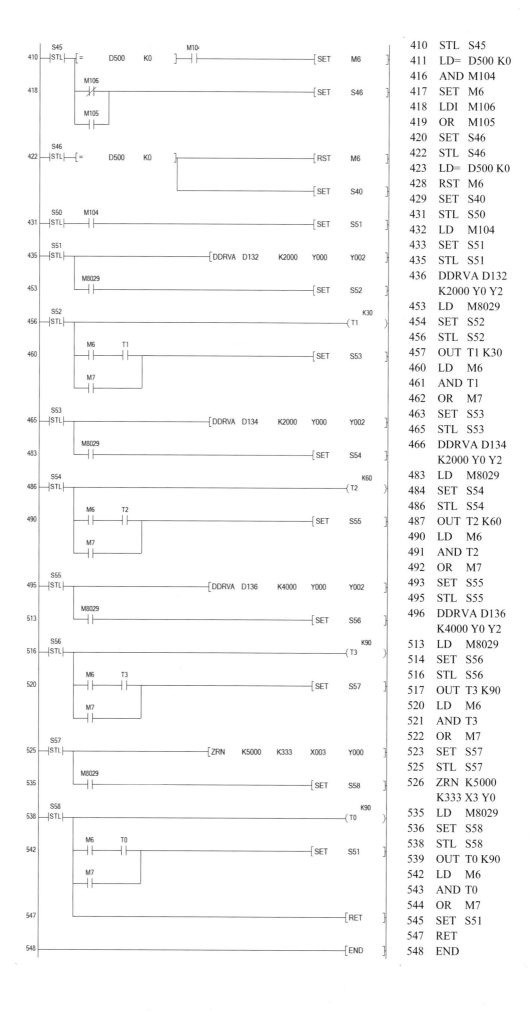

410	STL S45
411	LD= D500 K0
416	AND M104
417	SET M6
418	LDI M106
419	OR M105
420	SET S46
422	STL S46
423	LD= D500 K0
428	RST M6
429	SET S40
431	STL S50
432	LD M104
433	SET S51
435	STL S51
436	DDRVA D132 K2000 Y0 Y2
453	LD M8029
454	SET S52
456	STL S52
457	OUT T1 K30
460	LD M6
461	AND T1
462	OR M7
463	SET S53
465	STL S53
466	DDRVA D134 K2000 Y0 Y2
483	LD M8029
484	SET S54
486	STL S54
487	OUT T2 K60
490	LD M6
491	AND T2
492	OR M7
493	SET S55
495	STL S55
496	DDRVA D136 K4000 Y0 Y2
513	LD M8029
514	SET S56
516	STL S56
517	OUT T3 K90
520	LD M6
521	AND T3
522	OR M7
523	SET S57
525	STL S57
526	ZRN K5000 K333 X3 Y0
535	LD M8029
536	SET S58
538	STL S58
539	OUT T0 K90
542	LD M6
543	AND T0
544	OR M7
545	SET S51
547	RET
548	END

3-7 主電路（NFB 電源側已配妥）

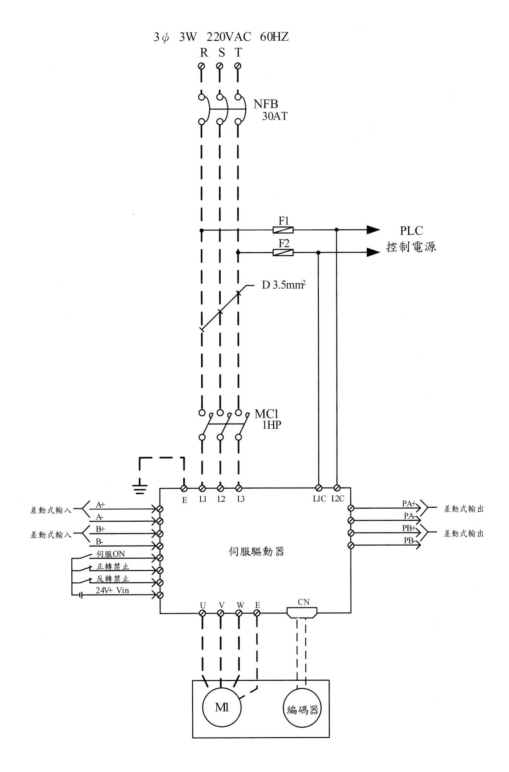

※虛線部份接線由檢定場地預先配妥。

3-8 主要機具設備表

項次	代號	名稱	規格	數量	備註
1	NFB	無熔線斷路器	3P 50AF 50AT IC10KA	1 只	
2	DF	卡式保險絲含座	600V 2A	2 只	
3	MC1	電磁接觸器	1HP 220VAC 2a2b 線圈電壓 24VDC	1 只	
4	PLC	可程式控制器	(1) 輸入 16 點、輸出（晶體接點）16 點以上 (2) 差動輸入／輸出各 2 組 　　輸入 16 點（含）以上、輸出（電晶體型） 　　16 點（含）以上	1 只	
5	HMI	人機介面	7" 全彩	1 只	可與 PLC 連線測試
6		滑台	(1) 傳動方式：滾珠螺桿 (2) 位置重複精度：±0.02（mm） (3) 最高速度：100（mm/s）（含）以上 (4) 標準行程：400mm（含）以上 (5) 螺桿規格：C7 級 (6) 外徑：12 mm（含）以上 (7) 螺桿導程：2-20mm (8) 可搬重量：水平使用 15KG（含）以上 (9) 原點及端點極限感應器：以光耦合開關配置 (10) 聯軸器：須配合馬達及滑台之精度 (11) 左極限、右極限、原點之光遮斷器具 PNP 　　及 NPN 之跳線功能 (12) 於器具板引接之原點／極限端子台（TB1）	1 只	此 3 項需組成一體匹配操作
7		伺服馬達	100W（含）以上	1 只	
8		伺服驅動器	(1) 220VAC (2) 具差動式輸入／輸出 (3) 輸入接點：啟動、正反轉極限及警報復歸 (4) 輸出接點：準備完成及警報輸出 (5) 於器具板引接之控制訊號／接點端子台 　　（TB3）	1 只	
9	TB2	過門端子台	20A 25P 含過門線束	1 組	1. 具線號及接點對照標示 2. 輸入接點具共接點
10	COS1	切換開關	φ30mm 1a1b 二段式	1 只	附 COS1 模式設定 - 位置設定／運轉監視銘牌
11	COS2	切換開關	φ30mm 1a1b 三段式	1 只	附 COS2 倍率 - ×1/×10/×100 銘牌
12	EMS	緊急停止開關	30φ 1b	1 只	附銘牌
13	MPG	手輪脈波產生器	MPG 24VDC 100PPR	1 只	附銘牌
14		電源供應器	INPUT'：220VAC OUTPUT：24VDC 2A	1 只	
15		木心板	300mmL 200mmW 3/4"t	1 塊	PLC 固定用

3-9 操作板及器具板配置圖

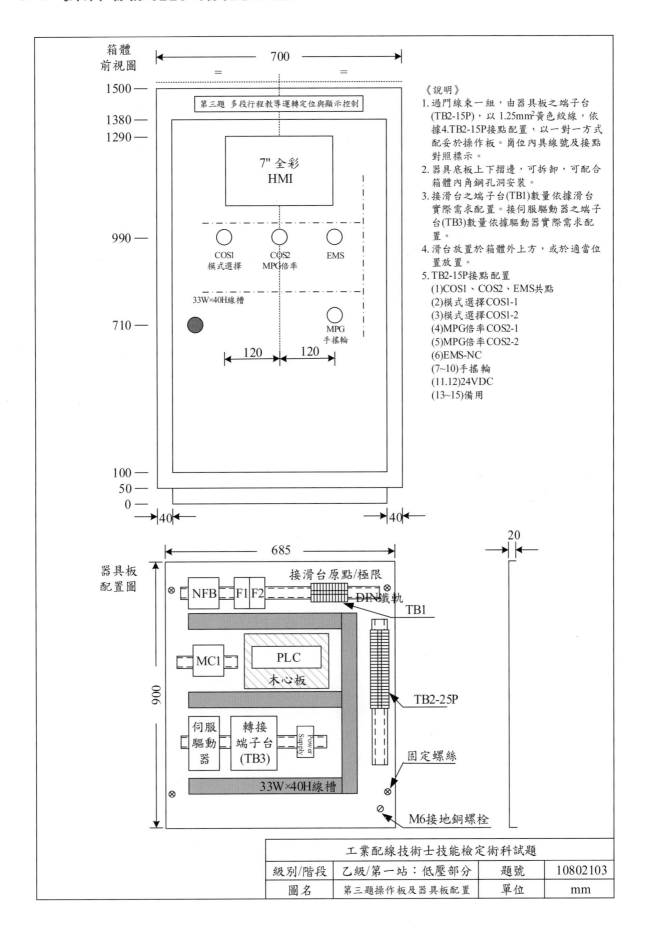

《說明》
1. 過門線束一組，由器具板之端子台 (TB2-15P)，以 1.25mm² 黃色絞線，依據4.TB2-15P接點配置，以一對一方式配妥於操作板。崗位內具線號及接點對照標示。
2. 器具底板上下摺邊，可拆卸，可配合箱體內角鋼孔洞安裝。
3. 接滑台之端子台(TB1)數量依據滑台實際需求配置。接伺服驅動器之端子台(TB3)數量依據驅動器實際需求配置。
4. 滑台放置於箱體外上方，或於適當位置放置。
5. TB2-15P接點配置
   (1)COS1、COS2、EMS共點
   (2)模式選擇COS1-1
   (3)模式選擇COS1-2
   (4)MPG倍率COS2-1
   (5)MPG倍率COS2-2
   (6)EMS-NC
   (7~10)手搖輪
   (11.12)24VDC
   (13~15)備用

箱體前視圖

第三題 多段行程教導運轉定位與顯示控制

7" 全彩 HMI

COS1 模式選擇　　COS2 MPG倍率　　EMS

33W×40H線槽

MPG 手搖輪

器具板配置圖

接滑台原點/極限

NFB　F1 F2

DIN鐵軌

TB1

MC1　PLC 木心板

TB2-25P

伺服驅動器　轉接端子台(TB3)　Power Supply

固定螺絲

33W×40H線槽

M6接地銅螺栓

工業配線技術士技能檢定術科試題			
級別/階段	乙級/第一站：低壓部分	題號	10802103
圖名	第三題操作板及器具板配置	單位	mm

3-10 評審表

第三題（多段行程教導運轉定位與顯示控制）　　　（第一站第三題第 1 頁／共 7 頁）

姓名		站別	第一站	評審結果	
術科檢定編號		試題編號	01300-10802103	☐及格　　　☐不及格	
檢定日期		工作崗位			

評審方式說明如下：
(1) 以表列之每一項次為計算單位。
(2)「主要功能」功能認定及處理方式：
　1) 應動作之元件未能正確動作，判定為動作錯誤，直接在該元件名稱上打「×」。
　2) 不應動作之元件產生動作，加註該元件名稱判定為動作錯誤，並在該元件名稱上打「×」。
　3) 任一元件動作錯誤，即判定評審結果為「不及格」，該動作錯誤欄位後之功能不須繼續評審。
(3)「次要功能」功能認定及處理方式：
　1) 應動作之元件未能正確動作，判定為動作錯誤，直接在該元件名稱上打「×」。
　2) 不應動作之元件產生動作，加註該元件名稱判定為動作錯誤，並在該元件名稱上打「×」。
　3) 每項次有任一元件動作錯誤，在該項次「評分」欄內打「×」。
　4) 動作錯誤項數合計後，填入「動作錯誤項數」欄位。
　5) 依容許動作錯誤項數，評定合格或不合格。
(4)「一、功能部分」及「二、其他部分」均「合格」者，方判定評審結果為「及格」。

一、功能部分：（以☐參數 1 為範例，實施測試）

項次	步驟	操作方式	順序	次要功能			主要功能		
				HMI 顯示	計時	評分 ×	滑台		MC1
				畫面及數值			方向距離 (mm)	速度 (rpm)	

■滑台原點復歸操作（HMI 畫面顯示「位置設定」畫面）

項次	步驟	操作方式	順序	畫面及數值	計時	評分×	方向距離 (mm)	速度 (rpm)	MC1
壹 (1)	1	COS1 切於 1→NFB ON→PLC RUN	(1) (2)	HMI 進入「位置設定」畫面	5S				MC1
	2	依指定參數，核對「位置設定」畫面各項參數					人機介面顯示 各項完整參數		
	3	按住 JOG+ 超過 3 秒		目前位置值→大			向右	低速	MC1
	4	滑台移至機械原點與右極限間時，放掉 JOG+		目前位置值停止變動					MC1

項次	步驟	操作方式	順序	次要功能		計時	評分 ×	主要功能		MC1
				HMI 顯示 畫面及數值				滑台		
								方向距離（mm）	速度（rpm）	

壹 (2)	5	按 HOME 回原點		目前位置值→小				向左	高速	MC1
	6	滑台擋板前緣碰觸原點		目前位置值→ 0				向左	10	MC1
	7	滑台移動到機械原點停止		目前位置數值 =0						MC1

■寸動操作（HMI 畫面顯示「位置設定」畫面）

貳	1	按／放 JOG ＋一次		目前位置值 = 5mm				向右 5mm	高速	MC1
	2	按住 JOG ＋	(1)	目前位置值→大		3S		向右 5mm	高速	MC1
			(2)	目前位置值→大				向右	低速	MC1
	3	滑台碰觸右極限→放掉 JOG ＋		1.目前位置值停止變動 2.顯示「行程超出右極限」警報						MC1
	4	按 JOG+（※ 無作用）		1.目前位置值停止變動 2.顯示「行程超出右極限」警報						MC1
	5	按／放 JOG －一次		目前位置值→小				向左 5mm	高速	MC1
	6	按住 JOG －	(1)	目前位置值→小		3S		向左 5mm	高速	MC1
			(2)	目前位置值→小				向左	低速	MC1
	7	滑台碰觸左極限→放掉 JOG －		1.目前位置值停止變動 2.顯示「行程超出左極限」警報						MC1
	8	按 JOG －（※ 無作用）		1.目前位置值停止變動 2.顯示「行程超出左極限」警報						MC1
	9	按住 JOG+ 超過 3 秒		目前位置值→大				向右	低速	MC1
	10	滑台移至機械原點與右極限間時，放掉 JOG+		目前位置值停止變動						MC1

項次	步驟	操作方式	順序	次要功能			主要功能		
				HMI 顯示	計時	評分 ×	滑台		MC1
				畫面及數值			方向距離（mm）	速度（rpm）	

■ 手搖輪定位（HMI 畫面顯示「位置設定」畫面）

項次	步驟	操作方式	順序	HMI 顯示 畫面及數值	計時	評分 ×	方向距離（mm）	速度（rpm）	MC1
參	1	按 HOME 回原點		A 位置及目前位置數值 = 0			0		MC1
	2	COS2 切於 0 (x10) →依順時針方向搖動手搖輪 1 圈		目前位置數值 = (9.8mm)			(9.8)		MC1
	3	COS2 切於 1 (x1) →依逆時針方向搖動手搖輪 10 圈		目前位置數值 = (0mm)			(0)		MC1
	4	COS2 切於 2 (x100) →依順時針方向搖動手搖輪 1/2 圈		目前位置數值 = (97.7mm)			(97.7)		MC1
	5	按 HOME 回原點		A 位置及目前位置數值 = 0			0		MC1
	6	搖動手搖輪到達 B 位置		目前位置數值 = (50) mm			(50)		MC1
	7	按 SAVE		1.B 位置數值 = (50)mm 2.B 位置數值閃爍三次			(50)		MC1
	8	搖動手搖輪到達 C 位置		目前位置數值 = (120) mm			(120)		MC1
	9	按 SAVE		1.C 位置數值 = (120) mm 2.C 位置數值閃爍三次			(120)		MC1
	10	搖動手搖輪到達 D 位置		目前位置數值 = (300) mm			(300)		MC1
	11	按 SAVE		1.D 位置數值 = (300) mm 2.D 位置數值閃爍三次			(300)		MC1
	12	按 HOME 回原點		A 位置及目前位置數值 = 0			0		MC1

項次	步驟	操作方式	順序	次要功能		計時	評分×	主要功能		MC1
				HMI顯示				滑台		
				畫面及數值				方向距離（mm）	速度（rpm）	

■單步運轉操作（HMI畫面顯示「運轉監視」畫面）→切換COS

項次	步驟	操作方式	順序	畫面及數值	計時	評分×	方向距離（mm）	速度（rpm）	MC1
肆	1	COS1切至2		HMI進入「運轉監視」畫面			0		MC1
	2	COS3切至1		模式顯示「單步運轉」			0		MC1
	3	按START		目前位置值由數值A→B			向右	（低）速	MC1
	4	到達B位置		目前位置值＝(50)mm			(50)		MC1
	5	按START		目前位置值由數值B→C			向（右）	（低）速	MC1
	6	到達C位置		目前位置值＝(120)mm			(120)		MC1
	7	按START		目前位置值由數值C→D			向（右）	（高）速	MC1
	8	到達D位置		目前位置值＝(300)mm			(300)		MC1
	9	按START執行回原點動作		A位置及目前位置數值＝0			0		MC1
	10	按START		目前位置值由數值A→B			向右	（低）速	MC1
	11	COS3立即切至2(※無作用)		目前位置值由數值A→B			向右	（低）速	MC1
	12	到達B位置		1.目前位置值＝(50)mm　2.模式顯示「連續運轉」			(50)mm		MC1
	13	按START(※無作用)					0		MC1

■連續運轉操作（HMI畫面顯示「運轉監視」畫面）→按STOP

項次	步驟	操作方式	順序	畫面及數值	計時	評分×	方向距離（mm）	速度（rpm）	MC1
伍(1)	1	執行原點復歸操作		A位置及目前位置數值＝0			0		MC1
	2	按START		目前位置值由數值A→B			向右	（低）速	MC1
	3	到達B位置		目前位置值＝(50)mm	(3S)		(50)		MC1
	4			目前位置值由數值B→C			向（右）	（低）速	MC1
	5	到達C位置		目前位置值＝(120)mm	(6S)		(120)		MC1

項次	步驟	操作方式	順序	次要功能		計時	評分 ×	主要功能		
				HMI 顯示				滑台		MC1
				畫面及數值				方向距離（mm）	速度（rpm）	

■連續運轉操作（HMI 畫面顯示「運轉監視」畫面）→按 STOP

項次	步驟	操作方式	順序	畫面及數值	計時	評分 ×	方向距離（mm）	速度（rpm）	MC1
伍(2)	6			目前位置值由數值 C → D			向（右）	（高）速	MC1
	7	到達 D 位置		目前位置值 ＝(300)mm	(9S)		(300)		MC1
	8	自動執行回原點動作		A 位置及目前位置數值 ＝0	(9S)		0		MC1
	9			目前位置值由數值 A → B			向右	（低）速	MC1
	10	到達 B 位置		目前位置值 ＝(50)mm	(3S)		(50)		MC1
	11			目前位置值由數值 B → C			向（右）	（低）速	MC1
	12	按 STOP（※ 無作用）		目前位置值由數值 B → C			0		MC1
	13	到達 C 位置		目前位置值 ＝(120)mm	(6S)		(120)		MC1
	14			目前位置值由數值 C → D			向（右）	（高）速	MC1
	15	到達 D 位置		目前位置值 ＝(300)mm	(9S)		(300)		MC1
	16	自動執行回原點動作		A 位置及目前位置數值 ＝0			0		MC1

■連續運轉操作（HMI 畫面顯示「運轉監視」）→切換 COS3

項次	步驟	操作方式	順序	畫面及數值	計時	評分 ×	方向距離（mm）	速度（rpm）	MC1
陸	1	按 START		目前位置值由數值 A → B			向右	（低）速	MC1
	2	到達 B 位置		目前位置值 ＝(50)mm	(3S)		(50)		MC1
	3			目前位置值由數值 B → C			向（右）	（低）速	MC1
	4	到達 C 位置		目前位置值 ＝(120)mm	(6S)		(120)		MC1
	5			目前位置值由數值 C → D			向（右）	（高）速	MC1
	6	COS3 切至 1（※ 無作用）		目前位置值由數值 C → D			向（右）	（高）速	MC1
	7	到達 D 位置		目前位置值 ＝(300)mm	(9S)		(300)		MC1
	8	自動執行回原點動作		1.A 位置及目前位置數值 ＝0 2.模式顯示「單步運轉」			0		MC1

項次	步驟	操作方式	順序	次要功能		計時	評分 ×	主要功能		MC1
				HMI 顯示				滑台		
				畫面及數值				方向距離（mm）	速度（rpm）	

■緊急按鈕操作

項次	步驟	操作方式	順序	HMI 顯示 畫面及數值	計時	評分 ×	方向距離（mm）	速度（rpm）	MC1
柒	1	按 START		目前位置值由數值 A → B			向右	（低）速	MC1
	2	按 EMS		HMI 出現「緊急停機」畫面					
	3	按 START、STOP（※無作用）		HMI 出現「緊急停機」畫面					
	4	解除 EMS			5S				
	5	按 HOME 回原點		A 位置及目前位置數值 =0			0		MC1

功能部分評定結果：	容許動作錯誤項數： 74（次要功能總項數）×20% = 15	動作錯誤項數	
	合　格：□主要功能完全正確及次要功能動作錯誤項數在容許項數內。 （請繼續執行「其他部分」所列項目評審）		
	不合格：□主要功能動作錯誤 □次要功能動作錯誤項數超過容許動作錯誤項數。 （判定不合格，「二、其他部分」不需評審）		

二、其他部分：

A、重大缺點：有下列任「一」項缺點評定為不合格	缺點以 ✕ 註記	缺點內容簡述
1. PLC 外部接線圖與實際配線之位址或數量不符		
2. 未整線或應壓接之端子中有半數未壓接		
3. 通電試驗發生兩次以上短路故障（含兩次）		
4. 應壓接之端子未以規定之壓接鉗作業		
5. 應檢人未經監評人員認可，自行通電檢測者		
B、主要缺點：有下列任「三」項缺點評定為不合格	缺點以 ✕ 註記	(B) 主要缺點統計
1. 違反試題要求，指示燈由 PLC 輸出接點直接控制		
2. 未依規定作 PLC 外部連鎖控制		
3. 未按規定使用 b 接點連接 PLC 輸入端子		
4. 未按規定接地		
5. 控制電路：部分未壓接端子		
6. 導線固定不當（鬆脫）		
7. 導線選色錯誤		
8. 導線線徑選用不當		
9. 施工時損壞器具		
10. 未以尺規繪圖（含 PLC 外部接線圖）		
11. 未注意工作安全		
12. 通電試驗發生短路故障一次		
C、次要缺點：有下列任「五」項缺點評定為不合格	缺點以 ✕ 註記	(C) 次要缺點統計
1. 端子台未標示正確相序或極性		
2. 導線被覆剝離不當、損傷、斷股		
3. 端子壓接不良		
4. 導線分歧不當		
5. 未接線螺絲鬆動		
6. 施工材料、工具散置於地面		
7. 導線未入線槽		
8. 導線線束不當		
9. 溢領材料造成浪費		
10. 施工後場地留有線屑雜物未清理		
D、主要缺點 (B) 與次要缺點 (C) 合計共「六」項及以上評定為不合格	(B)+(C) 缺點合計	

（其他部分）評定結果：　□合　格：缺點項目在容許範圍內。
　　　　　　　　　　　　□不合格：缺點項目超過容許範圍。

3-11 自我評量

1. 本題為「_____行程_____運轉定位與_____控制」，本試題的特點係使用_____帶動滾珠螺桿，將伺服馬達軸心的圓周運動，驅動滑台變換為直線運動的定位控制。

2. 本題係以_____脈波產生器做為多段行程教導式運轉定位的設備。

3. PLC 的高速脈衝輸出口，三菱常用_____、_____來驅動伺服控制器，控制伺服電機的位置及速度。

4. 於 HMI 之畫面，COS1 切於 1，HMI 畫面自動切至「_____」畫面，包含下列操作：

   (1)「寸動進（JOG＋）」：_____ rpm。

   (2)「寸動退（JOG-）」：_____ rpm。

   (3)「長按寸動鍵超過 3 秒」：_____ rpm。

   (4)「滑台原點復歸（回原點按鈕 HOME）」：_____rpm →_____rpm。

   滑台以 150rpm 向機械原點移動，當滑台擋板前緣碰觸原點感測器時，改以 10rpm 移動到機械原點時停止

   (5)「手搖輪之定點位置設定」：執行_____定位點之設定

   (6)「SP1、SP2、SP3 定位點速度設定」：依試題選定之_____表設定，在 HMI 操作。

5. 於 HMI 之畫面，COS1 切於 2，HMI 畫面自動切至「_____」畫面，包含下列操作：

   (1)「單步運轉」：（COS3 切於 1，模式顯示「_____」）

   每按啟動按鈕（START）一次，滑台以 SP（1、2、3 或 4）的速度向_____點移動後停止。

   (2)「連續運轉」：（COS3 切於 2，模式顯示「_____」）

   每按啟動按鈕（START）一次，滑台以 SP（1、2、3、4）的速度向定位點 B、C、D、A 移動，可依續_____動作。

6. 警報部分

   (1)「行程超出左極限」之警報畫面：滑台碰觸到_____感測器。

   (2)「行程超出右極限」之警報畫面：滑台碰觸到_____感測器。

   (3)「緊急停機」異常警報畫面：按_____按鈕（EMS）。

3-12 伺服馬達控制基礎實習範例

一、目的：瞭解伺服馬達之各種基礎實習項目

二、實習設備

1. 伺服馬達實際設備規格如下：

   伺服馬達旋轉一圈脈波數：2,000 pulse/rev。

   伺服馬達旋轉一圈帶動機構移動距離：20mm/rev。

2. 滑台：如檢定設備

3. 控制 HMI：應用檢定試場之 HMI。

三、PLC（FX3G-40MT）與伺服驅動器之接線參考圖

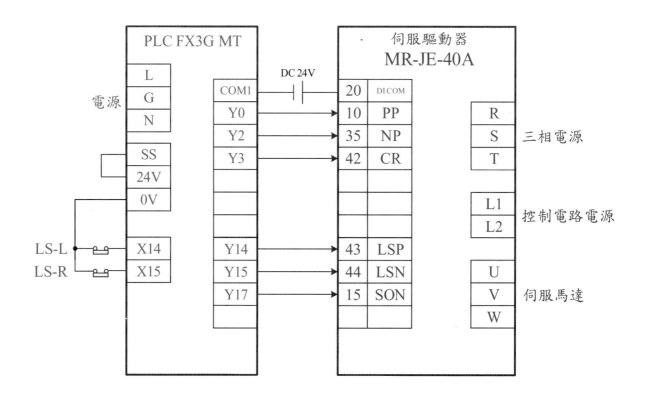

四、PLC之輸入／輸出說明

序號	I/O	名稱	功能說明
1	X3	DOG	伺服原點
2	X14	LS-L	PLC 之左極限開關輸入，使用 b 接點
3	X15	LS-R	PLC 之右極限開關輸入，使用 b 接點
4	Y0	PP	連接到伺服驅動器的 PP 端子，PLC 輸出高速脈波
5	Y2	NP	連接到伺服驅動器的 NP 端子，表示回轉方向，正轉：Y2 ON，反轉：Y2 OFF
6	Y3	CR	清除清除脈波計數器偏差的數值
7	Y14	LSN	連接到伺服驅動器之反轉（向左）行程極限 LSN，Y14 ON 時表示可反轉，反轉極限開關 LSN ON 時，馬達可進行反轉命令
8	Y15	LSP	連接到伺服驅動器之正轉（向右）行程極限 LSP，Y15 ON 時表示可正轉，正轉極限開關 LSP ON 時，馬達可進行正轉命令
9	Y16	MC1	控制伺服馬達運轉之電磁接觸器
10	Y17	SON	連接到伺服驅動器之啟動輸入，Y17 ON 時表伺服 ON（SERVO ON），SON ON 時，伺服驅動器加入電源，即為可運轉狀態

[備註] X14（左極限, LS-L），X15（右極限, LS-R）之接線法

① X14 為 PLC 左極限 LSL（使用常閉之 b 接點）的輸入，控制 Y14 之輸出，連接到至伺服驅動器 LSN 之輸入端點 44。

② X15 為 PLC 右極限 LSR（使用常閉之 b 接點）的輸入，控制 Y15 之輸出，連接到至伺服驅動器 LSP 之輸入端點 43。

五、配合檢定試題第三題人機介面（HMI）之按鈕操作實習

序號	設定元件	名稱	功能說明
1	M100	HOME	原點復歸
2	M101	PB1	JOG+，寸動（向右移動）
3	M102	PB2	JOG-，寸動（向左移動）
4	M103	PB3	（SAVE）
5	M104	PB4	START
6	M105	PB5	STOP
7	M106	COS3-2	COS3-2：連續運轉, M106 ON COS3-1：單步運轉, M106 OFF
8	M107	連續運轉	HMI 顯示連續運轉：M107 ON HMI 顯示單步運轉：M107 OFF

[基礎實習 1] ：ZRN、DDRVA、DDRVI 指令之認識及實習

1. 行號0：

(1) 當按 PB0/M100 之 HOME 鍵時，驅動原點復歸指令 [ZRN K10000 K1000 Y0] 動作，並以 M1 之 a 接點來自保，滑台就以 10,000HZ 速度向左移動。

(2) 當滑台之前緣碰觸到機械原點檢出開關（近點開關，DOG）X3 時，滑台以 1,000Hz 之慢速具續向左移動。

(3) 當滑台之後緣離開原點檢出開關時，滑台就停止在原點。

2. 行號13：

(1) 當按住 PB1/M101 時，驅動絕對位置定位指令 [DDRVA K999999 K10000 Y0 Y2] 動作，表示伺服馬達要 [正轉] 轉動 K999,999 的脈波，以 K10,000HZ 的頻率 （500rpm）轉動，此時 Y0 ON，Y2 ON（表正轉）。

(2) 亦即滑台以 10,000HZ 的速度向右移動，而最多移動 K999,999 脈波的距離 （999999/2000 ≒ 500（mm）= 50cm），大約是 50 公分。

(3) 當放開 PB1/M101 時，DDRVA 指令停止驅動，滑台就停止。

(4) 因此，每次 PB1/M101 按住多久，伺服馬達就正轉動作多久，謂之 [寸動控制 + / JOG+]。

3. 行號31：

(1) 同理，當按住 PB2/M102 時，驅動絕對位置定位指令 [DDRVA K-999999 K10000 Y0 Y2] 動作，表示伺服馬達要 [反轉] 轉動 K-999,999 的脈波，以 K10,000HZ 的 頻率（500rpm）轉動，此時 Y0 ON，Y2 OFF（表反轉）。

(2) 當放開 PB2/M102 時，DDRVA 停止停止驅動，滑台就停止。

(3) 因此，每次 PB2/M102 按住多久，伺服馬達就反轉動作多久，謂之 [寸動控制 - / JOG-]。

4. 行號49：

(1) 當按住 PB3 /M103 時，驅動相對位置定位指令 [DDRVI K10000 K10000 Y0 Y2] 動作，滑台就以 10,000HZ（500rpm）的速度，向右移動 10,000 個脈波數（50mm = 5cm）的距離。

(2) 亦即每次按住 PB3/M103 時，DDRVI 命令動作，滑台均可增加向右移動 50mm， 也是正向 [寸動控制] 的一種類型，俗稱 [點動（+）]。

5. 行號67：

(1) 當按住 PB4/M104 時，驅動相對位置定位指令 [DDRVI K-10000 K10000 Y0 Y2] 動作，滑台就以 -10,000HZ（500rpm）的速度，向左移動 10,000 個脈波數（50mm） 的距離。

(2) 亦即每次按住 PB4/M104 時，DDRVI 命令動作，滑台均可增加向左移動 50mm，也是正向 [寸動控制] 的一種類型，俗稱 [點動（-）]。

6. 行號85：

(1) 當按住 PB5/M105 時，DDRVI 命令動作，滑台可向右移動 50mm，然後 T10 開始計時 2 秒。

(2) 待 T10 計時時間到，DDRVI 命令動作，滑台可向左移動 50mm。

(3) 亦即每次按住 PB5/M105 時，滑台可執行一次向右、向左移動 50mm 的 [往復運動]，中間暫停 2 秒。

7. 行號132：

同理，每次按住 PB6/M106 時，滑台可執行一次向左、向右移動 50mm 的 [往復運動]，中間暫停 2 秒

8. 行號179、181、183：

本 [基礎實習] 係應用檢定試題的 HMI 介面練習。

伺服馬達運轉控制時，在伺服驅動器之 LSN、LSP、SON 等輸入端子的 [基本控制設定 [，並可在 HMI 的 D500 上，顯示滑台的 [目前位置]。

9. DRVA、DRVI、ZRN指令之比較說明

(1) 絕對位置定位指令（FNC 159, DRVA, DRIVE TO ABSOLUTE），是以絕對位置方式驅動脈波輸出定位，用原點為基準位置進行定位，只與原點做比較。

(2) 相對位置定位指令（FNC 158, DRVI, DRIVE TO INCREMENT）是以驅動帶正 / 負符號的脈波輸出定位，用現在位置為基準，開始正轉 / 反轉、前進 / 後退的移動定位方式，也稱為增量位置定位指令。

(3) 原點復歸指令（FNC 156, ZRN, ZERO RETURN）是執行原點復歸的動作，使機械位置與 PLC 的現在暫存器作結合的指令。該指令是 PLC 與伺服驅動器配合工作時，用設定的脈衝速度及輸出埠，讓執行機構向原點（DOG）移動，直到遇到原點訊號為止。

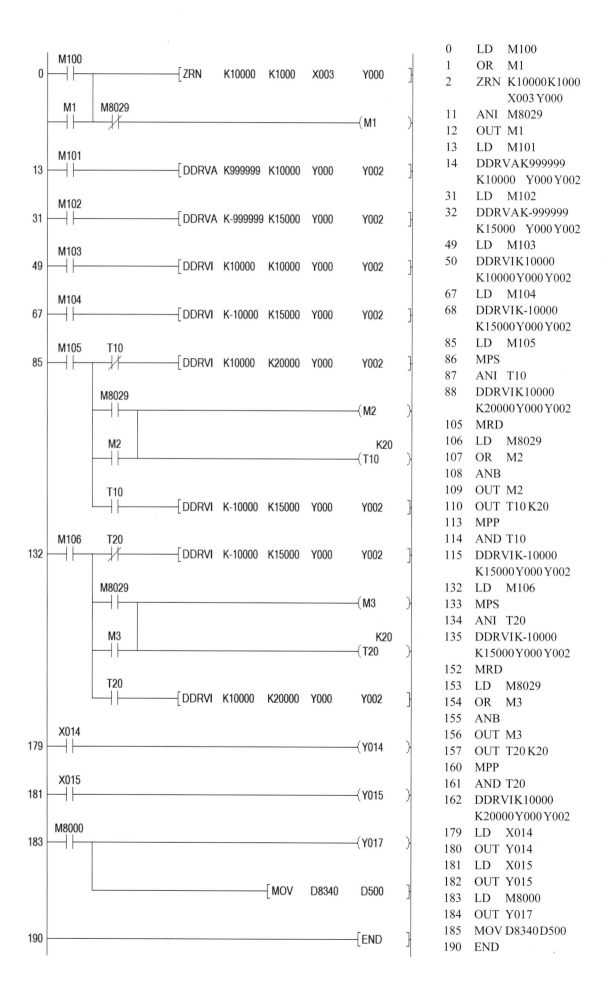

0	LD	M100		
1	OR	M1		
2	ZRN	K10000 K1000		
		X003 Y000		
11	ANI	M8029		
12	OUT	M1		
13	LD	M101		
14	DDRVA	K999999		
		K10000 Y000 Y002		
31	LD	M102		
32	DDRVA	K-999999		
		K15000 Y000 Y002		
49	LD	M103		
50	DDRVI	K10000		
		K10000 Y000 Y002		
67	LD	M104		
68	DDRVI	K-10000		
		K15000 Y000 Y002		
85	LD	M105		
86	MPS			
87	ANI	T10		
88	DDRVI	K10000		
		K20000 Y000 Y002		
105	MRD			
106	LD	M8029		
107	OR	M2		
108	ANB			
109	OUT	M2		
110	OUT	T10 K20		
113	MPP			
114	AND	T10		
115	DDRVI	K-10000		
		K15000 Y000 Y002		
132	LD	M106		
133	MPS			
134	ANI	T20		
135	DDRVI	K-10000		
		K15000 Y000 Y002		
152	MRD			
153	LD	M8029		
154	OR	M3		
155	ANB			
156	OUT	M3		
157	OUT	T20 K20		
160	MPP			
161	AND	T20		
162	DDRVI	K10000		
		K20000 Y000 Y002		
179	LD	X014		
180	OUT	Y014		
181	LD	X015		
182	OUT	Y015		
183	LD	M8000		
184	OUT	Y017		
185	MOV	D8340 D500		
190	END			

[基礎實習 2]：四速運轉定位控制—以階梯圖設計

1. 行號 0，按 M100 /HOME 鍵，滑台原點復歸到 A 點。

2. 行號 13，按 M104 /START 鍵，M10 ON 且自保。

3. 行號 17，M10 ON 時，DDRVA 指令驅動，滑台以 5,000HZ 的速度（150rpm），移動到 K10,000 的絕對位置（B 點，50mm）；然後 T1 開始 2 秒的計時。

   亦即，滑台以脈波輸出頻率 5,000HZ 的速度（150rpm），移動到脈波輸出 10,000 的絕對位置（50mm）；然後 T1 開始 2 秒的計時。

   其中，表示 DDRVA 指令執行完成的信號 M8029，並聯 M1 自保接點的目的，是要維持 T1 的有電激磁；待 T1 計時時間到，DDRVA 的驅動回路切斷。

4. 行號 45，當 T1 計時 2 秒時間到，DDRVA 指令驅動，滑台以 10,000HZ 的速度（300rpm），移動到K15,000 的絕對位置（C 點，75mm）；然後 T2 開始2秒的計時。

5. 行號 73，當 T2 計時 2 秒時間到，DDRVA 指令驅動，滑台以 K15,000HZ 的速度（450rpm），移動到K20,000的絕對位置（D點，100mm）；然後T3開始2秒的計時。

6. 行號 101，當 T3 計時 2 秒時間到，DDRVA 指令驅動，滑台以 K4,000HZ 的速度（120rpm），移動到 K0 的原點位置（0mm），亦即滑台回到原點；然後 T0 開始 2 秒的計時。

7. 行號 129：T0 計時 2 秒時間到，ZRST M0〜M5，程式回復到初始狀態

8. 行號 135、137、139：伺服馬達運轉時，在伺服驅動器之 LSN、LSP、SON 等輸入端子的基本設定，並可在 HMI 的 D500 上，顯示滑台的 [目前位置]。

9. 總之，本滑台為一個四個速度的循環的動作，滑台在原點復歸後，①按 M104 / START 鍵後，會各以 5,000HZ、10,000HZ、15,000HZ、4,000HZ 的速度，各到達 10,000（50mm）、15,000（75mm）、20,000（100mm）、0（0mm，原點）的絕對位置。②按 M105/STOP 鍵滑台運轉停止。

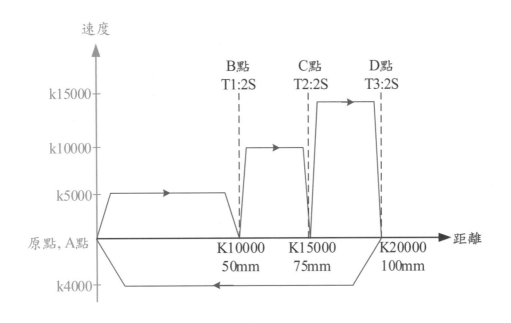

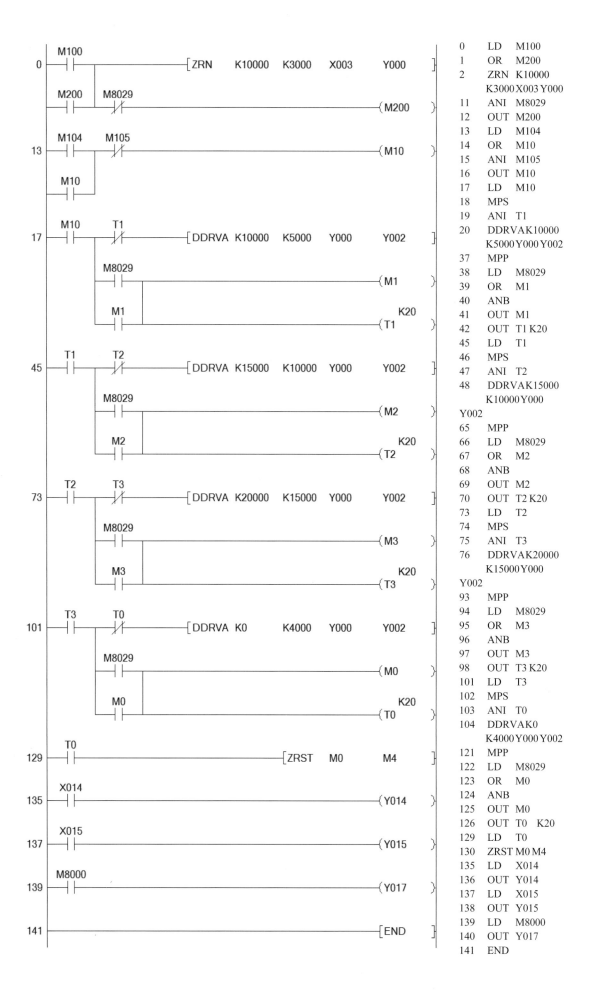

0	LD	M100
1	OR	M200
2	ZRN	K10000
		K3000 X003 Y000
11	ANI	M8029
12	OUT	M200
13	LD	M104
14	OR	M10
15	ANI	M105
16	OUT	M10
17	LD	M10
18	MPS	
19	ANI	T1
20	DDRVA	K10000
		K5000 Y000 Y002
37	MPP	
38	LD	M8029
39	OR	M1
40	ANB	
41	OUT	M1
42	OUT	T1 K20
45	LD	T1
46	MPS	
47	ANI	T2
48	DDRVA	K15000
		K10000 Y000
Y002		
65	MPP	
66	LD	M8029
67	OR	M2
68	ANB	
69	OUT	M2
70	OUT	T2 K20
73	LD	T2
74	MPS	
75	ANI	T3
76	DDRVA	K20000
		K15000 Y000
Y002		
93	MPP	
94	LD	M8029
95	OR	M3
96	ANB	
97	OUT	M3
98	OUT	T3 K20
101	LD	T3
102	MPS	
103	ANI	T0
104	DDRVA	K0
		K4000 Y000 Y002
121	MPP	
122	LD	M8029
123	OR	M0
124	ANB	
125	OUT	M0
126	OUT	T0 K20
129	LD	T0
130	ZRST	M0 M4
135	LD	X014
136	OUT	Y014
137	LD	X015
138	OUT	Y015
139	LD	M8000
140	OUT	Y017
141	END	

[基礎實習 3]：連續運轉定位控制—以流程圖設計

1. 行號 0，以 M8002 或 M105/STOP 設定初始狀態 S51 ON，並 ZRST 所有動作狀態。

2. 行號 9-15，伺服馬達運轉時，在伺服驅動器之 LSN、LSP、SON 等輸入端子的基本設定，並可在 HMI 的 D500 上，顯示滑台的 [目前位置]。

3. 行號 25，按 M100/HOME，滑台原點復歸。

4. 行號 38，於 S51 ON 時，按 M104/START，S52 ON。

5. 行號 42，於 S52 ON 時，滑台以 K10,000 的速度，移動到 K10000 的絕對位置（定點 B），然後 M8029 ON，S53 ON。

6. 行號 63，於 S53 ON 時，T1 開始 2 秒的計時；待 T1 計時時間到，S54 ON。

7. 行號 70，於 S54 ON 時，滑台以 K10,000 的速度，移動到 K15,000 的絕對位置（定點 C），然後 M8029 ON，S55 ON。

8. 行號 91，於 S55 ON 時，T2 開始 2 秒的計時；待 T2 計時時間到，S56 ON。

9. 行號 98，於 S56 ON 時，滑台以 K10,000 的速度，移動到 K35,000 的絕對位置（定點 D），然後 M8029 ON，S57 ON。

10. 行號 119，於 S57 ON 時，T3 開始 2 秒的計時；待 T3 計時時間到，S58 ON。

11. 行號 123，於 S58 ON 時，滑台以 K10,000 的速度，移動到 K0 的原點位置（定點 A），亦即滑台回到原點；然後 M8029 ON，S59 ON。

12. 行號 147，於 S59 ON 時，T0 開始 2 秒的計時；待 T0 計時時間到，S52 ON。

13. 行號 42，於 S52 ON 時，滑台又從 B 點開始，B 點→2 秒→C 點→2 秒→D 點→2 秒→A 點（原點）→2 秒→B 點→2 秒……，可依續重複動作，執行「連續運轉」的操作模式。

14. 於滑台「連續運轉」操作中，若按 M105/STOP 停止按鈕，則初始狀態 S51 ON，並 ZRST 所有動作狀態。

15. 於本「連續運轉」定位之控制回路中，若將計時器 T1、T2、T3 及 T0 省略，並將計時器 T1、T2、T3 及 T0 的動作 a 接點，以 M104/START 的按鈕取代，則本控制回路之動作功能，可改變為「單步運轉」之定位控制。

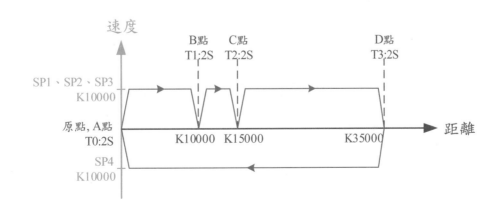

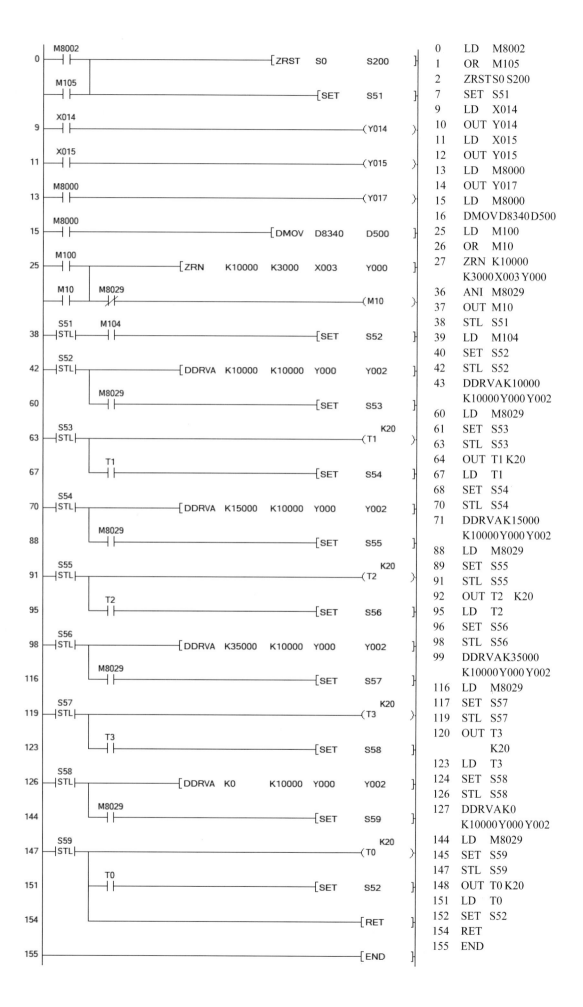

0	LD M8002
1	OR M105
2	ZRST S0 S200
7	SET S51
9	LD X014
10	OUT Y014
11	LD X015
12	OUT Y015
13	LD M8000
14	OUT Y017
15	LD M8000
16	DMOV D8340 D500
25	LD M100
26	OR M10
27	ZRN K10000 K3000 X003 Y000
36	ANI M8029
37	OUT M10
38	STL S51
39	LD M104
40	SET S52
42	STL S52
43	DDRVA K10000 K10000 Y000 Y002
60	LD M8029
61	SET S53
63	STL S53
64	OUT T1 K20
67	LD T1
68	SET S54
70	STL S54
71	DDRVA K15000 K10000 Y000 Y002
88	LD M8029
89	SET S55
91	STL S55
92	OUT T2 K20
95	LD T2
96	SET S56
98	STL S56
99	DDRVA K35000 K10000 Y000 Y002
116	LD M8029
117	SET S57
119	STL S57
120	OUT T3 K20
123	LD T3
124	SET S58
126	STL S58
127	DDRVA K0 K10000 Y000 Y002
144	LD M8029
145	SET S59
147	STL S59
148	OUT T0 K20
151	LD T0
152	SET S52
154	RET
155	END

第四題：粉料秤重控制系統

4-1 動作示意圖及說明

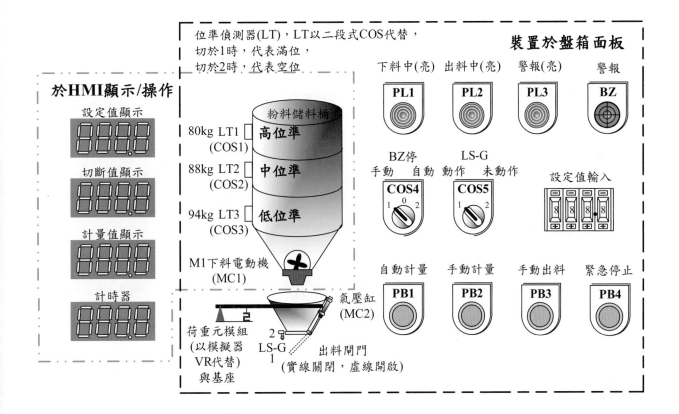

一、主要控制功能

1. 本試題為粉料秤重控制系統，使用荷重元（Load Cell）模組，將重量訊號經傳感器（Transducer）後，轉換為數位訊號，以串列通訊方式傳送至 PLC 處理。

2. 本粉料秤重控制系統可分為手動操作及自動操作。

3. 手動操作時：

  (1) 以氣壓缸控制 [出料] 閘門，例如使用電磁作動、彈簧復歸之電磁閥。

    ① 當按 PB3 時，MC2 動作，使氣壓缸動作，打開出料閘門，此時 LS-G 未動作。

    ② 當計量值顯示為零後，再經 5 秒，MC2 斷電，氣壓缸復歸，關閉出料閘門，此時 LS-G 動作。

  (2) 以 PB2 控制 [下料] 電動機 M1（MC1）運轉

    ① 按住 PB2 時，[下料] 電動機 M1 運轉動作，計量值與切斷值顯示器應正確顯

　　示數值。

　　②放開 PB2，下料電動機 M1 停止，可重複操作按住／放開 PB2 之操作。

　　③當計量值達到切斷值時，下料電動機 M1 停止。

以四位數 BCD 碼數字開關來設定重量指定值，並以人機介面達到監控的功能。

二、人機介面之監控功能設計

1. 設定值、切斷值、計量值之寫入及顯示。

2. 粉料儲料桶的高、中、低位準，以 COS1、COS2、COS3 三個切換開關模擬控制，於人機介面上實施 LT1、LT2、LT3 之滿位／空位顯示。

3. 按 PB1 則執行一個週期的自動計量操作。

4. 數位部分說明：

　　(1) 荷重元模組之重量訊號，經傳感器後，將重量訊號以 Modbus 串列通訊方式傳輸至 PLC。所謂荷重元（Load Cell）是一種特殊形式的感測器，在壓電材料受力後，將產生與作用力成正比的電壓輸出，應用於秤重裝置。

　　(2) 粉料秤重控制系統之秤重設定值，由應檢人依應檢當天，監評委員公佈的指定值，設定於指撥開關，應檢人應依動作說明推算切斷值，且計量值與切斷值顯示器應正確顯示數值。

　　(3) 作功能測試時，荷重元以模擬器 VR 代替。

　　(4) 作功能測試時，將 VR 設於原點之計量值顯示為 000.0 公斤，VR 順時針轉 3 圈之計量值顯示為 200.0 公斤。

三、Modbus通訊協定介紹

1. Modbus 是一種串列通訊的協定，為 Modicon 公司（現在的施耐德電氣公司 Schneider Electric）於 1979 年為使用可程式控制器的通訊而發表，已經成為工業控制領域常用的通訊協定標準。

2. Modbus 通訊協定是一個主站／子站（master/slave，伺服端／客戶端）的通訊架構，有一個節點是主站，其他連結的節點是子站，每一個子站裝置都有一個唯一的位址。

3. [MOV H1099 D8400] 指令的主要目的，為設定 [傳輸速率 19200.e.8.1 及 RS 485] 等的通訊格式。

　　(1) 將 H1099 的設定數據傳送到 D8400，作為通訊格式的設定

　　(2) D8400：設定封包的傳送速度（鮑率）、位元數、位元檢查等項目。

　　(3) [MOV H1099 D8400] 指令之通訊格式設定

　　　　位元長度、位元檢查、停止位元、傳送速度、H/W type 等依序各表示為：

　　　　8bit、無校驗、2bit、19200 bps、RS-485C。

(4) 詳細說明：

[H1099] 表示為 [0001 0000 1001 1001]，[b15～b0] 中各位元（bit）設定方式如下：

① (b0)：位元長度，（0）表 7bit、(1) 表 8bit。

② (b2,b1)：奇偶數檢查，（0,0）表無（not provided），（0,1）表 odd，（1,1）表 even。

③ (b3)：停止位元，（0）表 1bit，(1) 表 2bit。

④ (b7,b6,b5,b4)：傳輸速率（鮑率, baud rate, bps），（0011）表 300，（0100）表 600，（0101）表 1200，（0110）表 2400，（0111）表 4800，（1000）表 9600，（1001）表 19200。

⑤ (b8～b11)：reserved

⑥ (b12)：H/W type（傳輸模式選擇），（0）表 RS-232C、(1) 表 RS-485C。

⑦ (b13～b15)：reserved

4. [MOV H1 D8401] 指令的主要目的，為設定 [MODBUS、主站、RTU 模式] 等的通訊協定。

(1) 將 H1 的設定數據傳送到 D8401，作為通訊的協定。

(2) [H1] 表示為 [0000 0000 00000 0001]，[b15～b0] 中各位元（bit）之設定方式如下：

① (b0)：協定方式，（0）表 other，(1) 表 MODBUS serial line。

② (b4)：master/slave setting，（0）表 MODBUS master，(1) 表 MODBUS/slave。

③ (b8)：RTU/ASCII mode setting，（0）表 RTU，(1) 表 ASCII。

④ 其他：未使用

(3) [MOV H1 D8401] 指令之通訊協定設定，依序表示為：

MODBUS serial line、MODBUS master、RTU 模式。

(4) Modbus 之傳輸格式分成 ASCII 及 RTU 兩種

① ASCII 格式：以字元符號傳輸資料

以 ASCII（American Standard Code for Information Interchange，美國標準資訊交換代碼）為發送數據的格式。

② RTU 格式：以二進位編碼的方式傳輸資料

以 RTU（Remote Terminal Unit，遠端終端機單元）的模式通訊，將測得的狀態或信號轉換成可在通訊媒體上發送數據的格式。

③ 一般而言，在同樣的串列傳輸速率下，RTU 之傳輸方式可比 ASCII 模式傳送更多的資料。

四、ADPRW通訊指令

1. 三菱 FX3 系列 PLC 中，應用指令 FNC276-ADPRW/MODBUS 讀出／寫入，用於 MODBUS 主站所對應的子站，進行兩者之間的數據讀出／寫入之通訊。

2. 指令格式：FNC 276：ADPRW S. S1. S2. S3. S4./D.

指令格式	FNC 276 ADPRW	S.	S1.	S2.	S3.	S4./D.
				功能參數		
說明	指令	子站 節點站號 （K0～K32） （00H～20H）	功能代碼 H3：讀取 （H6：寫入）	MODBUS RTU 設備資料位址 （資料來源）	資料筆數	儲存位址 （儲存目標）
參數範例	ADPRW	H1	H3	K2306	K2	D200

4. 範例指令 [ADPRW H1 H3 K2306 K2 D200] 說明

(1) 指令：[ADPRW H1 H3 K2306 K2 D200]

(2) 讀法：[ADPRWH1（站號 1）H3（讀取）K2306（開始的位址）K2（2 筆）D200 （儲存）]

(3) 意義：從 [站號 1]（FX3G-485ADP-MB 模組）[讀取] [暫存器 K2306] 開始的位址， 資料共 [2 筆]（K2306、K2307），存放到 PLC 的暫存器 [D200] 中。

5. 硬體需求

(1) 三菱 FX3 系列 PLC 新增指令 ADPRW（Modbus 資料讀出／寫入），利用專用通 訊模組 FX3G-485ADP-MB 可讀取 Modus RTU 的設備。

(2) 利用 ADPRW 指令可直接控制 Modbus RTU 設備，並省掉複雜的 CRC 運算，達 到節省程式撰寫的方式。

(3) 要連接 ADP 模組時，要有機能擴充模組（FX3U-CNV-BD、FX3G-CNV-BD）或 通訊模組（FX3U-232-BD、FX3U-422-BD、FX3U-485-BD、FX3U-USB-BD）才 可以加裝 ADP 模組。

五、荷重元模組重量訊號處理

經傳感器（Transducer）後，將重量訊號以 Modbus 串列通訊方式傳輸至 PLC。所 謂荷重元（Load Cell）是一種特殊形式的感測器，在壓電材料受力後，將產生與作用 力成正比的電壓輸出，應用於秤重裝置。

六、指撥開關命令DSW（FNC 72 DSW：Digital Switch）說明

1. 應用指撥開關命令 DSW（FNC 72 DSW：Digital Switch），輸入系統之設定值。

2. X14～X17：接數字開關之 1、2、4、8 接腳。

3. Y14～Y17：接數字開關之個、十、百、千位接腳。

4. D0：存放所存入之數值，K1：表一組數字開關。

4-2 動作要求

一、正常操作部分：

1. 手動操作：（COS4切於1位置，且儲料桶內儲料量位準高於LT3）

(1) 系統送電後，按 PB3，打開出料閘門 [MC2 動作、PL2 亮、LS-G 未動作]。

(2) 當計量值顯示為零後，再經 5 秒，出料閘門關閉 [MC2 斷電、PL2 熄、LS-G 動作]。

(3) 按住 PB2，下料電動機 M1 運轉 [MC1 動作、PL1 亮]。計量值與切斷值顯示器應正確顯示數值。

(4) 放開 PB2，下料電動機 M1 停止，[MC1 斷電、PL1 熄]，可重複 3～4。

(5) 當計量值達到切斷值時，下料電動機 M1 停止，[MC1 斷電、PL1 熄]，此時再按住 PB2 無作用。

2. 自動操作：（COS4切於2位置，且儲料桶內儲料量位準高於LT2）

(1) 系統送電後，計量值顯示為零（計量桶內無殘留料），且出料閘門關閉 [LS-G 動作]，計量值與切斷值顯示器應正確顯示數值，方可執行自動操作。

(2) 若計量桶內留有殘留料，於送電後 15 秒，出料閘門自動打開 [MC2 動作、PL2 亮、LS-G 未動作]，將殘留料排除，到計量顯示值為零時，出料閘門自動關閉 [MC2 斷電、PL2 熄、LS-G 動作]，系統復歸正常操作狀態。

(3) 執行第一次計量操作：

(3.1) 按 PB1，

(3.2) 下料電動機 M1 運轉 [MC1 動作、PL1 亮]。

(3.3) 當計量值達到切斷值時，下料電動機 M1 停止 [MC1 斷電、PL1 熄]。

(3.4) 經 5 秒後，出料閘門打開 [MC2 動作、PL2 亮、LS-G 未動作]，系統開始出料。

(3.5) 當出料完成（計量值顯示為零時），出料閘門關閉 [MC2 斷電、PL2 熄、LS-G 動作]，完成單次計量操作。

(4) 經 3 秒後，開始第二次計量操作，執行步驟（3.2)～(3.5），待完成第二次計量操作後，經 3 秒後，繼續執行第三次計量操作，執行步驟（3.2)～(3.5）。如此完成三次計量操作後，需待 10 秒，方可執行另一週期的計量操作。

3. 秤重系統設定值與補償值說明：

(1) 本計重系統重量顯示值與設定值，最高為 200.0 公斤。

(2) 自動補償值之設定依儲料桶內儲料量位準而定。

・當儲料量位準低於低位準時，自動補償值 = 設定值 ×0。

・當儲料量位準達於低位準時，自動補償值 = 設定值 ×–0.06。

．當儲料量位準達於中位準時，自動補償值＝設定值 ×–0.12。

．當儲料量位準達於高位準時，自動補償值＝設定值 ×–0.2。

(3) 秤重系統下料電動機 M1 之切斷值為：

切斷值＝設定值＋自動補償值

(4) 秤重設定值於檢定當天協調會議由監評委員指定，設定範圍為 65.0～150.9 公斤（需帶小數點一位）。

┌─────────┐
│ 秤重設定值 │
│ ＿＿＿＿公斤 │
└─────────┘

4. 數位部分說明：

(1) 荷重元（Load Cell）模組重量訊號，經傳感器（Transducer）後，將重量訊號以串列通訊方式傳輸至 PLC。

(2) 指定值由操作板之指撥開關設定，切斷值、計量值及設定值等數值，均已帶小數點 1 位的形式顯示於人機介面。

(3) 設定值由應檢人依監評人員設定之指定值，設定於指撥開關，應檢人應依動作說明推算切斷值，且設定值、計量值與切斷值及 LT1～3 應正確顯示於人機介面對應之位置。

(4) 作功能測試時，將 VR 設於原點之計量值顯示為 000.0 公斤，VR 順時針轉 3 圈之計量值顯示為 200.0 公斤。

二、其他規定：

1. 緊急停止操作

(1) 按緊急停止開關 EMS（PB4），則動作中的下料電動機 M1 停止 [MC1 斷電、PL1 熄]，出料閘門關閉 [MC2 斷電、PL2 熄、LS-G 動作]，蜂鳴器 BZ 斷續響（ON-OFF 各 0.5 秒）。將 COS4 切於 0 位置，蜂鳴器 BZ 停響，PL3 亮。

(2) 待緊急狀況排除，將 EMS（PB4）復歸，PL3 熄，回復至系統送電後正常操作狀態。

2. 位準偵測器於高位準時，LT1～3 應均動作；於中位準時，LT2～3 應均動作；於低位準時，LT3 應動作；低於低位準時，LT1～3 均不動作。

3. 運轉中，若積熱電驛動作

(1) 電動機 M1 停止 [MC1 斷電、PL1 熄]，出料閘門關閉 [MC2 斷電、PL2 熄、LS-G 動作]，蜂鳴器 BZ 響。

(2) 待積熱電驛復歸，蜂鳴器 BZ 停響，回復至系統送電後正常操作狀態。

4. 當積熱電驛或 EMS（緊急停止開關）之控制接點連接至 PLC 電路被切斷時，應等同積熱電驛跳脫或 EMS（緊急停止開關）動作。

5. 人機介面計時器：

動作要求內所有計時需求，均須以 2 位整數形式，且以倒數計時之方式，顯示於人機介面計時器。

三、人機介面（畫面及元件規劃，由辦理單位預先配置完成，應檢人僅需以PLC連線操作）

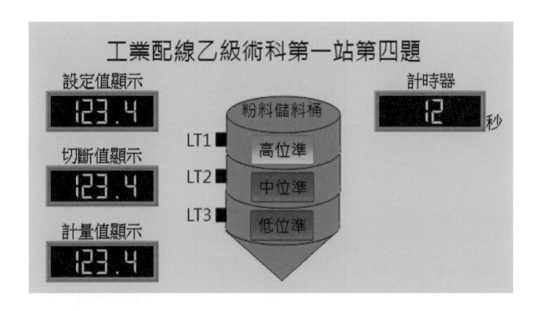

四、人機介面／PLC對應元件規劃表

名稱	對應位置	名稱	對應位置
設定值顯示		LT1（滿位／空位）	
切斷值顯示		LT2（滿位／空位）	
計量值顯示		LT3（滿位／空位）	
計時器			

※ 本表由辦理單位填妥「對應位置」後，發至工作崗位。

4-3 PLC 之 I/C 接線

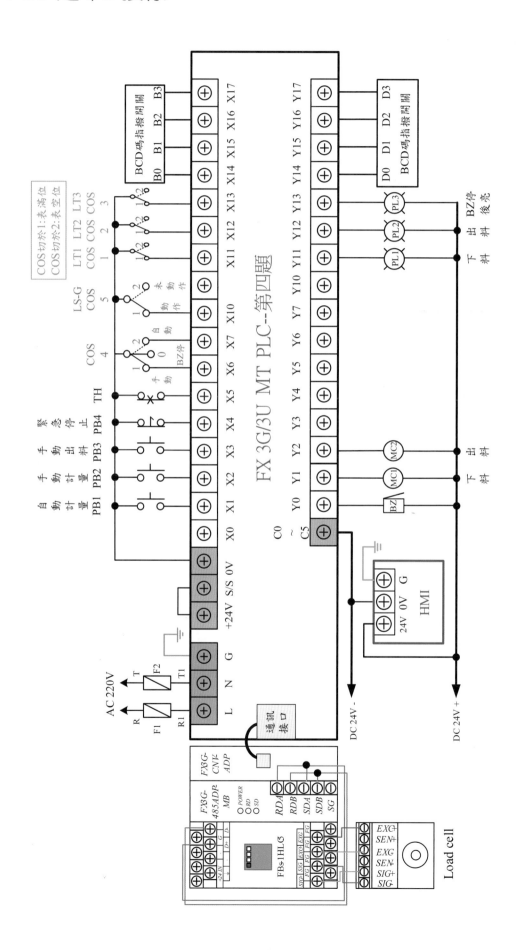

4-4 人機介面設計

1. 檢定試題對於「人機介面」要求：畫面及元件規劃，由辦理單位預先配置完成，應檢人僅需以 PLC 連線操作。
2. 承辦單位依據場地使用之設備，公告人機介面／PLC 對應之元件，範例如下表所示。

名稱	對應位置	名稱	對應位置
設定值顯示	D0	LT1（滿位／空位）	M7(M101)
切斷值顯示	D200	LT2（滿位／空位）	M6(M102)
計量值顯示	D250	LT3（滿位／空位）	M5(M103)
計時器	R104		

3. 考生實作設計方法

   應檢人員依據人機介面／PLC 對應元件規劃表，

   (1) 將所需的設定值顯示、切斷值顯示、計量值顯示及計時器，各對應到 D0、D50、D200，R104。

   (2) 粉料儲料桶的高、中、低位準，LT1、LT2、LT3 之滿位／空位顯示，各對應到 M101、M102、M103。

4. 術科檢定試題規定，本題之測試評審表執行檔，由技能檢定中心提供，辦理單位依據監評人員協調會做成之「監評人員協調會設定表」參數設定，於執行檔內輸入設定之參數並列印，供監評人員作為評審使用。

4-5 階梯圖設計

1. 計量值（**D200**）控制回路：荷重元--系統的計量值

   (1) 應用 M8411，驅動 MODBUS 通訊的相關設定

   (2) [MOV H1099 D8400] 指令的主要目的，為設定 [傳輸速率 19200.e.8.1 及 RS 485] 等的通訊格式。

   (3) [MOV H1 D8401]，為設定 [MODBUS、主站、RTU 模式] 等的通訊協定。

   (4) RS485 資料讀取指令，讀取站號 1 的暫存器 K2306 開始的位址資料 2 筆，存到 PLC 的暫存器 D230 中，當作系統的計量值。

1. 計量值(D200)控制回路：荷重元重量傳輸

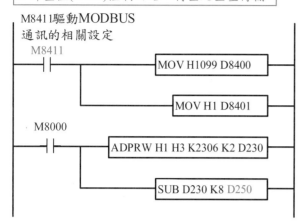

M8411驅動MODBUS
通訊的相關設定

D8400:設定封包的傳送速度(鮑率), 位元數, 位元檢查
　　　[H1099]:[0001 0000 1001 1001] 19200.e.8.1/RS 485
D8401:通訊協定
　　　[H0001]:[0000 0000 00001 0001]：
　　　　　MODBUS 主站/RTU模式
RS485資料讀取指令,
讀取站號1的暫存器K2306開始的位址資料2筆,
存到PLC的暫存器D250中,當作系統的計量值

2. 設定值（D0）控制回路：數字開關── 系統之設定值

(1) 應用指撥開關 DSW 指令（FNC 72 DSW：Digital Switch），執行 [DSW X21 Y14 D0 K1]，以輸入系統之設定值。

(2) X21～X13：接數字開關之 1、2、4、8 接腳。

(3) Y14～Y17：接數字開關之個、十、百、千位接腳。

(4) D0：存放所存入之數值，K1：表一組數字開關。

(5) [MUL D0K10D10] 之指令，將數字開關的讀取值 D0，乘以 10，然後存在 D10，去除小數點，以利計算。

2. 設定值(D0)控制回路：數字開關--系統之設定值

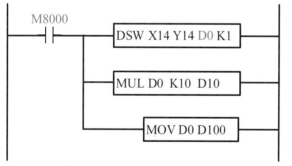

指撥開關命令DSW--設定系統之設定值
X14~X17: 接數字開關之1、2、4、8接腳
Y14~Y17: 接數字開關之個、十、百、千位接腳
D0: 存放所存入之數值，K1: 表一組數字開關

將數字開關的讀取值D0,乘以10,然後存在D10,
去除小數點,以利計算

3. 切斷值（D200）計算控制回路

(1) 當補償值是 0.06 的情況

① [MUL D10 K94 D22]：將 D10 的數值，乘以 K94，存在 D22。

② [DIV D22 K1000 D24]：然後 D22 再除以 K1000 存在 D24。

③ 亦即將數字開關的設定值 D0 乘以 0.94，當作系統之切斷值（LT1）。

(2) 當補償值是 0.12 的情況

① [MUL D10 K88 D32]：將 D10 的數值，乘以 K88，存在 D32。

②[DIV D32 K1000 D34]：然後 D32 再除以 K1000 存在 D34。

③亦即將數字開關的設定值 D0 乘以 0.88，當作系統之切斷值（LT2）。

(3) 當補償值是 0.20 的情況

　①[MUL D10 K80 D42]：將 D10 的數值，乘以 K80，存在 D42。

　②[DIV D42 K1000 D44]：然後 D42 再除以 K1000 存在 D44。

　③亦即將數字開關的設定值 D0 乘以 0.80，當作系統之切斷值（LT3）。

(4) 根據位準偵測器 LT 切換不同位準，產生不同之補償值（切斷值）

　①LT 低於低位準（LT3）時，切斷值 D200=D0

　②LT 達於低位準（LT3）時，切斷值 D200=D24

　③LT 達於中位準（LT2）時，切斷值 D200=D34

　④LT 達於高位準（LT1）時，切斷值 D200=D44

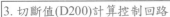

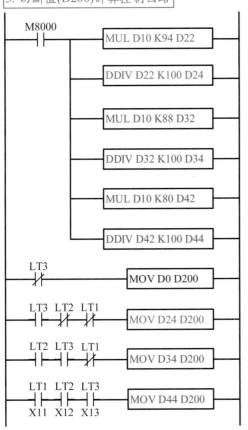

(1)當補償值是0.06的情況
將D10的數值,乘以K94,存在D22。然後D22再除以K100存在D24
亦即將數字開關的設定值D0乘以0.94,當作系統之切斷值(LT1)

(2)當補償值是0.12的情況
將D10的數值,乘以K88,存在D32。然後D32再除以K100存在D34
亦即將數字開關的設定值D0乘以0.88,當作系統之切斷值(LT2)

(3)當補償值是0.20的情況
將D10的數值,乘以K80,存在D42。然後D42再除以K100存在D44
亦即將數字開關的設定值D0乘以0.80,當作系統之切斷值(LT3)

根據位準偵測器LT切換不同位準，產生不同之補償值(切斷值)
①LT低於低位準(LT3)時，切斷值D200=D0
②LT達於低位準(LT3)時，切斷值D200=D24
③LT達於中位準(LT2)時，切斷值D200=D34
④LT達於高位準(LT1)時，切斷值D200=D44

4. 初始回路

(1) 初始回路包含 [ZRST S20 S60]、[ZRST Y0 Y27] 及 [SET S0]，使所有控制流程及輸出停止動作，控制流程的初始狀態為 S0。

　　然後在並進分歧為：[一、正常操作控制流程] 及 [二、EMS 及 TH 控制流程]。

(2) 初始回路動作的條件為 PLC ON 時產生的初始脈波 M8002，或切換開關 COS 於
1、0、2 切換時所產生的上緣或下緣脈波，均能使控制回路重置於初始狀態

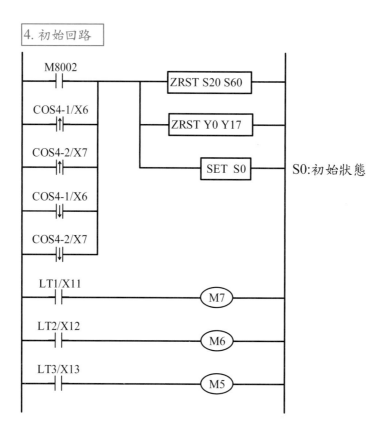

4-6 流程圖設計

　　初始回路包含 [ZRST S20 S60]、[ZRST Y0 Y27] 及 [SET S0]，使所有控制流程及輸出停止動作，並且控制流程的初始狀態 S0 動作，。

　　S0 動作以後，再並進分歧為：

　　[一、正常操作控制流程] 及 [二、EMS 及 TH 控制流程]。

一、正常操作控制流程（含S20～S44）

1. 當 S0 ON 時，且 COS4 切於 1 位置時，是為手動操作。

(1) 當 COS4 切於 1 之手動位置，且儲料桶內儲料量位準高於 LT3，則 S20 ON。

(2) 於 S20 ON 時，按 PB3，則 S21 ON，MC2、PL2 ON，出清計量桶殘留料。

(3) 於 S21 ON 時，當計量值 D200=0 時，M1 導通, 出料停止，S22 ON。

(4) 於 S22 ON 時，LS-G 動作，且 T22 計時 5 秒時間到，S23 ON。

(5) 於 S23 ON 時，按住 PB2 就下料，放開 PB2 就停止下料。

(6) 於 S23 ON 時，當計量值 D200 達到切斷值 D50 時，M11 導通，下料停止，回到
S20 ON。

(7) 於 S22 ON 時，[SUB K50 T22 R104] 之指令，係為符合 [動作要求二 .5] 人機介面計時器之動作要求：所有計時需求，均須以 2 位整數形式，且以倒數計時之方式，顯示於人機介面計時器。

(8) 另於 S40、S43、S45 及 S46 中之 T40、T43、T45 及 T46，亦使用 SUB 減法應用指令，以達到試題之動作要求。

2. 當 S0 ON 時，且 COS4 切於 2 位置時，是為自動操作。

(1) 當 COS4 切於 2 之自動位置，且儲料桶內儲料量位準高於 LT2，則 S40 ON。

(2) 於 S40 ON

(a) 若計量桶內留有殘留料，[> D250 K0]，計量值 D250>0，則 T40 計時 15 秒後，MC2 動作、PL2 亮，出清計量桶內殘留料。

(b) 當計量桶內無殘留料，[<= D250 K0]，計量值 D250<=0 時，則 S41 ON。

3. 於 S40 ON 時，若 M1 導通，LS-G 動作，則 S41 ON。

(@3.1) 於 S40 ON 時，若按 PB1，則 S41 ON。

(@3.2) 於 S41 ON 時，MC1 動作、PL1 亮，開始下料。

(@3.3) 當計量值 D200 達到切斷值 D50 時，M11 導通，則 S42 ON。

(@3.4) 於 S42 ON 時，T42 計時 5 秒後，MC2 動作、PL2 亮，開始出料。

(@3.5) 當計量值 D200 達到切斷值 D50 時，M11 導通，MC2 斷電、LS-G 動作，S43 ON，完成單次（第一次）的計量操作。

4. 於 S43 ON 時，T43 開始 3 秒的計時，以及開始 3 次的計數 3 次。

(@4.1) 第一次計量操作完成，C43 計數一次，C43 的 b 接點導通，且 T43 計時 3 秒時間到，S41 ON 開始第二次的計量操作。

(@4.2) 當第二次計量操作完成，C43 計數兩次，C43 的 b 接點導通，且 T43 計時 3 秒時間到，S41 ON 開始第三次的計量操作。

(@4.3) 當第三次計量操作完成，C43 計數三次，C43 的 a 接點導通，則 S44 ON。

5. 於 S44 ON 時，T44 開始 10 秒的計時，以及開始 3 次的計數 3 次。

(1) [RST C43] 指令將 C43 的計次復置為 0，C43 可重新計數。

(2) 待 T44 計時 10 秒時間到，S40 ON，方可執行另一週期的計量操作。

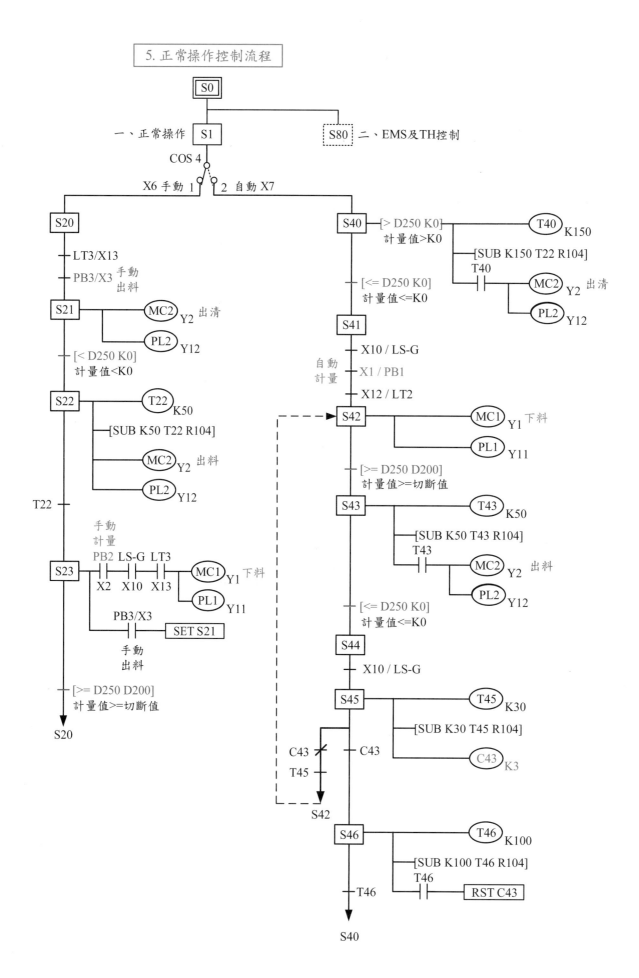

5. 正常操作控制流程

二、EMS及TH控制流程

1. 於 S80 ON 時，若按下 EMS (PB4)，則 S81 ON。

    (1) [ZRST S20 S60] 的指令執行，動作中下料的 MC1 斷電、PL1 熄，出料的 MC2 斷電、PL2 熄、LS-G 動作，BZ/Y0 接 M8013 會斷續響。

    (2) 若將 COS4 切於 0 位置，則蜂鳴器 BZ/Y0 停響，PL3/Y13 亮。

    (3) 待 EMS(PB4) 復歸，則 S80 ON，然後 S81 ON，回復至系統送電後正常狀態。

2. 於 S80 ON 時，運轉中若積熱電驛 TH 動作，TH/X5 的接點導通，則 S81 ON。

    (1) 因 TH/X5 的接點導通，則蜂鳴器 BZ/Y0 響。

    (2) 待 TH 復歸，則 S0 ON，然後 S80 ON，回復至系統送電後正常狀態。

3. 本 EMS 及 TH 的控制流程，是將 EMS 或 TH 動作合併設計在一個流程圖中，若將其分開獨立設計亦可。

4. 備註：因試題規定：[當積熱電驛或 EMS（緊急停止開關）之控制接點連接至 PLC 電路被切斷時，應等同積熱電驛跳脫或 EMS（緊急停止開關）動作]，所以在 PLC 的 I/O 接線時，EMS 及 TH 的接點使用 b 接點。

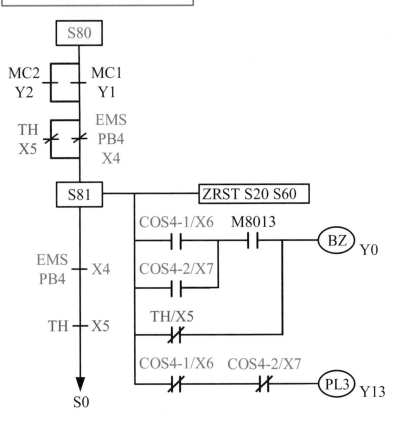

4-7 完整之控制回路圖及程式

0	LD M8411
2	MOV H1099 D8400
7	MOVH1 D8401
12	LD M8000
13	ADPRW H1 H3 K2306 K2 D230
24	SUB D230 K8 D250
31	LD M8000
32	DSW X014 Y014 D0 K1
41	MOV D0 D100
46	MOVD0 D10
51	LD M8000
52	MUL D10 K94 D22
59	DDIV D22 K100 D24
72	MUL D10 K88 D32
79	DDIV D32 K100 D34
92	MUL D10 K80 D42
99	DDIV D42 K100 D44
112	LDI X013
113	MOV D0 D200
118	LD X013
119	ANI X012
120	ANI X011
121	MOV D24 D200
126	LD X012
127	AND X013
128	ANI X011
129	MOV D34 D200
134	LD X011
135	AND X012
136	AND X013
137	MOV D44 D200
142	LD M8002
143	ORP X006
145	ORP X007
147	ORF X006
149	ORF X007
151	ZRST S20 S60
156	ZRST Y000 Y017
161	SET S0
163	LD X011
164	OUT M7
165	LD X012
166	OUT M6
167	LD X013
168	OUT M5

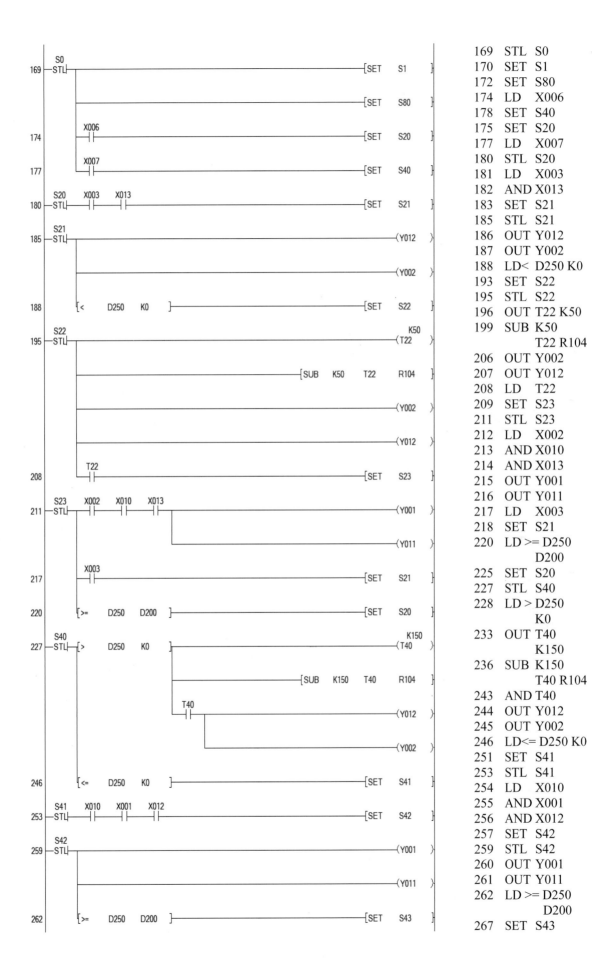

169　STL　S0
170　SET　S1
172　SET　S80
174　LD　X006
178　SET　S40
175　SET　S20
177　LD　X007
180　STL　S20
181　LD　X003
182　AND X013
183　SET　S21
185　STL　S21
186　OUT Y012
187　OUT Y002
188　LD< D250 K0
193　SET　S22
195　STL　S22
196　OUT T22 K50
199　SUB K50
　　　　T22 R104
206　OUT Y002
207　OUT Y012
208　LD　T22
209　SET　S23
211　STL　S23
212　LD　X002
213　AND X010
214　AND X013
215　OUT Y001
216　OUT Y011
217　LD　X003
218　SET　S21
220　LD >= D250
　　　　D200
225　SET　S20
227　STL　S40
228　LD > D250
　　　　K0
233　OUT T40
　　　　K150
236　SUB K150
　　　　T40 R104
243　AND T40
244　OUT Y012
245　OUT Y002
246　LD<= D250 K0
251　SET　S41
253　STL　S41
254　LD　X010
255　AND X001
256　AND X012
257　SET　S42
259　STL　S42
260　OUT Y001
261　OUT Y011
262　LD >= D250
　　　　D200
267　SET　S43

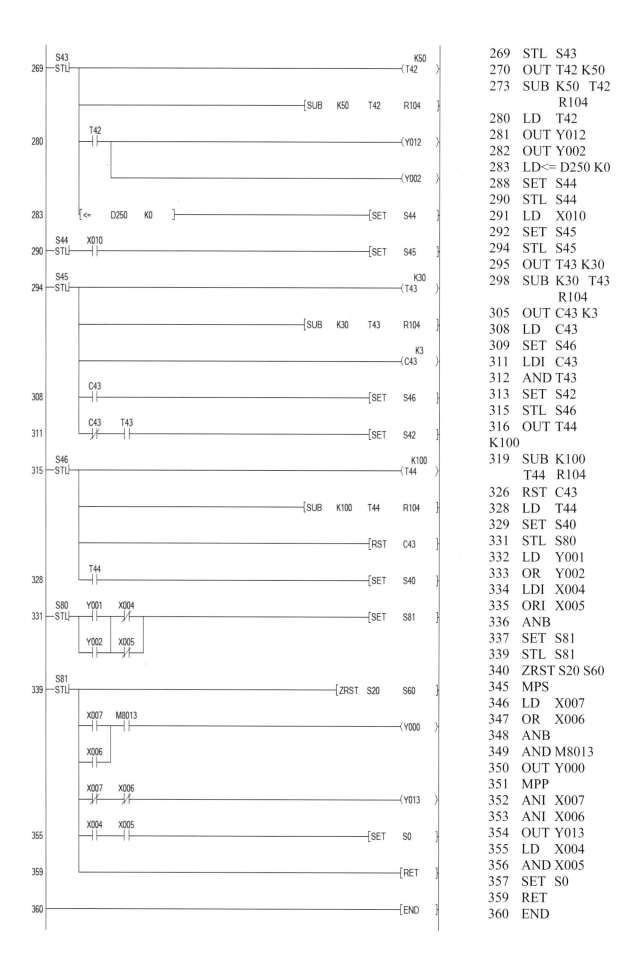

269 STL S43
270 OUT T42 K50
273 SUB K50 T42
         R104
280 LD   T42
281 OUT Y012
282 OUT Y002
283 LD<= D250 K0
288 SET S44
290 STL S44
291 LD   X010
292 SET S45
294 STL S45
295 OUT T43 K30
298 SUB K30 T43
         R104
305 OUT C43 K3
308 LD   C43
309 SET S46
311 LDI C43
312 AND T43
313 SET S42
315 STL S46
316 OUT T44
K100
319 SUB K100
         T44 R104
326 RST C43
328 LD   T44
329 SET S40
331 STL S80
332 LD   Y001
333 OR   Y002
334 LDI X004
335 ORI X005
336 ANB
337 SET S81
339 STL S81
340 ZRST S20 S60
345 MPS
346 LD   X007
347 OR   X006
348 ANB
349 AND M8013
350 OUT Y000
351 MPP
352 ANI X007
353 ANI X006
354 OUT Y013
355 LD   X004
356 AND X005
357 SET S0
359 RET
360 END

4-8 主電路（NFB 電源側已配妥）

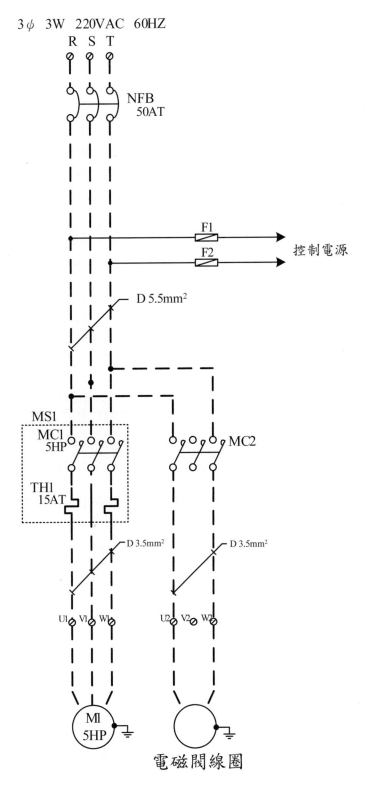

※虛線部份接線由檢定場地預先配妥。

4-9 主要機具設備表

項次	代號	名稱	規格	數量	備註
1	NFB	無熔線斷路器	3P 50AF 50AT IC10KA	1 只	
2	DF	卡式保險絲含座	600V 2A	2 只	
3	MS1	電磁開關	5HP 220VAC 2a2b 線圈電壓 24VDC	1 只	M1
4	MS2	電磁接觸器	1HP 220VAC 2a2b 線圈電壓 24VDC	1 只	電磁閥線圈
5	PLC	可程式控制器	輸入 16 點（含以上）、輸出（電晶體型）16 點（含）以上	1 只	
6	HMI	人機介面	24VDC7" 全彩	1 只	可與 PLC 連線測試
7	TB1	端子台	20A 7P	1 只	
8	TB2	過門端子台	20A 40P 含過門線束	1 組	1.具線號及接點對照標示 2.輸入接點具共點
9	M1	電動機	3φ 220VAC 60HZ IM 5HP	1 只	得以 1/8HP（含）以上電動機代替
10	VR	荷重元模擬器	輸出 0-20mV	1 只	附銘牌
11	TD	傳感器（Transducer）	工作電壓 24VDC，串列通訊與 PLC 溝通	1 只	配合荷重元模擬器使用
12	LT	位準偵測器	以 φ30mm 1a1b 兩段式切換開關代替	3 只	附 LT1～LT3 空位／滿位銘牌
13	COS5	出料閘門感應器	以 φ30mm 1a1b 兩段式切換開關代替	1 只	附 LS-G 未動作／動作銘牌
14		4 位數 BCD 碼指撥開關		1 只	含一位小數，附銘牌
15	PL	指示燈	φ30mm LED 24VDC 白色	3 只	附 PL1～PL3 銘牌
16	PB	按鈕開關	φ30mm 1a1b 黃色	3 只	附 PB1、PB2、PB3 銘牌
17	COS4	切換開關	φ30mm 1a1b 三段式	1 只	附手動／BZ 停／自動銘牌
18	EMS	緊急停止開關	φ30mm 1b	1 只	附 PB4（EMS）銘牌
19	BZ	蜂鳴器	φ30mm 24VDC	1 只	
20		電源供應器	INPUT`：220VAC OUTPUT：24VDC 2A	1 只	
21		木心板	300mmL×200mmW×3/4"t	1 塊	PLC 固定用

4-10 操作板及器具板配置圖

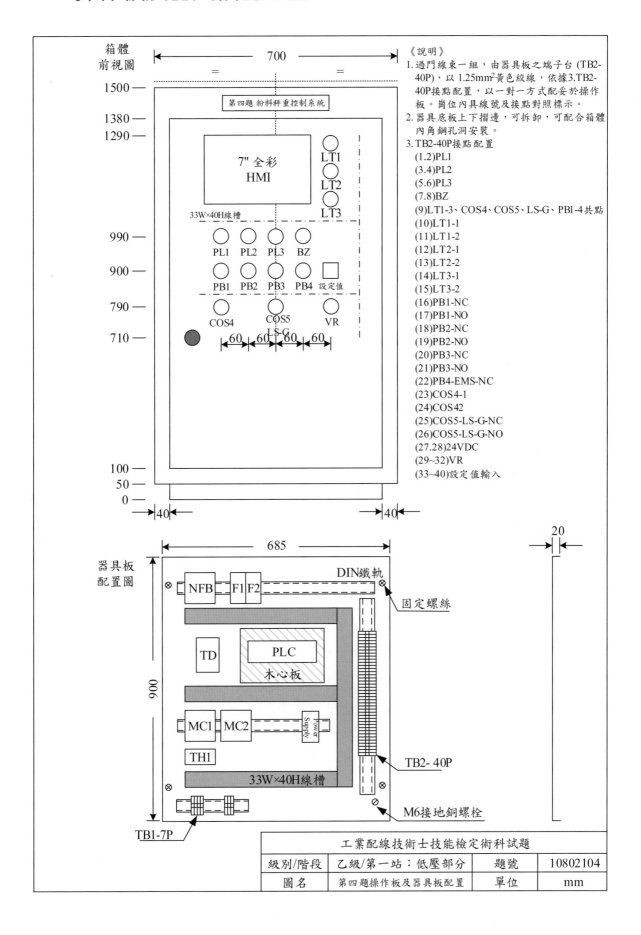

《說明》

1. 過門線束一組，由器具板之端子台 (TB2-40P)，以 1.25mm² 黃色絞線，依據 3.TB2-40P 接點配置，以一對一方式配妥於操作板。崗位內具線號及接點對照標示。

2. 器具底板上下摺邊，可拆卸，可配合箱體內角鋼孔洞安裝。

3. TB2-40P 接點配置
   (1.2)PL1
   (3.4)PL2
   (5.6)PL3
   (7.8)BZ
   (9)LT1-3、COS4、COS5、LS-G、PB1-4 共點
   (10)LT1-1
   (11)LT1-2
   (12)LT2-1
   (13)LT2-2
   (14)LT3-1
   (15)LT3-2
   (16)PB1-NC
   (17)PB1-NO
   (18)PB2-NC
   (19)PB2-NO
   (20)PB3-NC
   (21)PB3-NO
   (22)PB4-EMS-NC
   (23)COS4-1
   (24)COS42
   (25)COS5-LS-G-NC
   (26)COS5-LS-G-NO
   (27.28)24VDC
   (29~32)VR
   (33~40)設定值輸入

級別/階段	乙級/第一站：低壓部分	題號	10802104
圖名	第四題操作板及器具板配置	單位	mm

工業配線技術士技能檢定術科試題

4-11 評審表

◎第四題（粉料秤重控制系統） 　　　　　（第一站第四題第 1 頁／共 6 頁）

姓名		站別	第一站	第一站評審結果
術科檢定編號		試題編號	01300-10802104	☐ 及格　　☐ 不及格
檢定日期		工作崗位		

評審方式說明如下：

(1) 以表列之每一項次為計算單位。

(2)「主要功能」功能認定及處理方式：

　1) 應動作之元件未能正確動作，判定為動作錯誤，直接在該元件名稱上打「×」。

　2) 不應動作之元件產生動作，加註該元件名稱判定為動作錯誤，並在該元件名稱上打「×」。

　3) 任一元件動作錯誤，即判定評審結果為「不及格」，該動作錯誤欄位後之功能不須繼續評審。

(3)「次要功能」功能認定及處理方式：

　1) 應動作之元件未能正確動作，判定為動作錯誤，直接在該元件名稱上打「×」。

　2) 不應動作之元件產生動作，加註該元件名稱判定為動作錯誤，並在該元件名稱上打「×」。

　3) 每項次有任一元件動作錯誤，在該項次「評分」欄內打「×」。

　4) 動作錯誤項數合計後，填入「動作錯誤項數」欄位。

　5) 依容許動作錯誤項數，評定合格或不合格。

(4)「一、功能部分」及「二、其他部分」均「合格」者，方判定第一站評審結果為「及格」。

一、功能部分：

　　註：指示元件加框者係配置於操作板上，不加框者配值於 HMI 上。

　　　　LT 切於 1 為滿位，切於 2 為空位。

項次	步驟	操作方式	順序	次要功能			主要功能		
				指示元件	HMI 計時	評分 ×	數位顯示		對應元件
							計量值	切斷值	

■檢視計量值與切斷值：LT1、LT2、LT3 切於 2，LS-G 切於 2（關閉）、VR 轉回原點

指撥開關指定值：　　100.0（公斤）　　　（以 100.0 公斤為範例）

項次	步驟	操作方式	順序	指示元件	HMI 計時	評分 ×	計量值	切斷值	對應元件
壹	1	指撥開關設定於指定值，NFB ON、PLC → RUN → LT3 切於 1（滿位）		LT3				(數值C) 94.0	
	2	LT2 切於 1		LT2、LT3				(數值B) 88.0	
	3	LT1 切於 1		LT1、LT2、LT3				(數值A) 80.0	
	4	VR 由 0 開始順時針轉動，調至 20kg		LT1、LT2、LT3			0 → 20	(數值A) 80.0	

項次	步驟	操作方式	順序	次要功能		評分 ✕	主要功能		對應元件
				指示元件	HMI 計時		數位顯示		
							計量值	切斷值	

■手動操作：COS4 切於 1

項次	步驟	操作方式	順序	指示元件	HMI 計時	評分 ✕	計量值	切斷值	對應元件
貳 (1)	1	按 PB3（出料）		LT1、LT2、LT3、PL2			20	（數值A） 80.0	MC2
	2	LS-G 切於 1（打開）→ VR 計量值下調		LT1、LT2、LT3、PL2			20→小	（數值A） 80.0	MC2
	3	VR 計量值下調至 0kg	(1)	LT1、LT2、LT3、PL2	5s		0	（數值A） 80.0	MC2
			(2)	LT1、LT2、LT3			0	（數值A） 80.0	
	4	LS-G 切於 2（關閉）→按住 PB2、VR 計量值上調		LT1、LT2、LT3、PL1			0→大	（數值A） 80.0	M1 正轉
	5	VR 計量值到達 10kg，立刻放開 PB2		LT1、LT2、LT3、			10	（數值A） 80.0	
	6	將 LT1 切於 2，按住 PB2、VR 計量值上調		LT2、LT3、PL1			10→大	（數值B） 88.0	M1 正轉
	7	計量值到達 30kg，立刻放開 PB2		LT2、LT3			30	（數值B） 88.0	
	8	將 LT2 切於 2，按住 PB2、VR 計量值上調		LT3、PL1			30→大	（數值C） 94.0	M1 正轉
	9	計量值到達 40kg，立刻放開 PB2		LT3			40	（數值C） 94.0	
	10	按 PB3（出料）		LT3、PL2			40	（數值C） 94.0	MC2
	11	LS-G 切於 1（打開）→ VR 計量值下調		LT3、PL2			40→小	（數值C） 94.0	MC2
	12	VR 計量值下調至 0kg	(1)	LT3、PL2	5s		0	（數值C） 94.0	MC2
			(2)	LT3			0	（數值C） 94.0	
	13	按住 PB2（※ 無作用）---閘門未關妥		LT3			0	（數值C） 94.0	
	14	放開 PB2		LT3			0	（數值C） 94.0	

項次	步驟	操作方式	順序	次要功能 指示元件	HMI 計時	評分 ×	主要功能 數位顯示 計量值	切斷值	對應元件
貳 (2)	15	LS-G 切於 2（關閉）→ LT3 切於 2，按住 PB2					0	（同設定值）100	
	16	LT3 切於 1，按住 PB2、VR 計量值上調		LT3、PL1			0→大	（數值C）94.0	M1 正轉
	17	計量值到達切斷值		LT3			（數值C）94.0	（數值C）94.0	
	18	放開 PB2，LT2 切於 1		LT2、LT3			（數值C）94.0	（數值B）88.0	
	19	再按 PB2（※ 無作用）					（數值C）94.0	（數值B）88.0	

■ 自動操作：COS4 切於 2

項次	步驟	操作方式	順序	次要功能 指示元件	HMI 計時	評分 ×	主要功能 數位顯示 計量值	切斷值	對應元件
參 (1)	1	COS4 切於 2	(1)	LT2、LT3	15s		（數值C）94.0	（數值B）88.0	
			(2)	LT2、LT3、PL2			（數值C）94.0	（數值B）88.0	MC2
	2	LS-G 切於 1（打開）→ VR 計量值下調		LT2、LT3 PL2			（數值C）94.0→小	（數值B）88.0	MC2
	3	VR 計量值下調至 0kg		LT2、LT3			0	（數值B）88.0	
	4	按 PB1（※ 無作用）--- 閘門未關妥		LT2、LT3			0	（數值B）88.0	
	5	LS-G 切於 2（關閉）→按 PB1、VR 計量值上調		LT2、LT3、PL1			0→大	（數值B）88.0	M1 正轉
	6	計量值＝切斷值	(1)	LT2、LT3	5s		（數值）88.0	（數值B）88.0	
			(2)	LT2、LT3、PL2			（數值）88.0	（數值B）88.0	MC2
	7	LS-G 切於 1（打開）→ VR 計量值下調		LT2、LT3、PL2			（數值B）88.0→小	（數值B）88.0	MC2
	8	VR 計量值下調至 0kg		LT2、LT3			0	（數值B）88.0	
	9	LS-G 切於 2（關閉）		LT2、LT3	3s		0	（數值B）88.0	

項次	步驟	操作方式	順序	次要功能 指示元件	次要功能 HMI 計時	評分 ×	主要功能 數位顯示 計量值	主要功能 數位顯示 切斷值	對應元件
參 (2)	10	執行第二次計量操作，VR 計量值上調		LT2、LT3、PL1			0→大	（數值 B）88.0	M1 正轉
	11	計量值＝切斷值	(1)	LT2、LT3	5s		（數值）88.0	（數值 B）88.0	
			(2)	LT2、LT3、PL2			（數值 B）88.0	（數值 B）88.0	MC2
	12	LS-G 切於 1（打開）→VR 計量值下調		LT2、LT3、PL2			（數值 B）88.0→小	（數值 B）88.0	MC2
	13	VR 計量值下調至 0kg		LT2、LT3			0	（數值 B）88.0	
	14	LS-G 切於 2（關閉）		LT2、LT3	3s		0	（數值 B）88.0	
	15	執行第三次計量操作，VR 計量值上調		LT2、LT3、PL1			0→大	（數值 B）88.0	M1 正轉
	16	計量值＝切斷值	(1)	LT2、LT3	5s		（數值）88.0	（數值 B）88.0	
			(2)	LT2、LT3、PL2			（數值）88.0	（數值 B）88.0	MC2
	17	LS-G 切於 1（打開）→VR 計量值下調		LT2、LT3、PL2			（數值 B）88.0→小	（數值 B）	MC2
	18	VR 計量值下調至 0kg		LT2、LT3			0	（數值 B）88.0	
	19	LS-G 切於 2（關閉），完成一次週期計量操作，此時按 PB1（※ 無作用）		LT2、LT3	10s		0	（數值 B）88.0	
	20	按 PB1，執行另一週期第一次計量操作		LT2、LT3、PL1			0→大	（數值 B）88.0	M1 正轉

項次	步驟	操作方式	順序	次要功能 指示元件	次要功能 HMI 計時	評分 ×	主要功能 數位顯示 計量值	主要功能 數位顯示 切斷值	對應元件

■緊急停止操作

項次	步驟	操作方式	順序	指示元件	HMI計時	評分×	計量值	切斷值	對應元件
肆	1	當計量值達 20kg，按緊急停止開關 EMS（PB4）		LT2、LT3、BZ 斷續響			20	（數值B）	
	2	COS4 切於 0 位置		LT2、LT3、PL3			20	（數值B）	
	3	EMS（PB4）復歸後，COS4 切於 2 位置	(1)	LT2、LT3	15s		20	（數值B）	
			(2)	LT2、LT3、PL2			20	（數值B）	MC2
	4	LS-G 切於 1（打開）→ VR 計量值下調		LT2、LT3、PL2			20→小	（數值B）	MC2
	5	VR 計量值下調至 0kg		LT2、LT3			0	（數值B）	
	6	LS-G 切於 2（關閉）		LT2、LT3			0	（數值B）	
	7	按 PB1、VR 計量值上調至 10kg		LT2、LT3 PL1			10	（數值B）	M1 正轉

■ TH 跳脫：

項次	步驟	操作方式	順序	指示元件	HMI計時	評分×	計量值	切斷值	對應元件
伍	1	TH1 強制跳脫		BZ 響			10	（數值B）	
	2	TH1 復歸			15S		10	（數值B）	

功能部分評定結果：	容許動作錯誤項數：59（次要功能總項數）×20% = 12	動作錯誤項數	
	合格：□主要功能完全正確及次要功能動作錯誤項數在容許項數內。（請繼續執行「其他部分」所列項目評審）		
	不合格：□主要功能動作錯誤 □次要功能動作錯誤項數超過容許動作錯誤項數。 （判定不合格，「二、其他部分」不需評審）		

二、其他部分：

A、重大缺點：有下列任「一」項缺點評定為不合格	缺點以 ✕ 註記	缺點內容簡述
1.PLC 外部接線圖與實際配線之位址或數量不符		
2.未整線或應壓接之端子中有半數未壓接		
3.通電試驗發生兩次以上短路故障（含兩次）		
4.應壓接之端子未以規定之壓接鉗作業		
5.應檢人未經監評人員認可，自行通電檢測者		
B、主要缺點：有下列任「三」項缺點評定為不合格	缺點以 ✕ 註記	(B) 主要缺點統計
1.違反試題要求，指示燈由 PLC 輸出接點直接控制		
2.未依規定作 PLC 外部連鎖控制		
3.未按規定使用 b 接點連接 PLC 輸入端子		
4.未按規定接地		
5.控制電路：部分未壓接端子		
6.導線固定不當（鬆脫）		
7.導線選色錯誤		
8.導線線徑選用不當.		
9.施工時損壞器具		
10.未以尺規繪圖（含 PLC 外部接線圖）		
11.未注意工作安全		
12.積熱電驛未依圖面或說明正確設定跳脫值		
13.通電試驗發生短路故障一次		
C、次要缺點：有下列任「五」項缺點評定為不合格	缺點以 ✕ 註記	(C) 次要缺點統計
1.端子台未標示正確相序或極性		
2.導線被覆剝離不當、損傷、斷股		
3.端子壓接不良		
4.導線分歧不當		
5.未接線螺絲鬆動		
6.施工材料、工具散置於地面		
7.導線未入線槽		
8.導線線束不當		
9.溢領材料造成浪費		
10.施工後場地留有線屑雜物未清理		
D、主要缺點 (B) 與次要缺點 (C) 合計共「六」項及以上評定為不合格		(B)+(C) 缺點合計

（其他部分）評定結果：
□合　　格：缺點項目在容許範圍內。
□不合格：缺點項目超過容許範圍。

4-12 自我評量

1. 本試題為＿＿＿＿＿＿控制系統，使用＿＿＿＿＿＿模組，將＿＿＿＿＿＿訊號經傳感器（Transducer）後，轉換為＿＿＿＿＿＿訊號，以＿＿＿＿＿＿通訊方式傳送至 PLC 處理。

2. 本粉料秤重控制系統可分為＿＿＿＿＿＿操作及＿＿＿＿＿＿操作，

3. 手動操作時：

   (1) 以氣壓缸控制 [出料] 閘門。

   ① 當按 PB3 時，＿＿＿＿＿＿動作，使氣壓缸動作，打開＿＿＿＿＿＿閘門，此時 LS-G 未動作。

   ② 當計量值顯示為＿＿＿＿＿＿後，再經 5 秒，MC2 斷電，氣壓缸復歸，關閉＿＿＿＿＿＿閘門，此時 LS-G 動作。

   (2) 以 PB2 控制 [下料] 電動機 M1（MC1）運轉

   ① 按住＿＿＿＿＿＿時，[下料] 電動機 M1 運轉動作，計量值與切斷值顯示器應正確顯示數值。

   ② 放開＿＿＿＿＿＿，下料電動機 M1 停止。可重複操作按住 / 放開 PB2 之操作。

   ③ 當計量值達到切斷值時，下料電動機 M1 停止。

4. 按 PB1 則執行一個週期的＿＿＿＿＿＿計量操作。

5. 粉料儲料桶的高、中、低位準，以＿＿＿＿＿＿＿＿＿＿＿＿＿＿＿＿＿＿三個切換開關模擬控制，於人機介面上實施 LT1、LT2、LT3 之滿位 / 空位顯示。

6. 本試題作功能測試時，將 VR 設於原點之計量值顯示為 000.0 公斤，VR 順時針轉 3 圈之計量值顯示為＿＿＿＿＿＿公斤。

7. 應用指撥開關 DSW 指令（FNC 72 DSW：Digital Switch），執行 [DSW X21 Y14 D0 K1]，以輸入系統之＿＿＿＿＿＿。

8. 術科檢定之工作規劃，步驟大致如下：

   (1) 檢視並瞭解，檢定試題時所提供之（壹）、＿＿＿＿＿＿圖，（貳）、＿＿＿＿＿＿要求，（參）、＿＿＿＿＿＿線路，及（肆）、操作板及器具板配置等資料。

   (2) 依＿＿＿＿＿＿＿＿＿＿＿＿＿＿＿＿＿＿＿＿，劃出 PLC 之外部 I/O 接線圖。

   (3) 依＿＿＿＿＿＿＿＿＿＿＿＿＿＿＿＿＿＿＿＿，劃出 PLC 之控制回路圖。

   (4) 依劃出 PLC 之＿＿＿＿＿＿接線圖，實施配線。

   (5) 依劃出 PLC 之＿＿＿＿＿＿圖，將程式輸入。

   (6) 依試題之評審表，逐項測試。

第五題：自動門開閉控制

5-1 動作示意圖及說明

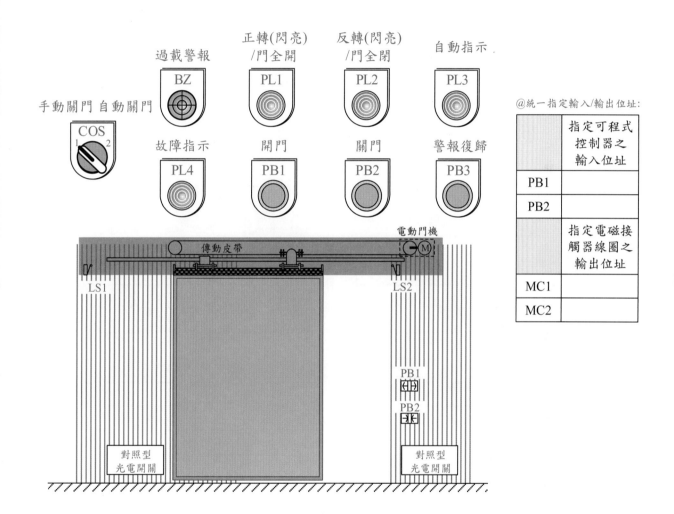

一、主要控制功能

1. 如動作示意圖所示，本試題係模擬一般自動門之構造及控制

   (1) 當門全閉之狀態下，LS2 ON；按 PB1 則開始開門，LS2 會 OFF。

   (2) 當開門進行中，若 LS1 ON，則表門全開；按 PB2 則開始關門，LS1 會 OFF。

2. 本試題「自動門開閉控制」，類似一般大樓或百貨公司使用之電梯，於車廂內部自動門之控制，包含有開門及關門兩只按鈕開關，以及安全保護開關；除乘客可以自行控制開、關門外，有時服務人員也可協助操控。

二、自動門包含安全防護處理：

1. 關門運轉中，移動個體靠近自動門時，紅外線感測器動作，BZ 響，立即變更為開門動作。

2. 至門全開 [LS1 ON、PL1] 後，開門動作停止，BZ 續響。

3. 待移動個體離開自動門後，紅外線感測器停止動作，BZ 停響，恢復正常操作狀態

5-2 動作要求

一、受電部分：

1. NFB ON，切換 VS，電壓表可正確量測三相電源電壓。

2. 運轉中，切換 AS，電流表可正確量測三相負載電流。

二、手動開門、手動關門操作部分（COS切於1位置）：

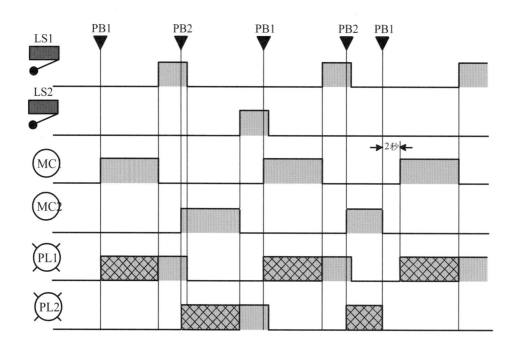

1. 當門全閉時（LS2 ON，[PL2]）：

　(1) 按 PB1，電動機正轉 [MC1、PL1 閃爍（ON/0.5 秒，OFF/0.5 秒）]，作開門動作。

　(2) 開門進行中（LS2 OFF），PL2 熄。

　(3) 門到達全開時（LS1 ON，[PL1]），電動機停止運轉。

2. 當門全開時（LS1 ON，[PL1]）：

　(1) 按 PB2，電動機反轉 [MC2、PL2 閃爍（ON/0.5 秒，OFF/0.5 秒）]，作關門動作。

　(2) 關門進行中（LS1 OFF），PL1 熄。

(3) 門到達全閉時（LS2 ON，[PL2]），電動機停止運轉。

3. 關門進行中 [MC2、PL2 閃爍]，按 PB1，關門動作應立即停止，2 秒後才能進行開門 [MC1、PL1 閃爍] 動作；門到達全開時（LS1 ON，[PL1]），電動機停止運轉。

4. 停電導致門未能完全關閉或完全打開時，復電後，按 PB1 或 PB2，仍能分別執行開門、關門操作，將自動門移到全開或全閉位置。

5. 在開門（或關門）進行當中，將 COS 切至 2（自動關門操作），PL3 亮、電動機繼續運轉；等到自動門抵達全開（或全閉）位置時，方能開始執行切換後的接續操作。

三、手動開門、自動關門操作部分（COS切於2位置）：

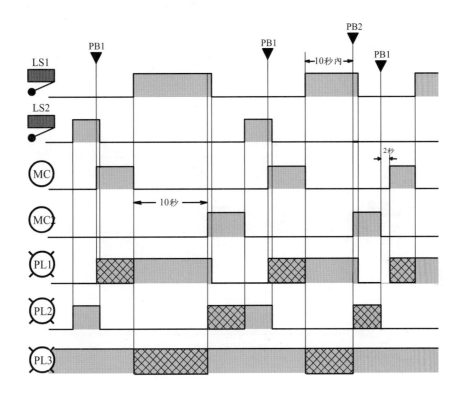

1. 自動關門操作指示燈 PL3 亮。

2. 當門全閉時（LS2 ON，[PL2]）：

　(1) 按 PB1，電動機正轉 [MC1、PL1 閃爍（ON/0.5 秒，OFF/0.5 秒）]。

　(2) 開門進行中（LS2 OFF），PL2 熄。

3. 當門全開時（LS1 ON，[PL1]）：

　(1) 預告即將關門 [PL1 亮、PL3 閃爍（ON/0.5 秒，OFF/0.5 秒）]。

　(2) PL3 閃爍 10 次（10 秒）後，電動機反轉 [MC2、PL2 閃爍（ON/0.5 秒，OFF/0.5 秒）]。

　(3) LS1 OFF，關門進行中，PL1 熄，PL3 亮（停閃）。

　(4) LS2 ON，（門全閉）[PL2、PL3]，電動機停止運轉。

(5) 再按 PB1，可由步驟 2.-(1) 開始，進行開門的操作。

4. 關門進行中 [MC2、PL2 閃爍]，按 PB1，關門動作立即停止，2 秒後才進行開門動作 [MC1、PL1 閃爍]。

5. 預告即將關門時 [PL3 閃爍]，按 PB2，須立即進行關門動作 [MC2、PL2 閃爍]。

6. 在手動關門操作狀況下且門全開時 [PL1]，將 COS 由 1 切於 2，應由步驟三、3.-(1) 開始執行（預告即將關門）的操作 [PL1 亮、PL3 閃爍]，然後依序執行自動關門的操作。

7. 停電導致門未能完全關閉或完全打開時，復電後：可以藉由「按 PB1（開門）」開始執行後續的自動操作流程；或藉由「按 PB2（關門）」開始執行後續的自動操作流程。

8. 當在自動操作情況下開門（或關門）進行中 [PL3 亮]，將 COS 切至 1（手動關門操作），PL3 熄、電動機繼續運轉；等到自動門抵達全開（或全閉）位置時，方能開始執行切換後的接續操作。

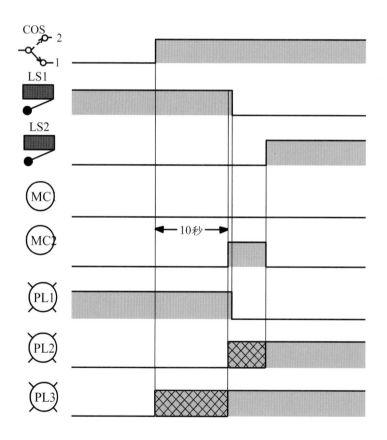

四、安全防護處理：

　　關門運轉中 [MC2、PL2 閃爍]，移動個體靠近自動門時（紅外線感測器動作），BZ 響，立即變更為開門動作 [MC1、PL1 閃爍]，至門全開 [LS1 ON、PL1] 後，開門動作停止，BZ 續響。待移動個體離開自動門後（紅外線感測器停止動作），BZ 停響，

恢復正常操作狀態：

1. 手動關門操作狀態下，可押按 PB2 執行關門動作。

2. 自動關門操作狀態下，PL3 閃爍（ON/0.5 秒，OFF/0.5 秒），執行步驟 3.-(1) 預告即將關門及其後續的操作。

五、過載及警報之處理：

運轉中，積熱電驛（TH）跳脫，BZ 響（※ 電動機未運轉下，TH 接點跳脫無作用）：

1. 關門進行中 [MC2、PL2 閃爍]：TH 跳脫，立即變更為開門動作 [MC1、PL1 閃爍]，至門全開 [LS1 ON，PL1] 後，開門動作停止。

2. 開門進行中 [MC1、PL1 閃爍]：TH 跳脫，則開門動作繼續進行，至門全開 [LS1 ON，PL1] 後，開門動作停止。

3. 按 PB3、BZ 停響，PL4 閃爍（ON/0.5 秒，OFF/0.5 秒）。

4. 門全開 [LS1 ON，PL1]，且積熱電驛復歸，BZ 停響，PL4 熄，恢復正常操作狀態：

(1) 手動關門操作狀態下，可押按 PB2 執行關門動作。

(2) 自動關門操作狀態下，PL3 閃爍（ON/0.5 秒，OFF/0.5 秒），執行步驟 3.-(1) 預告即將關門及其後續的操作。

六、其他規定：

1. PL1、PL2 作為運轉指示時，不能以 PLC 輸出接點直接控制。

2. MC1 與 MC2 須做外部連鎖。

3. 當積熱電驛控制接點連接 PLC 之電路被切斷時，應等同積熱電驛跳脫。

4. 若在積熱電驛未復歸之下，重新啟動 PLC：

BZ 斷續響（ON/0.5 秒，OFF/0.5 秒），指示燈全熄，操作無法進行。待積熱電驛復歸後，BZ 停響，才能恢復正常操作狀態。

5-3 PLC之I/O接線

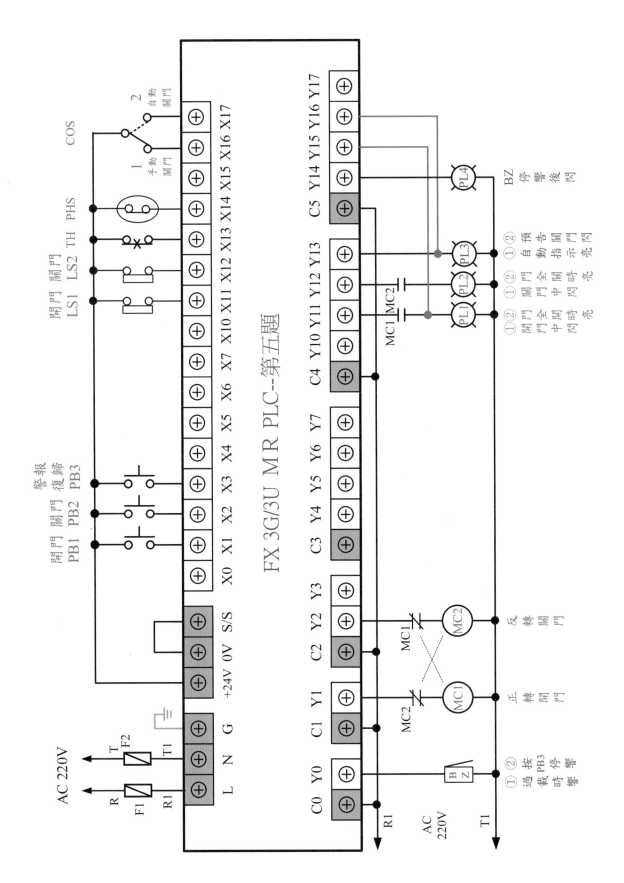

備註：

試題規定：

1. PL1、PL2 作為 [運轉指示] 時，不能以 PLC 輸出接點直接控制：

　 在 PLC 的輸出接點 Y11、Y12，接 PL1、PL2 指示燈之前，各串聯 MC1、MC2 的 a 接點配線。

2. MC1 與 MC2 須做外部連鎖：

　 在 PLC 的輸出接點 Y1、Y2，接 MC1、MC2 線圈之前，各串聯 MC2、MC1 的 b 接點配線。

3. 當積熱電驛控制接點連接 PLC 之電路被切斷時，應等同積熱電驛跳脫：

　 如 PLC 的輸入接點 X13 所示，積熱電驛 TH 使用 c-b 接點。

5-5 階梯圖設計

1. 初始回路

　 (1) 於 M8002 ON 時，S0 ON，ZRST S10 S400 指令動作，達到初始狀態。

　 (2) 本題於 COS 切換控制回路中，設計一個 S45 的下沿觸發信號，亦可達到初始狀態。

2. COS切換控制回路

　 (1) 於切換開關 COS 切至 1：手動關門，或 COS 切至 2：自動關門時，產生 M1 或 M2 脈波，使 S45 動作。

　 (2) 為符合動作要求 [@ 二 .5、@ 三 .8]，當 COS 在 1 及 2 之間切換時，電動機繼續運轉；等到自動門抵達全開（或全閉）位置時，方能開始執行切換後的接續操作。因此，在 MC1 或 MC2 停止動作後，ZRST S10 400 指令動作。

　 (3) 於 S45 復歸後，下沿觸發信號，使 S0 ON，達到初始狀態。

　　 [@ 二 .5] 在開門（或關門）進行當中，將 COS 切至 2（自動關門操作），PL3 亮、電動機繼續運轉；等到自動門抵達全開（或全閉）位置時，方能開始執行切換後的接續操作。

　　 [@ 三 .8] 當在自動操作情況下開門（或關門）進行中 [PL3 亮]，將 COS 切至 1（手動關門操作），PL3 熄、電動機繼續運轉；等到自動門抵達全開（或全閉）位置時，方能開始執行切換後的接續操作。

3. 指示回路

　 (1) PL1：① M 正轉，MC1 動作，開門中閃，②門全開時亮。

　 (2) PL2：① M 反轉，MC2 動作，關門中閃，②門全關時亮。

(3) PL3：①自動指示時亮，②預告即將關門時閃（此部分在流程圖中設計）。

(4) PL4：故障指示：

　① 運轉中，TH 跳脫，BZ 響。

　② 按 PB3、BZ 停響，PL4 閃爍（此部分在流程圖中設計）。

階梯圖設計回路

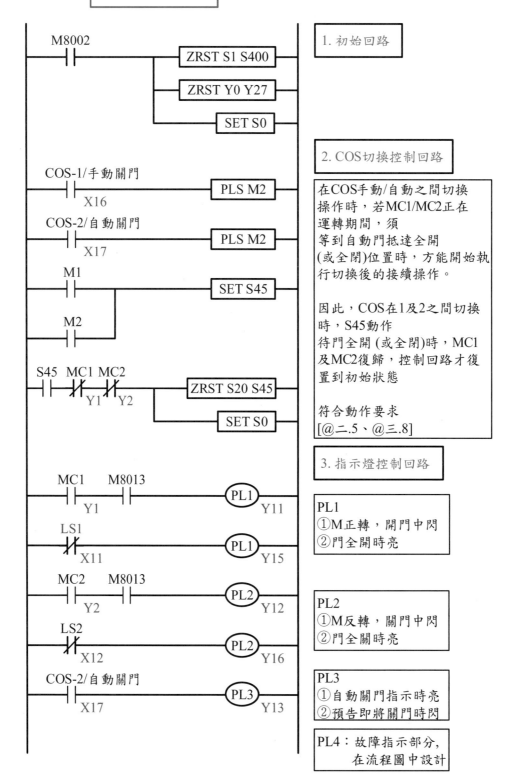

5-6 流程圖設計

初始狀態 S0 動作後，S1、S2、S3 同時動作，本試題主要包含之三個控制流程圖，分別說明如下。

1. S1：正常控制流程（含 S20～S44）

　　(1) 切換開關 COS 切至 1（X16）：手動開門、手動關門操作（S20～S32）

　　(2) 切換開關 COS 切至 2（X17）：手動開門、自動關門操作（S40～S44）

2. S2：安全防護處理流程（含 S200）

3. S3：過載及警報之處理流程（含 S300～S320）

一、S1：正常控制流程（含S20～S44）

㈠切換開關 COS 切至 1（X16）：手動開門、手動關門操作（S20～S32）

1. 初始脈波 M8002 使初始狀態 S0 ON，S1 亦 ON，切換開關 COS 切至 1，S20 ON，為手動開門、手動關門之操作。

2. 在 S20 ON 時，若按開門按鈕 PB1/X1，則 S21 ON，MC1/ Y1 ON，電動機正轉，執行開門動作。當門全開時，LS1/X11 ON，S20 ON，電動機停止運轉。

3. 在 S20 ON 時，若按關門按鈕 PB2/X2，則 S31 ON，MC2/ Y2 ON，電動機反轉，執行關門動作。

　　(1) 在關門進行中，若按 PB1/X1，則 S32 ON，關門動作應立即停止，T32 計時；2秒後，S21 ON，才進行開門動作。

　　(2) 當門到達全關時，LS2/X12 ON，S20 ON，電動機停止運轉。

4. 動作要求 [@ 二 .4] 之設計，在狀態 S20 中達成：在停電導致門未能完全關閉或完全打開時，復電後，按 PB1 或 PB2，仍能分別執行開門、關門操作，將自動門移到全開或全閉位置。

5. 動作要求 [@ 二 .5] 之設計，在階梯圖中的 [2. COS 切換控制回路] 達成。

㈡切換開關 COS 切至 2（X17）：手動開門、自動關門操作（S40～S44）

1. 初始脈波 M8002 使初始狀態 S0 ON，S1 亦 ON；切換開關 COS 切至 2，S40 ON，為手動開門、自動關門之操作。

2. 在 S40 ON 時，按開門按鈕 PB1/X1，則 S41 ON，MC1/ Y1 ON，電動機正轉，執行開門動作。當門到達全開時，LS1/X11 ON，S42ON，執行預告即將關門的控制。

　　(1) S42ON 時，T42 計時，10 秒後，S43 ON，再進行關門動作，此時 PL3 閃爍。

　　(2) 關門按鈕 PB2 與 T42 的 a 接點並聯，係為符合動作 [@ 二 .5] 之要求，預告即將關的 10 秒之內，若按 PB2，S43 ON，立即進行關門動作。

3. 在 S43 ON 時，MC2 ON。

(1) 門到達全關時，LS2/X12 ON，S40 ON，電動機停止運轉。

(2) 在 S43 ON 時，按 PB1，使 S44 ON；T44 計時 2 秒後，S41 ON，MC1 ON，執行開門動作。此控制係為符合動作 [@ 三 .4] 之要求：在關門進行中，按 PB1，關門動作立即停止，2 秒後才進行開門動作。

4. 在 S40 ON 時，除按 PB1/X1 開門之移行條件外，還有 (1) LS1 門全開，及 (2)PB2 關門兩種情況。

(1) 若門全開 LS1 ON，則使 S42 ON。此控制係為符合動作 [@ 三 .6] 之要求，在手動關門操作狀況下且門全開時，將 COS 由 1 切於 2，應由步驟三、3.-(1) 開始執行（預告即將關門）的操作，然後依序執行自動關門的操作。

(2) 若按關門按鈕 PB2/X2，則使 S43 ON，此控制係為符合動作 [@ 三 .3.7] 之要求。

5. 動作要求 [@ 三 .8] 之設計，在階梯圖中的 [2. COS 切換控制回路] 達成。

二、安全防護處理流程

1. 初始脈波 M8002 使初始狀態 S0 ON，安全防護處理流程 S2 ON。

2. 在 S2 ON 時，關門運轉中 MC2/Y2 ON，若有移動個體靠近自動門時，紅外線感測器 PHS 動作，S200 ON。

3. 在 S200 ON 時，

(1) [ZRST S20 S99] 命令執行，將開門、關門操作的正常控制狀態均復歸。

(2) BZ 響。

(3) 立即變更為開門動作，MC1/Y1 ON；到門全開 LS1/X11 ON 後，開門動作停止，BZ 續響。

4. 待移動個體離開自動門後，紅外線感測器 PHS 停止動作，BZ 停響，恢復自動門之開門、關門之正常操作狀態。

三、過載及警報之處理

1. 初始脈波 M8002 使初始狀態 S0 ON，過載及警報之處理流程 S3 ON。

2. 在 S3 ON 時，若於開門 / MC1 或關門 / MC1 進行中，TH/X13 跳脫，則 S300 ON。

3. 在 S300 ON 時，

(1) [ZRST S20 S99] 命令執行，將開門、關門操作的正常控制狀態均復歸。

(2) BZ 響。

(3) 按 PB3/Alarm Stop，M3 動作且自保，使 BZ 停響，PL4 閃爍。

(4) MC1/Y1 動作，開門進行中，至門全開 LS1/X11 ON 後停止。

(5) 若 TH/X13 復歸，則初始狀態 S0 ON。

4. 若門未全開時，TH/13 就復歸，則 S301 ON，MC1/Y1 繼續開門。到全開時，LS1/X11 動作，初始狀態 S0 ON, 恢復正常操作狀態

5. 動作要求 [@ 六 .4] 規定，若在 TH 未復歸之下，重新啟動 PLC，則 BZ 斷續響，指示燈全熄，操作無法進行。待積熱電驛復歸後，BZ 停響，才能恢復正常操作狀態。

　(1) 因此，在過載流程 S3 ON 時，若在 TH/X13 未復歸之下，重新啟動 PLC，則 S320 ON，執行 [ZRST S20 S99]、[ZRST Y1 Y17] 指令，BZ 斷續響。

　(2) 若 TH/X13 復歸，則初始狀態 S0 ON。

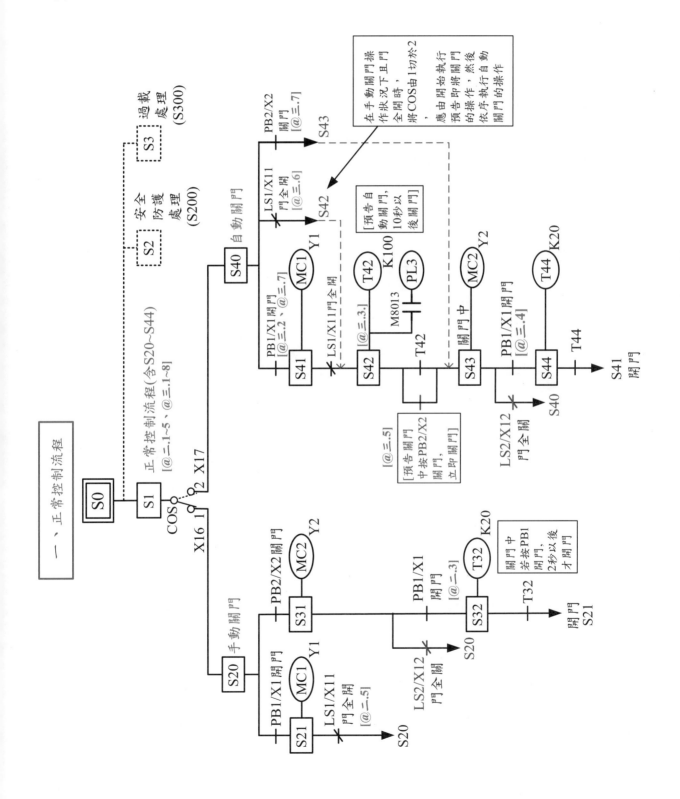

二、安全防護處理

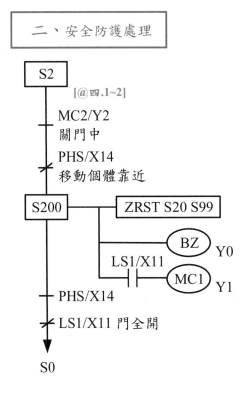

三、過載處理

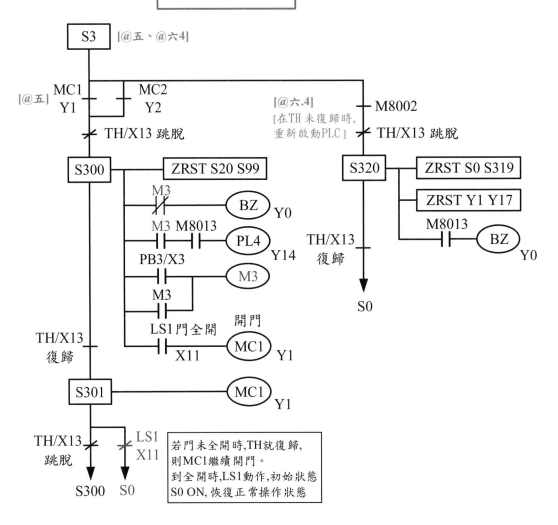

5-7 完整之控制回路圖及程式

0	LD	M8002
1	ZRST	S1 S400
6	ZRST	Y000
		Y027
11	SET	S0
13	LD	X016
14	PLS	M1
16	LD	X017
17	PLS	M2
19	LD	M1
20	OR	M2
21	SET	S45
23	LD	S45
24	ANI	Y001
25	ANI	Y002
26	ZRST	S20 S45
31	SET	S0
33	LD	Y001
34	AND	M8013
35	OUT	Y011
36	LDI	X011
37	OUT	Y015
38	LD	Y002
39	AND	M8013
40	OUT	Y012
41	LDI	X012
42	OUT	Y016
43	LD	X017
44	OUT	Y013
45	STL	S0
46	SET	S1
48	SET	S2
50	SET	S3
52	STL	S1
53	LD	X016
54	SET	S20
56	LD	X017
57	SET	S40
59	STL	S20
60	LD	X001
61	SET	S21
63	LD	X002
64	SET	S31
66	STL	S21
67	OUT	Y001
68	LDI	X011
69	SET	S20

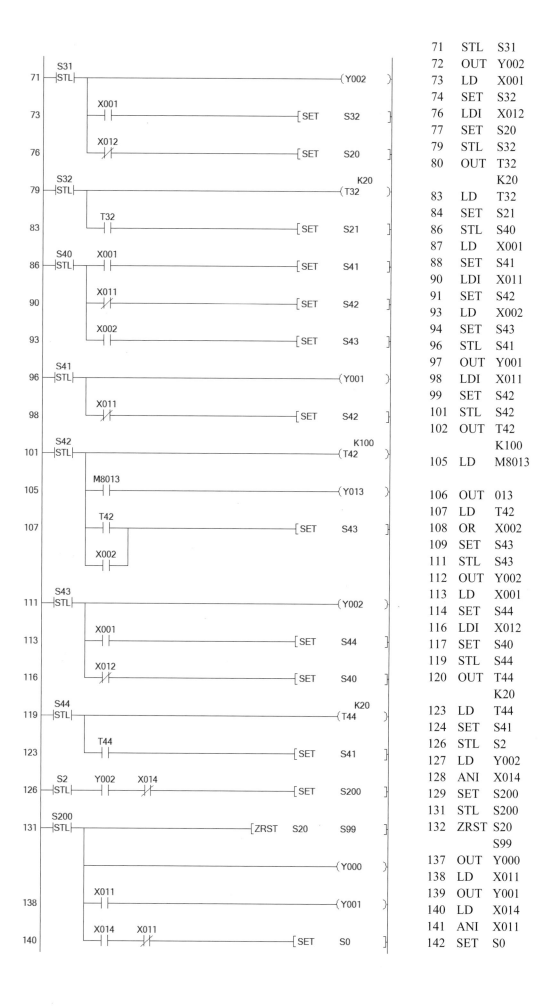

71	STL	S31
72	OUT	Y002
73	LD	X001
74	SET	S32
76	LDI	X012
77	SET	S20
79	STL	S32
80	OUT	T32
		K20
83	LD	T32
84	SET	S21
86	STL	S40
87	LD	X001
88	SET	S41
90	LDI	X011
91	SET	S42
93	LD	X002
94	SET	S43
96	STL	S41
97	OUT	Y001
98	LDI	X011
99	SET	S42
101	STL	S42
102	OUT	T42
		K100
105	LD	M8013
106	OUT	013
107	LD	T42
108	OR	X002
109	SET	S43
111	STL	S43
112	OUT	Y002
113	LD	X001
114	SET	S44
116	LDI	X012
117	SET	S40
119	STL	S44
120	OUT	T44
		K20
123	LD	T44
124	SET	S41
126	STL	S2
127	LD	Y002
128	ANI	X014
129	SET	S200
131	STL	S200
132	ZRST	S20
		S99
137	OUT	Y000
138	LD	X011
139	OUT	Y001
140	LD	X014
141	ANI	X011
142	SET	S0

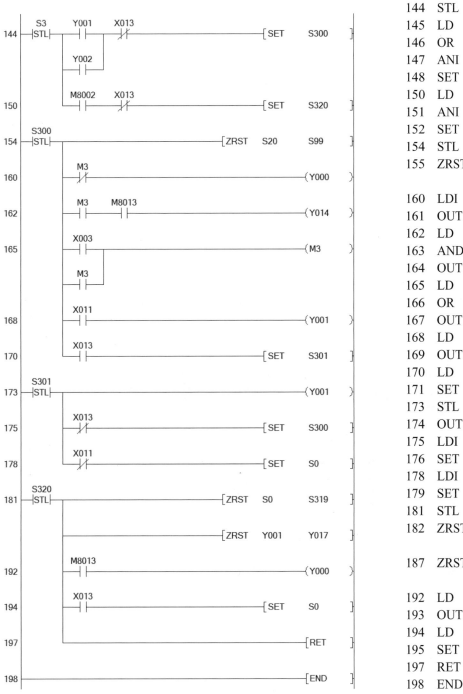

144	STL	S3
145	LD	Y001
146	OR	Y002
147	ANI	X013
148	SET	S300
150	LD	M8002
151	ANI	X013
152	SET	S320
154	STL	S300
155	ZRST	S20
		S99
160	LDI	M3
161	OUT	Y000
162	LD	M3
163	AND	M8013
164	OUT	Y014
165	LD	X003
166	OR	M3
167	OUT	M3
168	LD	X011
169	OUT	001
170	LD	X013
171	SET	S301
173	STL	S301
174	OUT	Y001
175	LDI	X013
176	SET	S300
178	LDI	X011
179	SET	S0
181	STL	S320
182	ZRST	S0
		S319
187	ZRST	Y001
		Y017
192	LD	M8013
193	OUT	000
194	LD	X013
195	SET	S0
197	RET	
198	END	

5-8 主電路

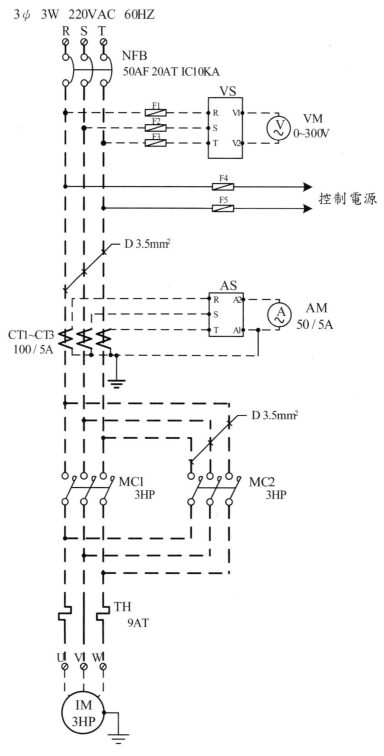

附減速齒輪、煞車裝置

※NFB 電源側以配妥，虛線部分接線由檢定場地預先配妥。

5-9 主要機具設備表

項次	代號	名稱	規格	數量	備註
1	NFB	無熔線斷路器	3P 50AF 20AT IC10KA	1 只	
2	VM	電壓表	0～300 VAC 120x120mm	1 只	附銘牌
3	AM	電流表	AC 50/5A 120x120mm	1 只	附銘牌
4	VS	電壓切換開關	3φ3W	1 只	附銘牌
5	AS	電流切換開關	3φ3W 配合 3CT	1 只	附銘牌
6	CT	比流器	100/5A	3 只	CT1、CT2、CT3
7	DF	卡式保險絲含座	600V 2A	5 只	
8	MC	電磁接觸器	3HP 220VAC 60HZ 2a2b	2 只	MC1、MC2
9		自動門機構模組	含各具 1b 接點 20A 之 LS1、LS2 限制開關	1 組	模組可手動或自動操作
10	TH	積熱電驛	9A	1 只	
11	PLC	可程式控制器	輸入 16 點（含）以上、輸出（繼電器型）16 點（含）以上	1 只	具備計時器 20 點、計數器 10 點以上
12	TB1	端子台	20A 4P	1 只	
13	TB2	過門端子台	20A 35P 含過門線束	1 組	1.具線號及接點對照標示 2.輸入接點具共點
14	TB3	端子台	20A 7P	1 只	
15	M	電動機	3φ220VAC 60HZ IM 3HP	1 只	附減速、煞車裝置、詳註 1
16	PL	指示燈	φ30mm 220VAC 白色	4 只	PL1-4、附銘牌
17	PB	按鈕開關	φ30mm 1a1b 黃色	3 只	PB1-3、附銘牌
18	COS	切換開關	φ30mm 1a1b 二段式	1 只	附手動關門 / 自動關門銘牌
19	BZ	蜂鳴器	φ30mm 220VAC	1 只	附銘牌
20	PH	對照型光電開關	220VAC 1a1b	1 組	附銘牌
21		木心板	300mmL×200mmW×3/4"t	1 塊	PLC 固定用

註 1. 檢定試場得以無附減速、煞車裝置、得以 1/8HP（含）以上之一般電動機替代使用

5-10 操作板及器具板配置圖

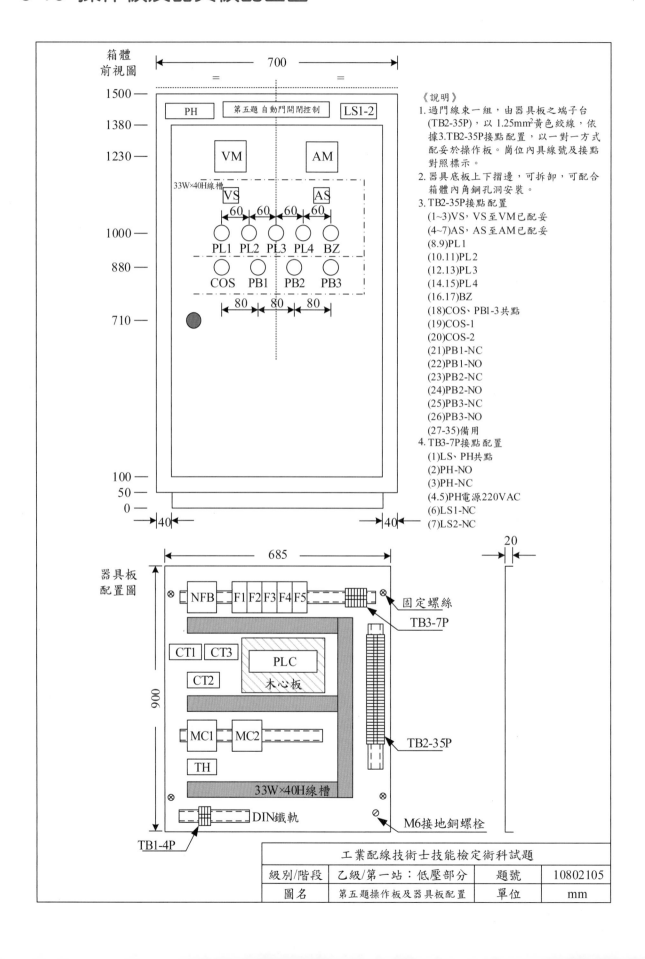

《說明》
1. 過門線束一組，由器具板之端子台 (TB2-35P)，以 1.25mm² 黃色絞線，依據 3.TB2-35P 接點配置，以一對一方式配妥於操作板。崗位內具線號及接點對照標示。
2. 器具底板上下摺邊，可拆卸，可配合箱體內角鋼孔洞安裝。
3. TB2-35P 接點配置
   (1~3)VS，VS 至 VM 已配妥
   (4~7)AS，AS 至 AM 已配妥
   (8.9)PL1
   (10.11)PL2
   (12.13)PL3
   (14.15)PL4
   (16.17)BZ
   (18)COS、PB1-3 共點
   (19)COS-1
   (20)COS-2
   (21)PB1-NC
   (22)PB1-NO
   (23)PB2-NC
   (24)PB2-NO
   (25)PB3-NC
   (26)PB3-NO
   (27-35)備用
4. TB3-7P 接點配置
   (1)LS、PH 共點
   (2)PH-NO
   (3)PH-NC
   (4.5)PH 電源 220VAC
   (6)LS1-NC
   (7)LS2-NC

工業配線技術士技能檢定術科試題			
級別/階段	乙級/第一站：低壓部分	題號	10802105
圖名	第五題操作板及器具板配置	單位	mm

5-11 評審表

◎第五題（自動門開閉控制）　　　　　　　　　（第一站第五題第 1 頁／共 6 頁）

姓名		站別	第一站	評審結果	
術科檢定編號		試題編號	01300-10802105	☐及格　　☐不及格	
檢定日期		工作崗位			

評審方式說明如下：
(1) 以表列之每一項次為計算單位。
(2)「主要功能」功能認定及處理方式：
　1) 應動作之元件未能正確動作，判定為動作錯誤，直接在該元件名稱上打「×」。
　2) 不應動作之元件產生動作，加註該元件名稱判定為動作錯誤，並在該元件名稱上打「×」。
　3) 任一元件動作錯誤，即判定評審結果為「不及格」，該動作錯誤欄位後之功能不須繼續評審。
(3)「次要功能」功能認定及處理方式：
　1) 應動作之元件未能正確動作，判定為動作錯誤，直接在該元件名稱上打「×」。
　2) 不應動作之元件產生動作，加註該元件名稱判定為動作錯誤，並在該元件名稱上打「×」。
　3) 每項次有任一元件動作錯誤，在該項次「評分」欄內打「×」。
　4) 動作錯誤項數合計後，填入「動作錯誤項數」欄位。
　5) 依容許動作錯誤項數，評定合格或不合格。
(4)「一、功能部分」及「二、其他部分」均「合格」者，方判定評審結果為「及格」。

一、功能部分：

項次	步驟	操作方式	順序	次要功能				主要功能
				指示元件		計時	評分 ×	對應元件
				ON	閃（斷續ON）			

■受電部分、指定 I/O 測試

壹	PLC → STOP、NFB ON						
	1	按 PB1 及 PB2					檢查對應輸入燈
	2	TH-RY 跳脫					檢查對應輸入燈

■手動開門、手動關門動作

貳	1	COS 切於 1、LS2 ON PLC → RUN	PL2				
	2	按 PB1...LS2 OFF		PL1			M 正轉並確認 MC1 指定輸出
	3	LS1 ON	PL1				
	4	按 PB2...LS1 OFF		PL2			M 反轉並確認 MC2 指定輸出
	5	LS2 ON	PL2				

項次	步驟	操作方式	順序	次要功能		計時	評分 ×	主要功能
				指示元件				對應元件
				ON	閃（斷續ON）			

■（延續前一項操作）：門未在全開或全閉位置下可按 PB1（開門）或按 PB2（關門）
　　　　　　　　　　關門進行中，按 PB1 →（關門停止）2 秒→開門

項次	步驟	操作方式	順序	ON	閃（斷續ON）	計時	評分×	對應元件
參	1	按 PB1...LS2 OFF			PL1			M 正轉
	2	NFB OFF（停電狀態）						
	3	NFB ON（恢復供電）						
	4	按 PB1			PL1			M 正轉
	5	LS1 ON		PL1				
	6	按 PB2...LS1 OFF			PL2			M 反轉
	7	NFB OFF（停電狀態）						
	8	NFB ON（恢復供電）						
	9	按 PB2			PL2			M 反轉
	10	按 PB1	(1)			2s		
			(2)		PL1			M 正轉
	11	LS1 ON		PL1				

■（延續前一項操作）：關門時→ COS 切到 2（自動）

項次	步驟	操作方式	順序	ON	閃（斷續ON）	計時	評分×	對應元件
肆	1	按 PB2...LS1 OFF			PL2			M 反轉
	2	COS 切到 2		PL3	PL2			M 反轉
	3	LS2 ON		PL3、PL2				

■手動開門、自動關門動作

項次	步驟	操作方式	順序	ON	閃（斷續ON）	計時	評分×	對應元件
伍	1	按 PB1...LS2 OFF		PL3	PL1			M 正轉
	2	LS1 ON	(1)	PL1	PL3	10s		
			(2)	PL1、PL3	PL2			M 反轉
	3	LS1 OFF		PL3	PL2			M 反轉
	4	LS2 ON		PL2、PL3				

項次	步驟	操作方式	順序	次要功能 指示元件 ON	閃（斷續ON）	計時	評分×	主要功能 對應元件

■（延續前一項操作）：門未在全開或全閉位置下可按 PB1（開門）或按 PB2（關門）

陸	1	按 PB1...LS2 OFF		PL3	PL1			M 正轉
	2	NFB OFF（停電狀態）						
	3	NFB ON（恢復供電）		PL3				
	4	按 PB1		PL3	PL1			M 正轉
	5	LS1 ON	(1)	PL1	PL3	10s		
			(2)	PL1、PL3	PL2			M 反轉
	6	LS1 OFF		PL3	PL2			M 反轉
	7	NFB OFF（停電狀態）						
	8	NFB ON（恢復供電）		PL3				
	9	按 PB2		PL3	PL2			M 反轉
	10	LS2 ON		PL2、PL3				

■（延續前一項操作）預告關門，按 PB2→立刻關門；關門中，按 PB1→（關門停止）
2 秒→開門

開門時→ COS 切到 1（手動）：門全開時→ COS 切到 2（自動）

柒	1	按 PB1...LS2 OFF		PL3	PL1			M 正轉
	2	（LS1 ON...）10 秒內按下 PB2...LS1 OFF	(1)	PL1	PL3	<10s		
			(2)	PL3	PL2			M 反轉
	3	按 PB1	(1)	PL3		2s		
			(2)	PL3	PL1			M 正轉
	4	COS 切到 1			PL1			M 正轉
	5	LS1 ON		PL1				
	6	COS 切到 2	(1)	PL1	PL3	10s		
			(2)	PL1、PL3	PL2			M 反轉
	7	LS1 OFF		PL3	PL2			M 反轉
	8	LS2 ON		PL2、PL3				

項次	步驟	操作方式	順序	次要功能				主要功能
				指示元件		計時	評分 ×	對應元件
				ON	閃（斷續ON）			

■自動關門操作—開門、關門進行中…活體接近→復歸

　　　　　　—開門、關門進行中…TH 跳脫→復歸

項次	步驟	操作方式	順序	ON	閃（斷續ON）	計時	評分×	對應元件
捌	1	按 PB1…LS2 OFF		PL3	PL1			M 正轉
	2	活體接近（無作用）		PL3	PL1			M 正轉
	3	活體離開（無作用）		PL3	PL1			M 正轉
	4	TH 跳脫		PL3、BZ	PL1			M 正轉
	5	LS1 ON		PL1、PL3、BZ				
	6	按 PB2（無作用）		PL1、PL3、BZ				
	7	按 PB3		PL1、PL3	PL4			
	8	TH 復歸	(1)	PL1	PL3	10s		
			(2)	PL1、PL3	PL2			M 反轉
	9	LS1 OFF		PL3	PL2			M 反轉
	10	TH 跳脫		PL3、BZ	PL1			M 正轉
	11	TH 復歸		PL3	PL1			M 正轉
	12	LS1 ON	(1)	PL1	PL3	10s		
			(2)	PL1、PL3	PL2			M 反轉
	13	LS1 OFF		PL3	PL2			M 反轉
	14	活體接近		PL3、BZ	PL1			M 正轉
	15	活體離開		PL3、BZ	PL1			M 正轉
	16	LS1 ON	(1)	PL1	PL3	10s		
			(2)	PL1、PL3	PL2			M 反轉
	17	LS1 OFF		PL3	PL2			M 反轉
	18	LS2 ON		PL2、PL3				

項次	步驟	操作方式	順序	次要功能 指示元件 ON	閃（斷續ON）	計時	評分 ×	主要功能 對應元件

■手動關門操作—開門、關門進行中……TH 跳脫→復歸

玖	1	COS 切至 1、按 PB1…LS2 OFF			PL1			M 正轉
	2	活體接近（無作用）			PL1			M 正轉
	3	活體離開（無作用）			PL1			M 正轉
	4	TH 跳脫		BZ	PL1			M 正轉
	5	LS1 ON		PL1、BZ				
	6	TH 復歸		PL1				
	7	按 PB1（無作用）		PL1				
	8	按 PB2…LS1 OFF			PL2			M 反轉
	9	TH 跳脫		BZ	PL1			M 正轉
	10	按 PB3			PL1、PL4			M 正轉
	11	TH 復歸			PL1			M 正轉
	12	LS1 ON		PL1				
	13	按 PB2…LS1 OFF			PL2			M 反轉
	14	活體接近		BZ	PL1			M 正轉
	15	LS1 ON		PL1、BZ				
	16	活體離開		PL1				

■（延續前一項操作）：M 停轉下…TH 跳脫→未復歸即重新執行

拾	1	（M 停轉狀態下）TH 因外力而跳脫		PL1				
	2	NFB OFF						
	3	NFB ON（重新啟動）			BZ			
	4	按 PB1、PB2（※ 無作用）			BZ			
	5	TH 復歸		PL1				

功能部分評定結果：	容許動作錯誤項數： 90（次要功能總項數）×20% = 18	動作錯誤 項數	
	合　格：□主要功能完全正確及次要功能動作錯誤項數在容許項數內。 （請繼續執行「其他部分」所列項目評審）		
	不合格：□主要功能動作錯誤 □次要功能動作錯誤項數超過容許動作錯誤項數。 （判定不合格，「二、其他部分」不需評審）		

二、其他部分：

A、重大缺點：有下列任「一」項缺點評定為不合格	缺點以 ╳ 註記	缺點內容簡述
1.PLC 外部接線圖與實際配線之位址或數量不符		
2. 未整線或應壓接之端子中有半數未壓接		
3. 通電試驗發生兩次以上短路故障（含兩次）		
4. 應壓接之端子未以規定之壓接鉗作業		
5. 應檢人未經監評人員認可，自行通電檢測者		
B、主要缺點：有下列任「三」項缺點評定為不合格	缺點以 ╳ 註記	(B) 主要缺點統計
1. 違反試題要求，指示燈由 PLC 輸出接點直接控制		
2. 未依規定作 PLC 外部連鎖控制		
3. 未按規定使用 b 接點連接 PLC 輸入端子		
4. 未按規定接地		
5. 控制電路：部分未壓接端子		
6. 導線固定不當（鬆脫）		
7. 導線選色錯誤		
8. 導線線徑選用不當		
9. 施工時損壞器具		
10. 未以尺規繪圖（含 PLC 外部接線圖）		
11. 未注意工作安全		
12. 積熱電驛未依圖面或說明正確設定跳脫值		
13. 通電試驗發生短路故障一次		
C、次要缺點：有下列任「五」項缺點評定為不合格	缺點以 ╳ 註記	(C) 次要缺點統計
1. 端子台未標示正確相序或極性		
2. 導線被覆剝離不當、損傷、斷股		
3. 端子壓接不良		
4. 導線分歧不當		
5. 未接線螺絲鬆動		
6. 施工材料、工具散置於地面		
7. 導線未入線槽		
8. 導線線束不當		
9. 溢領材料造成浪費		
10. 施工後場地留有線屑雜物未清理		
D、主要缺點 (B) 與次要缺點 (C) 合計共「六」項及以上評定為不合格		(B)+(C) 缺點合計

（其他部分）評定結果： ☐合　格：缺點項目在容許範圍內。
☐不合格：缺點項目超過容許範圍。

5-12 自我評量

1. 本試題為＿＿＿＿＿＿＿＿開閉控制，類似一般大樓或百貨公司使用之電梯，車廂內部自動門之控制，包含有＿＿＿＿＿＿及＿＿＿＿＿＿兩只按鈕開關，以及安全保護開關；除乘客可以自行控制開、關門外，有時服務人員也可協助操控。

2. 本試題自動門之安全防護處理：
   (1) 關門運轉中，移動個體靠近自動門時（＿＿＿＿＿＿＿＿感測器動作），BZ 響，立即變更為開門動作。
   (2) 至門全開 [LS1 ON、PL1] 後，開門動作停止，＿＿＿＿＿＿續響。
   (3) 待移動個體離開自動門後（紅外線感測器停止動作），＿＿＿＿＿＿停響，恢復正常操作狀態。

3. 本試題自動門之開閉控制，包含 PB1、PB2、PB3 三只按鈕開關，功能各為＿＿＿＿＿＿、＿＿＿＿＿＿、＿＿＿＿＿＿。

4. 指示燈 PL1 之動作為：
   (1) 電動機正轉開門時，PL1 會＿＿＿＿＿＿＿＿＿。
   (2) 自動門到達全開時，PL1 會＿＿＿＿＿＿＿＿＿。

5. 指示燈 PL2 之動作為：
   (1) 電動機反轉關門時，PL2 會＿＿＿＿＿＿＿＿＿。
   (2) 自動門到達全閉時，PL2 會＿＿＿＿＿＿＿＿＿。

6. 指示燈 PL3 之動作為：
   (1) 當作自動關門操作指示燈時，PL3 會＿＿＿＿＿＿＿＿＿。
   (2) 當自動門全開，預告即將關門時，PL3 會＿＿＿＿＿＿＿＿＿。

7. 在過載及警報時：
   (1) 運轉中，積熱電驛（TH）跳脫，＿＿＿＿＿＿會響。
   (2) 按＿＿＿＿＿＿，BZ 停響，指示燈 PL4 會＿＿＿＿＿＿。

8. (1) 當 COS 切於 1 位置時：＿＿＿＿＿＿開門、＿＿＿＿＿＿關門之操作控制。
   (2) 當 COS 切於 2 位置時：＿＿＿＿＿＿開門、＿＿＿＿＿＿關門之操作控制。

9. 試題規定 PL1、PL2 作為＿＿＿＿＿＿指示時，不能以 PLC 輸出接點直接控制。

10. 試題規定，MC1 與 MC2 須做外部＿＿＿＿＿＿保護。

11. 當 TH（積熱電驛）之控制接點連接到 PLC 之電路被切斷時，應等同 TH 跳脫，所以 TH 之接線應使用＿＿＿＿＿＿接點。（提示：a 接點或 b 接點）

12. 術科檢定之工作規劃，步驟大致如下：
    (1) 檢視並瞭解，檢定試題時所提供之（壹）、＿＿＿＿＿＿圖，（貳）、＿＿＿＿＿＿要求，（參）、＿＿＿＿＿＿線路，及（肆）、操作板及器具板

配置等資料。

(2) 依_____，劃出 PLC 之外部 I/O 接線圖。

(3) 依_____，劃出 PLC 之控制回路圖。

(4) 依劃出 PLC 之_____接線圖，實施配線。

(5) 依劃出 PLC 之_____圖，將程式輸入。

(6) 依試題之評審表，逐項測試。

第六題：污水池排放控制

6-1 動作示意圖及說明

一、主要控制功能

1. 本題為「污水池排放控制」，其主要功能如下：

(1) 檢出水位高低之水位開關，不是使用傳統的「液位控制開關」，而是應用「近接開關」（PXS, Proximity Switch）作為檢知器，全系統使用 PXS1～PXS6 共六只近接開關，將污水池之水位高度分為六級，由低水位至高水位分別命名為 S1（PXS1）～S6（PXS6）。

(2) 污水池之污水入口使用「電磁閥」（SV, Solenoid Valve）控制，當 SV ON 時，PL3 亮，污水才能進入污水池。

　①②當水位上升至 S6 以上時，SV OFF，PL3 熄，污水停止進入污水池。

　當水位下降低於 S5 時，SV ON，PL3 亮，污水恢復能進入污水池。

(3) 污水池之自動排放抽水使用 M1 及 M2 兩只抽水馬達，動作說明如下：

　(a) M1：① 3HP 之抽水馬達 M1，使用緩啟動器（SFT, Soft Starter）控制。

　　　　②當水位上升至 S2 以上時，M1 運轉。

　　　　③當水位下降低於 S1 時，M1 停止。

　(b) M2：① 1HP 之抽水馬達 M2，其轉速可由變頻器（INV, Inverter）控制馬達「40% 額定速度」及「100% 額定速度」兩種轉速運轉。

　　　　②當污水池水位上升至 S3 以上時，M2 以「40% 額定速度」之「低速」加入協助 M1 抽水；

　　　　③當水位上升至 S4 以上時，M2 以「100% 額定速度」之「全速」加入協助 M1 抽水。

　　　　④當水位下降低於 S4 時，M2 以 40% 額定速度運轉。

　　　　⑤當水位下降低於 S2 時，M2 停止。

2. 污水池之水位高度利用 PL4、PL5 及 PL6 等三只訊息指示燈，以「二進制」之「訊息指示」方式表示「訊息碼」，其中 PL4 為最高位元，代表「數值 4」；PL5 為第二位元，代表「數值 2」；PL6 為最低位元，代表「數值 1」。

　各水位之「訊息碼」表示方法說明如下：

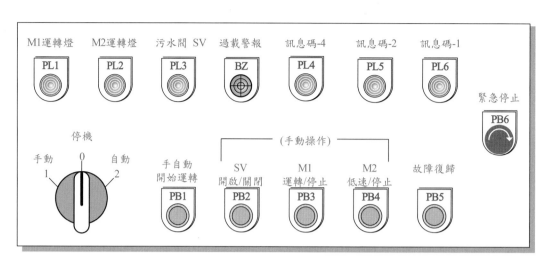

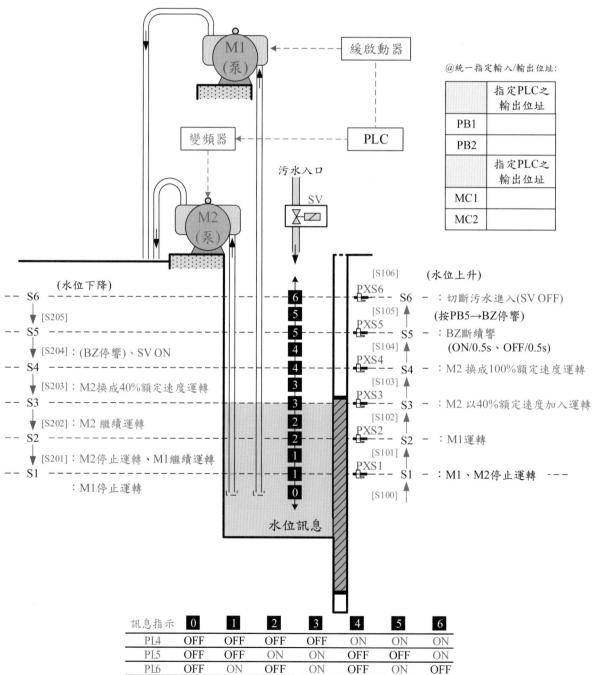

訊息指示	0	1	2	3	4	5	6
PL4	OFF	OFF	OFF	OFF	ON	ON	ON
PL5	OFF	OFF	ON	ON	OFF	OFF	ON
PL6	OFF	ON	OFF	ON	OFF	ON	OFF

水位上升至 S1 時，表示為 PL4 OFF、PL5 OFF、PL6 ON，亦即為 $001_2 = 1_{10}$。
水位上升至 S2 時，表示為 PL4 OFF、PL5 ON、PL6 OFF，亦即為 $010_2 = 2_{10}$。
水位上升至 S3 時，表示為 PL4 OFF、PL5 ON、PL6 ON，亦即為 $011_2 = 3_{10}$。
水位上升至 S4 時，表示為 PL4 ON、PL5 OFF、PL6 OFF，亦即為 $100_2 = 4_{10}$。
水位上升至 S5 時，表示為 PL4 ON、PL5 OFF、PL6 ON，亦即為 $101_2 = 5_{10}$。
水位上升至 S6 時，表示為 PL4 ON、PL5 ON、PL6 OFF，亦即為 $110_2 = 6_{10}$。

3. 本控制可分為「手動操作」、「自動操作」、「停機（OFF）操作」、「緊急停止」與「過載及警報」等操作。

二、變頻器、緩啟動器之使用

1. 緩啟動器：馬達緩衝啟動器可以調整緩啟動時間、啟動扭力與停止運轉的時間，使馬達啟動平順圓滑，在抽水時，可以減少噪音，以及避免壓力的突然增加。

2. 變頻器：變頻器係以改變輸出電源的電壓和頻率，來改變電動機的轉速。

6-2　動作要求

（試題內閃爍需求之頻率為 1Hz）

一、自動操作部分：（COS切於2）

1. 按 PB1，MC1 及 MC2 動作（緩啟動器及變頻器電源 ON），污水入口電磁閥開啟 SV ON【PL3】，依照水位高低的狀態，進入下列與水位對應的步驟，開始執行自動操作流程：

步驟	水位	訊息碼	動作情形
1	水位上升至 S1（PXS1 ON）	1【PL6】	M1、M2 停止運轉
2	水位上升至 S2（PXS2 ON）	2【PL5】	【緩啟動器】及【M1】啟動運轉、【PL1】閃爍
	3 秒後		【緩啟動器】完成啟動、【M1】以額定轉速運轉、【PL1】亮（停閃）
3	水位上升至 S3（PXS3 ON）	3【PL5、PL6】	【M2】以 40% 額定速度加入運轉、【PL2】閃爍
4	水位上升至 S4（PXS4 ON）	4【PL4】	【M2】以 100% 額定速度運轉【PL2】亮（停閃）
5	水位上升至 S5（PXS5 ON）	5【PL4、PL6】	【BZ】斷續響（ON/0.5 秒、OFF/0.5 秒）（若按 PB5，可令 BZ 停響）

步驟	水位	訊息碼	動作情形
6	水位上升至 S6（PXS6 ON）	6【PL4、PL5】	污水入口電磁閥關閉 SV OFF、PL3 熄
7	水位下降低於 S6（PXS6 OFF）	5【PL4、PL6】	
8	水位下降低於 S5（PXS5 OFF）	4【PL4】	BZ 停響， 污水入口電磁閥開啟：SV ON【PL3】
9	水位下降低於 S4（PXS4 OFF）	3【PL5、PL6】	【M2】以 40% 額定速度加入運轉 【PL2】（註：閃）
10	水位下降至低於 S3（PXS3 OFF）	2【PL5】	
11	水位下降至低於 S2（PXS2 OFF）	1【PL6】	M2 停止運轉、PL2 熄
12	水位下降低於 S1（PXS1 OFF）	0	M1 停止運轉、PL1 熄

2. 異常情況復歸後，按 PB1，需依自動操作流程運轉（如：水位在高於 S3 時，M1 運轉、M2 以 40% 運轉、SV ON）。

3. 操作途中如遇水位升、降交錯變更時，亦應正確執行其接續的控制操作。

二、手動操作部分：（COS切於1）

1. 按 PB1，MC1 及 MC2 動作（緩啟動器及變頻器電源 ON）。

2. 低於 S5 水位時，污水入口電磁閥才能啟動放水：按 PB2，SV ON【PL3】；再按 PB2，SV OFF、PL3 熄；再按 PB2，SV ON【PL3】……。

3. 高於 S2（含）水位時，M1 泵才能運轉：按 PB3，緩啟動器及 M1 啟動運轉、【PL1】閃爍；經過 3 秒，緩啟動器完成啟動，M1 以額定轉速運轉、【PL1】亮（停閃）。第二次按 PB3 時，M1 停止運轉、PL1 熄。第三度按 PB3 時，緩啟動器及 M1 又啟動運轉、【PL1】閃爍；經過 3 秒，緩啟動器完成啟動，【M1】以額定轉速運轉、PL1 亮（停閃）……。

4. 高於 S3（含）水位時，M2 泵才能運轉：按 PB4，M2 以 40% 的額定速度運轉，【PL2】亮；再按 PB4，M2 停止運轉，PL2 熄。再按 PB4，M2 又以 40% 的額定速度運轉……。

5. 在正常狀態下，PL4、PL5、PL6 同步顯示與自動操作相同的水位編碼訊息。

三、停機（OFF）操作部分：（COS切於0）

當 COS 切於 0 時，所有電動機、指示燈（含水位訊息碼）、警報全部 OFF。操作任何按鈕均無作用。

四、緊急停止

手動或自動操作進行中，按 PB6（緊急停止開關 EMS）：

1. SV OFF，M1、M2 立即停止運轉，【PL4】、【PL5】、【PL6】同時閃爍，其他指示燈全部熄滅。

2. 解除 EMS 栓鎖之後，按 PB5，（PL4、PL5、PL6）熄，恢復手動或自動正常操作之初始狀態。

五、過載及警報

M1 或 M2 運轉中，對應之緩啟動器或變頻器過載跳脫：

1. SV OFF，M1、M2 立即停止運轉，【PL4】、【PL5】、【PL6】同時閃爍，BZ 響，其他指示燈全部熄滅。

2. 過載接點復歸，BZ 停響。過載復歸之後，按 PB5，（PL4、PL5、PL6）熄，恢復手動或自動正常操作之初始狀態。

六、其他規定

1. 本試題並未配置電磁閥（SV），但在 PLC 的 I/O 圖中須標示出 SV 之輸出接線位置，無須實際配線。測試時，以指示燈 PL3 代替 SV，PL3 顯示不正確時，視同 SV 之控制功能錯誤。

2. 當過載接點連接 PLC 之電路被切斷時，應等同過載跳脫。

3. 當緊急停止開關控制接點連接 PLC 之電路被切斷時，應等同緊急停止開關動作。

七、施作本題之應檢人請特別注意檢定場地所提供的近接開關之型式（PNP型或NPN型）。

若為 NPN 型則可程式控制器輸入端共同點之特性為負；

反之，若為 PNP 型則可程式控制器輸入端共同點之特性為正。

6-3 PLC 之 I/O 接線

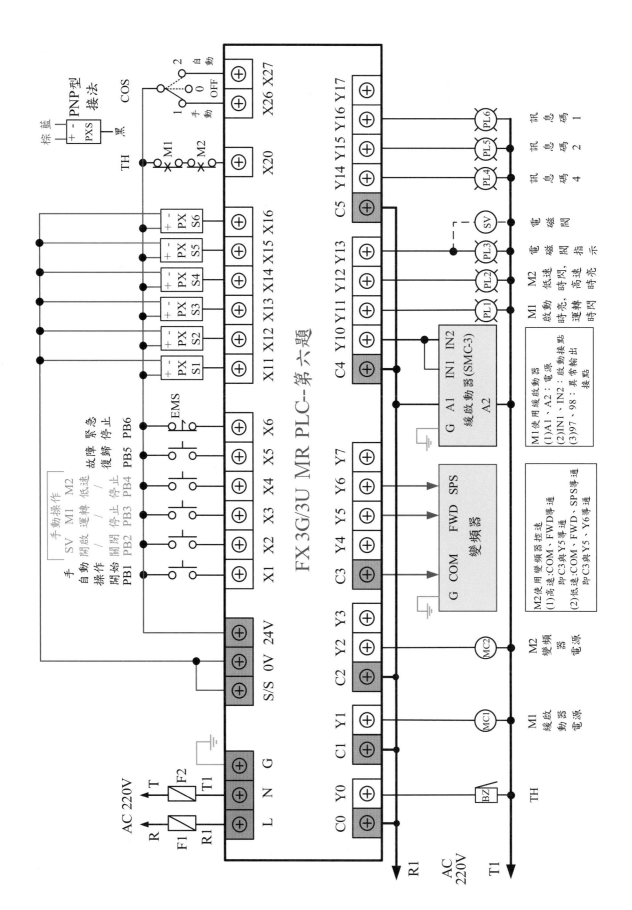

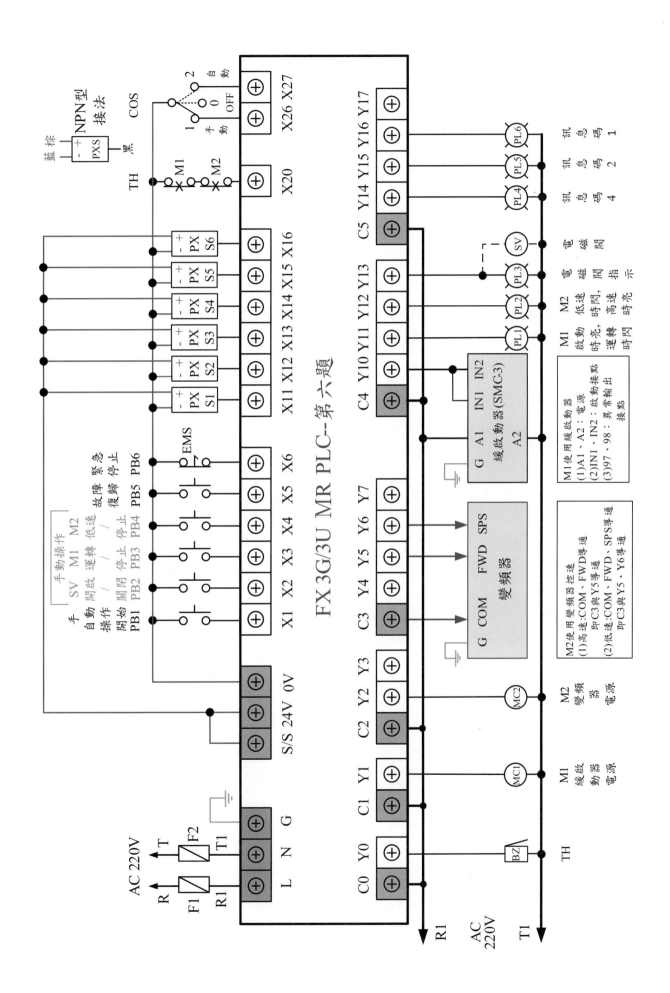

說明：

(一)依試題規定

1. 依試題規定，TH 及 EMS 須使用 b 接點

2. 注意檢定場地所提供的近接開關之型式（PNP 型或 NPN 型）。

(二)緩啟動器（SFT, Soft Starter）之使用

1. 緩啟動器：馬達緩衝啟動器可以調整緩啟動時間、啟動扭力與停止運轉的時間，使馬達啟動平順圓滑，在抽水時，可以減少噪音，以及避免壓力的突然增加。

2. 檢定場地預先將緩啟動器之啟動控制接點引接至端子台上並配妥虛線部分接線，緩啟動器由檢定場地預先做好設定：[啟動時間 3 秒]。

3. 緩衝啟動器控制器 A-B（Allen-Bradley SMC-3）與 PLC 之接線參考圖如下，M1 馬達緩啟動器 11,12 導通，則 M1 馬達啟動運轉。

(三)變頻器（INV, Inverter）之使用

1. 變頻器：變頻器係以改變輸出電源的電壓和頻率，來改變 M2 電動機的轉速。

   (1) 高速：COM、FWD 導通

     即 C3 與 Y5 導通

   (2) 低速：COM、FWD、SPS 導通

     即 C3 與 Y5、Y6 導通

2. 變頻器由檢定場地預先做好設定：[加速時間 3 秒、減速時間 6 秒、高速（100% 額定速度）、低速（40% 額定速度）、過載接點（異常動作激磁模式：正常 Tc-Tb ON、異常 Tc-Tb OFF）]，並配妥虛線部分接線。

6-4 自動操作流程動作分析

自動操作流程動作分析之步驟如下說明，茲以兩種不同的表示方法說明之。

(1) 依據公佈試題之動作示意圖。

(2) 依據公佈試題之動作要求 [一、自動操作部分] 的 [自動操作流程] 之列表。

(3) 設計自動操作流程圖。

(4) 依據評審表的評分步驟，逐項檢查之

一、自動操作流程動作分析圖：方法 1

1. S100 為自動操作部分的初始狀態，是最低水位狀態，S106 為最高水位狀態。

水位上升的狀態，各為 S100 → S101 → S102 → S103 → S104 → S105 → S106；

水位下降的狀態，各為 S106 → S205 → S204 → S203 → S202 → S201 → S100。

2.狀態移行條件說明

2.1水位上升時之狀態移行條件：a 接點共 2 組，總共 12 點

(1)水位 S1～S6 的 a 接點：用於水位 [持續上升] 時之移行條件。

(2)水位 S1～S6 的 a 接點：用於水位 [逐點上升] 時之移行條件。

2.2水位下降時之狀態移行條件：b 接點共 2 組，總共 12 點

(1)水位 S6～S1 的 b 接點：用於水位 [持續下降] 時之移行條件。

(2)水位 S6～S1 的 b 接點：用於水位 [逐點下降] 時之移行條件。

3. 水位 [持續上升][逐點上升][持續下降][逐點下降] 之移行說明

3.1於水位 S1～S6 之間 a、b 接點的移行條件，係在各水位階段時，水位除了有 [持續] 上升或下降，還有 [逐點] 上升或下降的改變情形；此乃符合檢定公佈試題之動作要求 [一、3] 所示：操作途中如遇 [水位升、降交錯變更] 時，亦應正確執行其接續的控制操作。

3.2水位 [上升] 之移行：分為 [持續上升] 與 [逐點上升] 兩種不同的情況

(1)當水位 [持續上升] 時，S100～S105 各用水位 S1～S6 的 a 接點，各使 S101～S106 動作。（第一組水位接點）

例如：在 S100 ON 時，S1 的 a 接點使 S101 ON。

在 S101 ON 時，S2 的 a 接點使 S102 ON。

在 S102 ON 時，S3 的 a 接點使 S103 ON。

在 S103 ON 時，S3 的 a 接點使 S104 ON。

在 S104 ON 時，S4 的 a 接點使 S105 ON。

在 S105 ON 時，S5 的 a 接點使 S106 ON。

(2)當水位 [逐點上升] 時，S100、S201～S205，各用 S1～S6 的 a 接點，各使 S101～S106 動作。（第二組水位接點）

例如：在 S100 ON 時，S1 的 a 接點使 S101 ON。

在 S201 ON 時，S2 的 a 接點使 S102 ON。

在 S202 ON 時，S3 的 a 接點使 S103 ON。

在 S203 ON 時，S4 的 a 接點使 S104 ON。

在 S204 ON 時，S5 的 a 接點使 S105 ON。

在 S205 ON 時，S6 的 a 接點使 S106 ON。

3.2水位 [下降] 之移行：分為 [持續下降] 與 [逐點下降] 兩種不同的情況

(1)當水位 [持續下降] 時，S106、205～S101，各用水位 S6～S1 的 b 接點，各使 S205～S204、S100 動作。（第三組水位接點）

例如：在 S106 ON 時，S6 的 b 接點使 S205 ON。

在 S205 ON 時，S5 的 b 接點使 S204 ON。

在 S204 ON 時，S4 的 b 接點使 S203 ON。

在 S203 ON 時，S3 的 b 接點使 S202 ON。

在 S202 ON 時，S2 的 b 接點使 S201 ON。

在 S201 ON 時，S1 的 b 接點使 S100 ON。

(2) 當水位 [逐點下降] 時，S106～S101，各用 S6～S1 的 b 接點，各使 S205～S201、S100 動作。（第四組水位接點）

例如：在 S106 ON 時，S6 的 b 接點使 S205 ON。

在 S105 ON 時，S5 的 b 接點使 S204 ON。

在 S104 ON 時，S4 的 b 接點使 S203 ON。

在 S103 ON 時，S3 的 b 接點使 S202 ON。

在 S102 ON 時，S2 的 b 接點使 S201 ON。

在 S101 ON 時，S1 的 b 接點使 S100 ON。

4. 流程圖中各狀態之驅動輸出，共有下列 5 種

(1) 訊息碼表示：水位高度 S1～S6，使用 PL4、PL5、PL6 以二進位表示之。

(2) M1：① Y1 ON, MC1 動作，M1 之緩啟動器電源 ON。

② Y10 ON，AR ON，緩啟動器之點 11、12 導通，M1 啟動運轉，PL1 閃爍；T101 計時。

③ 3 秒後，緩啟動器完成啟動，M1 以額定轉速運轉，PL1 亮。

(3) M2：① Y2 ON，MC2 動作，變頻器電源 ON。

② Y4 ON，變頻器之 FWD 導通，M2 正轉，以 100% 額定速度運轉，PL2/Y2 亮。

③ Y5、Y4 ON，變頻器之 FWD、SPS 導通，M2 以 40% 額定速度運轉，PL2 閃爍。

(4) SV：污水入口由電磁閥（SV）控制，當開啟 SV ON，PL3 亮。

(5) BZ：① 當水位上升至 S5 時，BZ 斷續響，按 PB5 可停響。

② M1 或 M2 運轉中，對應之緩啟動器或變頻器過載跳脫，BZ 斷續響（ON/0.5 秒、OFF/0.5 秒）。若按 PB5，可令 BZ 停響。

③ 當水位下降低於 S5 時，BZ 停響。

[自動操作流程動作分析-1]

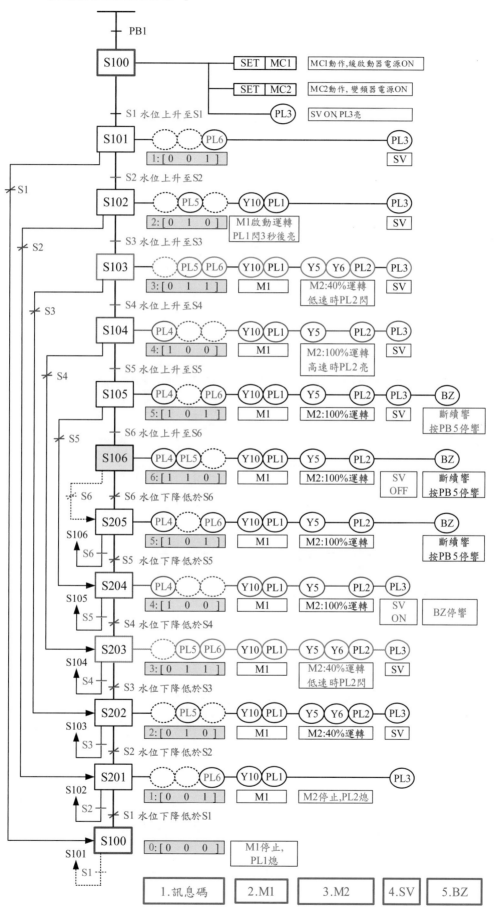

| 1.訊息碼 | 2.M1 | 3.M2 | 4.SV | 5.BZ |

二、自動操作流程動作分析圖：方法2

　　如圖所示，為 [自動操作流程圖動作分析 -2]，於圖中僅劃出 [1. 訊息碼] 的輸出，其他 [2.M1]、[3.M2]、[4.SV]、[5.BZ] 等之輸出，因圖面篇幅關係而省略。

　　於流程圖中包含，在右邊 S101～S106 的流程為水位上升的情況，在左邊 S106、S205～S201、S100 的流程為水位下降的情況，各狀態之中五種驅動輸出的情形，與上圖相同。

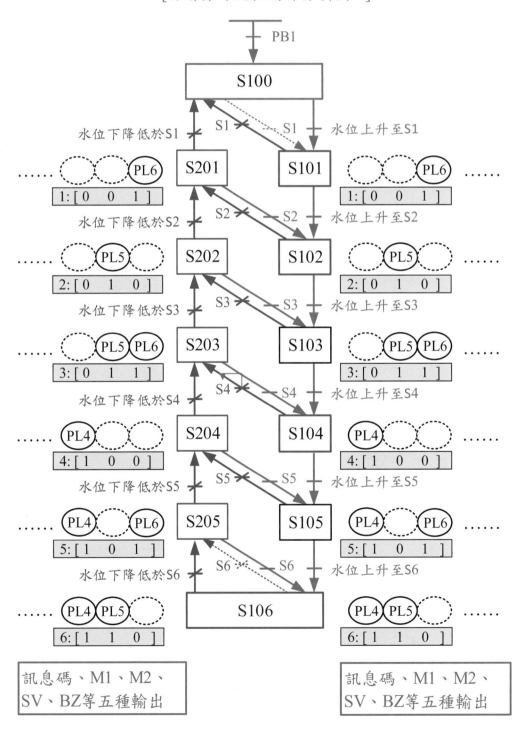

[自動操作流程動作分析圖-2]

6-5 初始回路及流程圖設計

1. 觀察前述之 [自動操作流程圖動作分析]，有關控制流程中各狀態之驅動輸出，包含 (1) 訊息碼表示、(2)M1、(3)M2、(4)SV 及 (5)BZ，共有 5 種類型。

2. 此 5 種類型之輸出有其規則性，整體規劃下列控制回路，以達到檢定試題動作要求的功能

   [步驟 1] 初始回路控制：以階梯圖設計，如圖 1 所示。

   [步驟 2] 手動操作控制：狀態 S20，如圖 2 所示。

   [步驟 3] 自動操作時水位變化動作流程轉換控制：狀態 S100~S205，如圖 3 所示。

   [步驟 4] 輸出整合控制：狀態 S300，整合 M1、M2、SV(PL3) 及 BZ 四種輸出的控制，如圖 4 所示。

   [步驟 5] 訊息碼控制：狀態 S310，規劃訊息碼的輸出控制，提出兩種方法，

   　　　　　(a) 流程圖設計法，如圖 5(a) 所示。

   　　　　　(b) 階梯圖設計法，如圖 5(b) 所示。

   [步驟 6] 過載及緊急停止控制：狀態 S320，如圖 6 所示。

[步驟 1] 初始回路控制

1. 初始回路包含 [SET S0]、[ZRST S20 S99]、及 [ZRST Y0 Y7]，使所有控制流程及輸出停止動作，初始狀態 S0、S1 動作。

2. 初始回路動作的條件為 PLC ON 時產生的初始脈波 M8002，或切換開關 COS 於 1、0、2 之間切換時所產生的脈波，均能使控制回路重置於初始狀態。

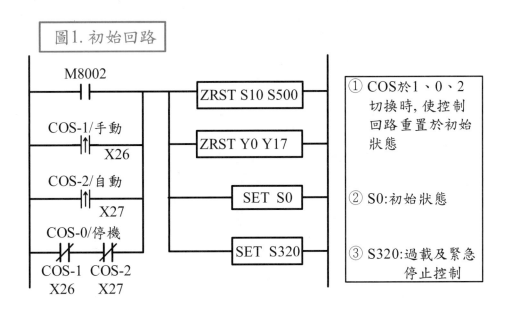

[步驟 2] 手動操作控制：狀態 S20

1. 於 S0 ON 時，COS 切於 1（X7）時，是為手動操作控制。

2. 若按 PB1，則手動操作控制的狀態 S20 ON，另外配合訊息碼控制狀態 S310 ON，EMS、THS 控制 S310 ON 的動作。

3. 於 S20 ON 時，

   (1) 當低於 S5 水位時，按 PB2，使用 ALTP 指令，控制 SV/PL3/Y3 執行單點 ON/OFF 控制。

   (2) 當高於 S2（含）水位時，按 PB3，使用 ALTP 指令，控制 AR/Y10（M1 電動機）執行單點 ON/OFF 控制。

   (3) 當高於 S3（含）水位時，按 PB4，使用 ALTP 指令，控制 Y5、Y6（M2 電動機以 40% 的額定速度運轉）執行單點 ON/OFF 控制。

   (4) 有關水位編碼的訊息，在狀態 S310 控制。

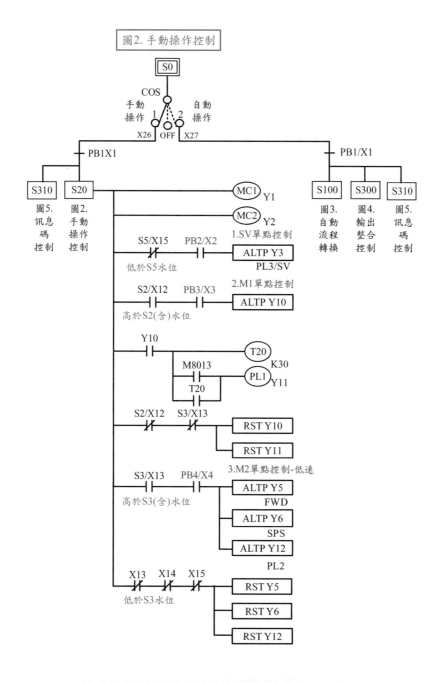

圖2. 手動操作控制

[步驟 3] 自動操作時動作流程轉換控制：狀態 S100～S205

1. 應用如前述之 [自動操作流程動作分析]，修正如下圖所示，流程圖中包含

  (1) 在右邊，S1～S6 的 a 接點的移行條件，係 S100～S106 水位上升的狀態。

  (2) 在左邊，S1～S6 的 b 接點的移行條件，係 S106、S205～S201、S100 水位下降的狀態。

  (3) 在中間，S1～S6 的 a、b 接點的移行條件，係在各水位階段時，水位 [逐點] 上升或下降的改變情形；符合檢定公佈試題之動作要求 [一、3] 所示：操作途中如遇水位升、降交錯變更時，亦應正確執行其接續的控制操作。

2. 有關水位編碼訊息的表示，在狀態 S310 控制。

  亦可將 [水位編碼訊息] 的表示加入本步驟 3 中之圖 3 中，則步驟 5 可省略。

3. 有關其他的輸出，在輸出整合狀態 S300 控制。

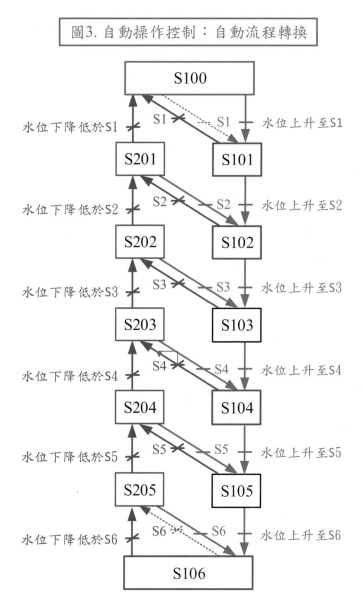

圖3. 自動操作控制：自動流程轉換

[步驟 4] 輸出整合控制：狀態 S300

1. 輸出整合控制回路包含 (1) MC1、MC2、SV 控制回路，(2)M1 緩啟動器控制回路，
   (3) M2 變頻器控制回路及 (4)BZ 控制回路。

2. 各個控制回路的動作，須符合檢定試題之動作要求。

圖4. 自動操作控制：輸出整合控制

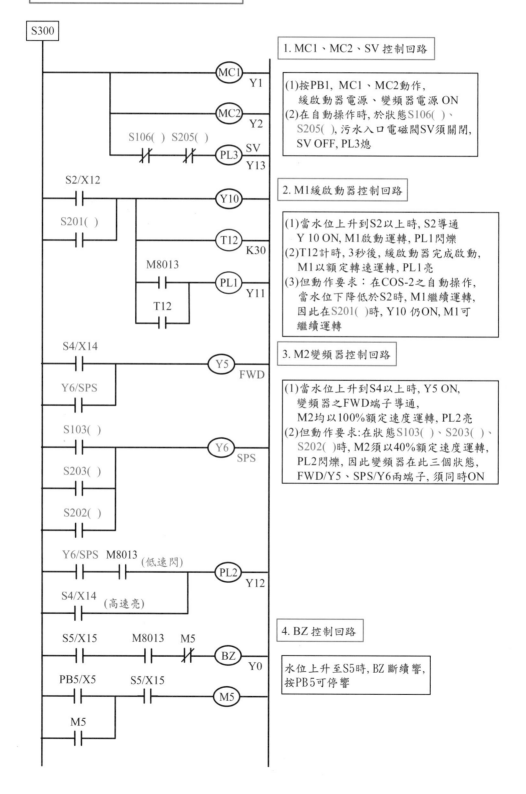

[步驟 5] 訊息碼控制方法

以下介紹兩種訊息碼控制設計方法，請讀者選擇自己認為最好的方法使用之。

1. 訊息碼控制方法 (a)：流程圖設計法（狀態 S310～S316），如圖 5(a) 所示。

依據公佈試題動作要求之列表，用流程圖設計法，簡單易懂，快速又正確。

(1) 當水位下降低於 S1 時，係最低之水位，S310 ON，訊息碼為 0，指示燈全熄。

(2) 當水位上升至 S1，或下降低於 S2 時，S311 ON，訊息碼為 1，PL6 ON。

(3) 當水位上升至 S2，或下降低於 S3 時，S312 ON，訊息碼為 2，PL5 ON。

(4) 當水位上升至 S3，或下降低於 S4 時，S313 ON，訊息碼為 3，PL5、PL6 ON。

(5) 當水位上升至 S4，或下降低於 S5 時，S314 ON，訊息碼為 4，PL4 ON。

(6) 當水位上升至 S5，或下降低於 S6 時，S315 ON，訊息碼為 5，PL4、PL6 ON。

(7) 當水位上升至 S6，係最高之水位，S316 ON，訊息碼為 6，PL4、PL5 ON。

圖5(a). 訊息碼控制：流程圖設計法

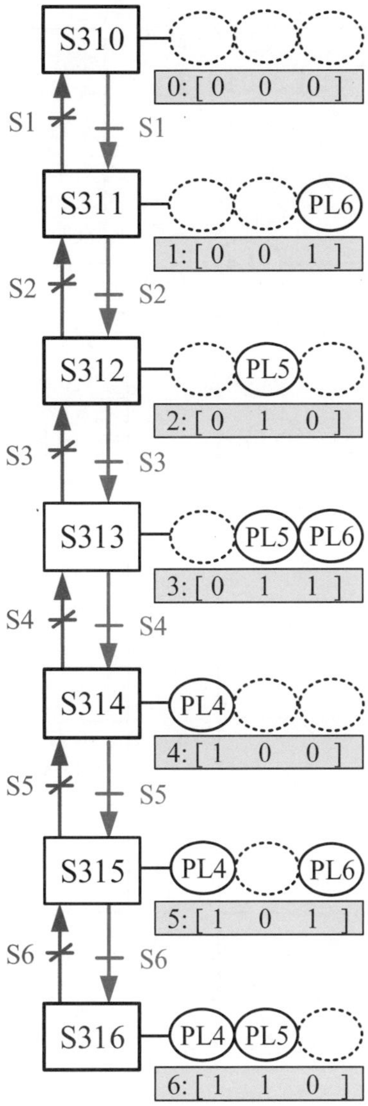

2. 訊息碼控制方法 (b)：階梯圖設計法：狀態 S310，如圖 5(b) 所示。

   (1) 以水位的高低 S1～S6 為條件，來決定訊息碼指示燈 PL4、PL5、PL6 的輸出。

   (2) 以訊息碼 4 及 5 為範例，說明控制回路的動作原理。

圖5(b). 訊息碼控制：階梯圖設計法

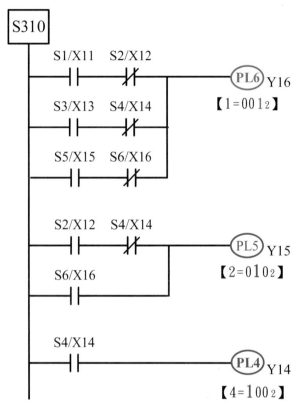

訊息碼:1=001_2=【PL6】
訊息碼:2=010_2=【PL5】
訊息碼:3=011_2=【PL5、PL6】
訊息碼:4=100_2=【PL4】
訊息碼:5=101_2=【PL4、PL6】
訊息碼:6=110_2=【PL4、PL5】

訊息碼表示:【PL4】【PL5】【PL6】

水位上升到S1時，S1導通
水位上升到S2時，S1~S2均導通
水位上升到S3時，S1~S3均導通
水位上升到S4時，S1~S4均導通
水位上升到S5時，S1~S5均導通
水位上升到S6時，S1~S6均導通

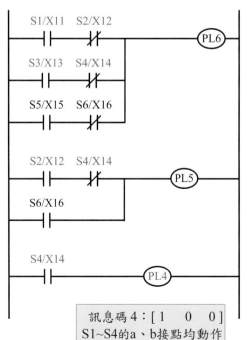

訊息碼4：[1　0　0]
S1~S4的a、b接點均動作

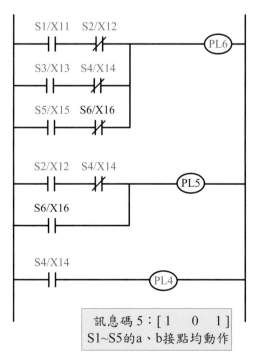

訊息碼5：[1　0　1]
S1~S5的a、b接點均動作

[步驟 6] 緊急停止及過載控制：狀態 S320

1. 當按 PB6/X6（緊急停止開關 EMS），S321 ON，執行 [ZRST S20 S319] 指令，將正常操作的動作狀態全部復置，訊息指示燈 PL4、PL5、PL6 同時閃爍。

2. 解除 EMS 栓鎖之後，S322 ON，PL4、PL5、PL6 同時閃爍。

3. 再按 PB5（故障復歸），S0 ON，恢復到初始狀態。

4. 當 M1、M2 過載時 TH/X20 動作，S321 ON，訊息指示燈 PL4、PL5、PL6 同時閃爍，BZ 響，動作與按 PB6/EMS 時略同。

5. 過載接點 TH 復歸時，S322 ON，PL4、PL5、PL6 同時閃爍，BZ 停響。

6. 再按 PB5（故障復歸），S0 ON，恢復到初始狀態。

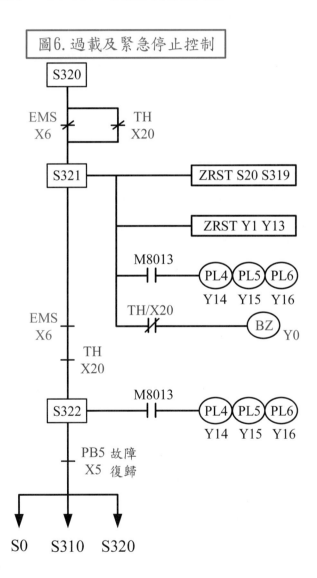

經過上述詳細分析各種設計方法，茲選定一種控制方式為實作測試範例，由圖 1、圖 2、圖 3、圖 4、圖 5(b) 及圖 6 的組合，完整之控制回路圖及程式，如下所示，請參考。

至於使用何種設計方法為最佳，請各位讀者自行選擇，認為最適合自己的實作方法來設計。

6-6 完整之控制回路圖及程式

0	LD	M8002
1	ORP	X026
3	ORP	X027
5	LDI	X026
6	ANI	X027
7	ORB	
8	ZRST	S20
		S500
13	ZRST	Y000
		Y017
18	SET	S0
20	SET	S320
22	STL	S0
23	LD	X026
24	AND	X001
25	SET	S20
27	SET	S310
29	LD	X027
30	AND	X001
31	SET	S100
33	SET	S300
35	SET	S310
37	STL	S20
38	OUT	Y001
39	OUT	Y002
40	LDI	X015
41	AND	X002
42	ALTP	Y013
45	LD	X012
46	AND	X003
47	ALTP	Y010
50	LD	Y010
51	OUT	T20
		K30
54	LD	M8013
55	OR	T20
56	ANB	
57	OUT	Y011
58	LDI	X012
59	ANI	X013
60	RST	Y010
61	RST	Y011
62	LD	X013
63	AND	X004
64	ALTP	Y005
67	ALTP	Y006
70	ALTP	Y012
73	LDI	X013
74	ANI	X014
75	ANI	X015
76	RST	Y005
77	RST	Y006
78	RST	Y012

行號	梯形圖		指令	
79	S100 —[STL]— X011 —[ ]—	[SET S101]	79	STL S100
			80	LD X011
			81	SET S101
83	S101 —[STL]— X012 —[ ]—	[SET S102]	83	STL S101
			84	LD X012
			85	SET S102
87	X011 —[/]—	[SET S100]	87	LDI X011
			88	SET S100
90	S102 —[STL]— X013 —[ ]—	[SET S103]	90	STL S102
			91	LD X013
			92	SET S103
94	X012 —[/]—	[SET S201]	94	LDI X012
			95	SET S201
97	S103 —[STL]— X014 —[ ]—	[SET S104]	97	STL S103
			98	LD X014
			99	SET S104
101	X013 —[/]—	[SET S202]	101	LDI X013
			102	SET S202
104	S104 —[STL]— X015 —[ ]—	[SET S105]	104	STL S104
			105	LD X015
			106	SET S105
108	X014 —[/]—	[SET S203]	108	LDI X014
			109	SET S203
111	S105 —[STL]— X016 —[ ]—	[SET S106]	111	STL S105
			112	LD X016
			113	SET S106
115	X015 —[/]—	[SET S204]	115	LDI X015
			116	SET S204
118	S106 —[STL]— X016 —[/]—	[SET S205]	118	STL S106
			119	LDI X016
			120	SET S205
122	S205 —[STL]— X016 —[ ]—	[SET S106]	122	STL S205
			123	LD X016
			124	SET S106
126	X015 —[/]—	[SET S204]	126	LDI X015
			127	SET S204
129	S204 —[STL]— X015 —[ ]—	[SET S105]	129	STL S204
			130	LD X015
			131	SET S105
133	X014 —[/]—	[SET S203]	133	LDI X014
			134	SET S203
136	S203 —[STL]— X014 —[ ]—	[SET S104]	136	STL S203
			137	LD X014
			138	SET S104
140	X013 —[/]—	[SET S202]	140	LDI X013
			141	SET S202
143	S202 —[STL]— X013 —[ ]—	[SET S103]	143	STL S202
			144	LD X013
			145	SET S103
147	X012 —[/]—	[SET S201]	147	LDI X012
			148	SET S201
150	S201 —[STL]— X012 —[ ]—	[SET S102]	150	STL S201
			151	LD X012
			152	SET S102
154	X011 —[/]—	[SET S100]	154	LDI X011
			155	SET S100

157	STL	S300
158	OUT	Y001
159	OUT	Y002
160	LDI	S106
161	ANI	S205
162	OUT	Y013
163	LD	X012
164	OR	S201
165	OUT	Y010
166	OUT	T12
		K30
169	LD	M8013
170	OR	T12
171	ANB	
172	OUT	Y011
173	LD	X014
174	OR	Y006
175	OUT	Y005
176	LD	S103
177	OR	S203
178	OR	S202
179	OUT	Y006
180	LD	Y006
181	AND	M8013
182	OR	X014
183	OUT	Y012
184	LD	X015
185	AND	M8013
186	ANI	M5
187	OUT	Y000
188	LD	X005
189	OR	M5
190	AND	X015
191	OUT	M5
192	STL	S310
193	LD	X011
194	ANI	X012
195	LD	X013
196	ANI	X014
197	ORB	
198	LD	X015
199	ANI	X016
200	ORB	
201	OUT	Y016
202	LD	X012
203	ANI	X014
204	OR	X016
205	OUT	Y015
206	LD	X014
207	OUT	Y014

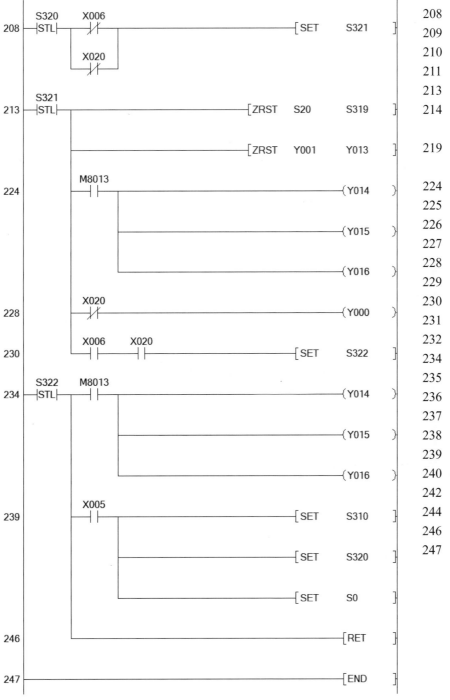

208	STL	S320
209	LDI	X006
210	ORI	X020
211	SET	S321
213	STL	S321
214	ZRST	S20
		S319
219	ZRST	Y001
		Y013
224	LD	M8013
225	OUT	Y014
226	OUT	Y015
227	OUT	Y016
228	LDI	X020
229	OUT	Y000
230	LD	X006
231	AND	X020
232	SET	S322
234	STL	S322
235	LD	M8013
236	OUT	Y014
237	OUT	Y015
238	OUT	Y016
239	LD	X005
240	SET	S310
242	SET	S320
244	SET	S0
246	RET	
247	END	

6-7 主電路（NFB 電源側已配妥）

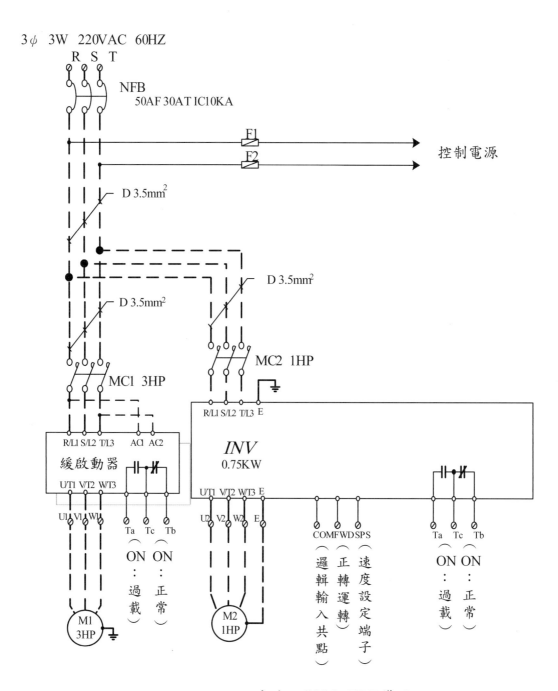

高速：COM、FWD導通
低速：COM、SPS、FWD均導通

※ 檢定場地預先將緩啟動器之啟動控制接點引接至端子台上並配妥虛線部分接線，緩啟動器由檢定場地預先做好設定：[啟動時間 3 秒]。

※ 變頻器由檢定場地預先做好設定：[加速時間 3 秒、減速時間 6 秒、高速（100% 額定速度）、低速（40% 額定速度）、過載接點（異常動作激磁模式：正常 Tc-Tb ON、異常 Tc-Tb OFF）]，並配妥虛線部分接線。

※ 檢定場地預先將變頻器之控制接點引接至端子台上並加套圖示線號標示。

※ 緩啟動器電源（AC1、AC2）接線方式，各檢定場地依各廠牌方式接線。

6-8 主要機具設備表

項次	代號	名稱	規格	數量	備註
1	NFB	無熔線斷路器	3P 50AF 30AT IC10KA	1 只	
2	DF	卡式保險絲含座	600V 2A	2 只	可以使用 1P MCB 代替
3	MC1	電磁接觸器	3HP 220VAC 60HZ 2a2b	1 只	
4	MC2	電磁接觸器	1HP 220VAC 60HZ 2a2b	1 只	
5	PLC	可程式控制器	輸入 16 點（含）以上、輸出（繼電器型）16 點（含）以上	1 只	
6	INV	變頻器	3φ 60HZ 200VAC 級 0.75KW	1 只	控制接點引接端子台由辦理單位配妥
7	SMC	緩啟動器	3φ 60HZ 220VAC 3HP	1 只	控制接點引接端子台由辦理單位配妥
8	R	輔助電驛	24VDC 或 220VAC2C	1 只	配合 SMC 使用
9	EMS	緊急停止開關	φ30mm 1b	1 只	附 PB6（EMS）銘牌
10	BZ	蜂鳴器	φ30mm 220VAC	1 只	附銘牌
11	PL	指示燈	φ30mm220VAC 白色	6 只	附 PL1～PL6 銘牌
12	PB	按鈕開關	φ30mm 1a1b 黃色	5 只	附 PB1～PB5 銘牌
13	COS	切換開關	φ30mm 1a1b 三段式	1 只	附 1 手動／0 停機／2 自動銘牌
14	TB1	端子台	20A 8P	1 只	
15	TB2	過門端子台	20A 50P 含過門線束	1 組	1.具線號及接點對照標示 2.輸入接點具共點
16	M1	電動機	3φ 220VAC 60HZ IM 3HP	1 只	得以 1/8HP（含）以上電動機代替
17	M2	電動機	3φ 220VAC 60HZ IM 1HP	1 只	得以 1/8HP（含）以上電動機代替
18	PXS	近接開關	NPN 或 PNP 型 24VDC	6 只	PNP 及 NPN 檢定場地配置至少各一套
19		近接開關測試用治具	請參閱示意圖	1 組	
20		木心板	300mmL×200mmW×3/4"t	1 塊	PLC 固定用

6-10　操作板及器具板配置圖

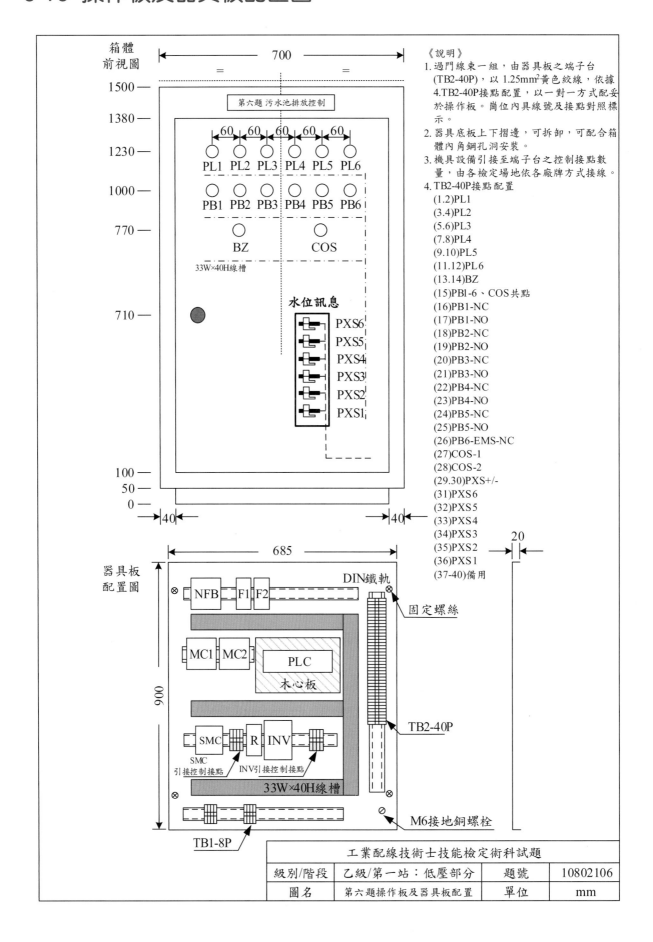

《說明》
1. 過門線束一組，由器具板之端子台（TB2-40P），以 1.25mm² 黃色絞線，依據 4.TB2-40P接點配置，以一對一方式配妥於操作板。崗位內具線號及接點對照標示。
2. 器具底板上下摺邊，可拆卸，可配合箱體內角鋼孔洞安裝。
3. 機具設備引接至端子台之控制接點數量，由各檢定場地依各廠牌方式接線。
4. TB2-40P接點配置
   (1.2)PL1
   (3.4)PL2
   (5.6)PL3
   (7.8)PL4
   (9.10)PL5
   (11.12)PL6
   (13.14)BZ
   (15)PB1-6、COS共點
   (16)PB1-NC
   (17)PB1-NO
   (18)PB2-NC
   (19)PB2-NO
   (20)PB3-NC
   (21)PB3-NO
   (22)PB4-NC
   (23)PB4-NO
   (24)PB5-NC
   (25)PB5-NO
   (26)PB6-EMS-NC
   (27)COS-1
   (28)COS-2
   (29.30)PXS+/-
   (31)PXS6
   (32)PXS5
   (33)PXS4
   (34)PXS3
   (35)PXS2
   (36)PXS1
   (37-40)備用

工業配線技術士技能檢定術科試題		
級別/階段	乙級/第一站：低壓部分	題號　10802106
圖名	第六題操作板及器具板配置	單位　mm

6-10 評審表

◎第六題（污水池排放控制）　　　　　　　　（第一站第六題第 1 頁／共 6 頁）

姓名		站別	第一站	評審結果	
術科檢定編號		試題編號		☐及格　　☐不及格	
檢定日期		工作崗位			

評審方式說明如下：
(1) 以表列之每一項次為計算單位。
(2)「主要功能」功能認定及處理方式：
　1) 應動作之元件未能正確動作，判定為動作錯誤，直接在該元件名稱上打「✕」。
　2) 不應動作之元件產生動作，加註該元件名稱判定為動作錯誤，並在該元件名稱上打「✕」。
　3) 任一元件動作錯誤，即判定評審結果為「不及格」，該動作錯誤欄位後之功能不須繼續評審。
(3)「次要功能」功能認定及處理方式：
　1) 應動作之元件未能正確動作，判定為動作錯誤，直接在該元件名稱上打「✕」。
　2) 不應動作之元件產生動作，加註該元件名稱判定為動作錯誤，並在該元件名稱上打「✕」。
　3) 每項次有任一元件動作錯誤，在該項次「評分」欄內打「✕」。
　4) 動作錯誤項數合計後，填入「動作錯誤項數」欄位。
　5) 依容許動作錯誤項數，評定合格或不合格。
(4)「一、功能部分」及「二、其他部分」均「合格」者，方判定第一站評審結果為「及格」。

一、功能部分：

項次	步驟	操作方式	順序	次要功能				主要功能
				指示元件		計時	評分 ✕	對應元件
				ON	閃（斷續ON）			

■受電部分、指定 I/O 測試

壹	PLC → STOP、NFB ON							
	1	按 PB1 及 PB2						檢查對應輸入燈
	2	按 EMS						檢查對應輸入燈

■自動操作：

貳 (1)	1	（PXS 全部未動作下）COS 切至 2，PLC → RUN、按 PB1						SV（PL3）、MC1、MC2 並確認指定輸出
	2	水位上升至 S1	PL6					SV（PL3）

項次	步驟	操作方式	順序	次要功能		計時	評分 ×	主要功能
				指示元件				對應元件
				ON	閃（斷續ON）			
貳(2)	3	水位上升至 S2	(1)	PL5	PL1	3s		M1 啟動中 SV（PL3）
			(2)	PL1、PL5				M1 正轉 SV（PL3）
	4	水位上升至 S3		PL1、PL5、PL6	PL2			M1 正轉 M2（40%）正轉 SV（PL3）
	5	水位離開 S3 下降至 S2		PL1、PL5	PL2			M1 正轉 M2（40%）正轉 SV（PL3）
	6	水位離開 S2 上升至 S3		PL1、PL5、PL6	PL2			M1 正轉 M2（40%）正轉 SV（PL3）
	7	水位上升至 S4		PL1、PL2、PL4				M1 正轉 M2（100%）正轉 SV（PL3）
	8	水位上升至 S5		PL1、PL2、PL4、PL6	BZ			M1 正轉 M2（100%）正轉 SV（PL3）
	9	按 PB5		PL1、PL2、PL4、PL6				M1 正轉 M2（100%）正轉 SV（PL3）
	10	水位離開 S5 下降至 S4		PL1、PL2、PL4				M1 正轉 M2（100%）正轉 SV（PL3）
	11	水位上升至 S5		PL1、PL2、PL4、PL6	BZ			M1 正轉 M2（100%）正轉 SV（PL3）
	12	水位上升至 S6		PL1、PL2、PL4、PL5	BZ			M1 正轉 M2（100%）正轉
	13	水位離開 S6 下降至 S5		PL1、PL2、PL4、PL6	BZ			M1 正轉 M2（100%）正轉
	14	按 PB5		PL1、PL2、PL4、PL6				M1 正轉 M2（100%）正轉

項次	步驟	操作方式	順序	次要功能		計時	評分 ×	主要功能
				指示元件				對應元件
				ON	閃（斷續ON）			
貳 (3)	15	水位離開 S5 下降至 S4		PL1、PL2、PL4				M1 正轉 M2（100%）正轉 SV（PL3）
	16	水位離開 S4 下降至 S3		PL1、PL5、PL6	PL2			M1 正轉 M2（40%）正轉 SV（PL3）
	17	按 PB6（EMS）			PL4、PL5、PL6			
	18	解除 EMS 栓鎖			PL4、PL5、PL6			
	19	按 PB5		PL5、PL6				
	20	按 PB1	(1)	PL5、PL6	PL1、PL2	3S		M1 啟動中 M2（40%）正轉 SV（PL3）
			(2)	PL1、PL5、PL6	PL2			M1 正轉 M2（40%）正轉 SV（PL3）
	21	水位離開 S3 下降至 S2		PL1、PL5	PL2			M1 正轉 M2（40%）正轉 SV（PL3）
	22	水位離開 S2 下降至 S1		PL1、PL6				M1 正轉 SV（PL3）
	23	水位下降低於 S1						SV（PL3）

■手動操作：電磁閥測試

參	1	（PXS 全部未動作 下…）COS 切至 1						
	2	按 PB1 水位上升至 S5		PL4、PL6				
	3	按 PB2（無作用）		PL4、PL6				
	4	水位下降至 S1		PL6				
	5	按 PB2		PL6				SV（PL3）
	6	再按 PB2		PL6				
	7	再按 PB2		PL6				SV（PL3）
	8	再按 PB2		PL6				

項次	步驟	操作方式	順序	次要功能		計時	評分 ×	主要功能
				指示元件				對應元件
				ON	閃（斷續ON）			

■手動操作：M1 馬達測試

項次	步驟	操作方式	順序	ON	閃（斷續ON）	計時	評分×	對應元件
肆	1	水位上升至 S3		PL5、PL6				
	2	按 PB3	(1)	PL5、PL6	PL1	3S		M1 啟動中
			(2)	PL1、PL5、PL6				M1 正轉
	3	再按 PB3		PL5、PL6				
	4	待 M1 完全停止後，再按 PB3	(1)	PL5、PL6	PL1	3S		M1 啟動中
			(2)	PL1、PL5、PL6				M1 正轉
	5	按 PB6（EMS）			PL4、PL5、PL6			
	6	解除 EMS 栓鎖			PL4、PL5、PL6			
	7	按 PB5		PL5、PL6				
	8	先按 PB1、再按 PB3	(1)	PL5、PL6	PL1	3S		M1 啟動中
			(2)	PL1、PL5、PL6				M1 正轉
	9	水位離開 S3 下降至 S1		PL6				
	10	按 PB3（無作用）		PL6				

■手動操作：M2 馬達測試：

項次	步驟	操作方式	順序	ON	閃（斷續ON）	計時	評分×	對應元件
伍	1	水位上升至 S5		PL4、PL6				
	2	按 PB4		PL2、PL4、PL6				M2（40%）正轉
	3	再按 PB4		PL4、PL6				
	4	再按 PB4		PL2、PL4、PL6				M2（40%）正轉
	5	按 PB6（EMS）			PL4、PL5、PL6			
	6	解除 EMS 栓鎖			PL4、PL5、PL6			
	7	按 PB5		PL4、PL6				
	8	按 PB1、再按 PB4		PL2、PL4、PL6				M2（40%）正轉
	9	水位離開 S5 下降至 S2		PL5				

項次	步驟	操作方式	順序	次要功能 指示元件 ON	閃（斷續ON）	計時	評分 ×	主要功能 對應元件

■停機操作：

| 陸 | 1 | COS 切至 0（停機） | | | | | | |
| | 2 | 按 PB1（無作用） | | | | | | |

■動作中，M1（緩啟動器）過載、M2（INV）過載

柒	1	COS 切至 2，按 PB1	(1)	PL5	PL1	3S		M1 啟動中 SV（PL3）
			(2)	PL1、PL5				M1 正轉 SV（PL3）
	2	水位上升至 S5		PL1、PL2、PL4、PL6	BZ			M1 正轉 M2（100%）正轉 SV（PL3）
	3	緩啟動器過載（※ 以強制 OFF 方式，將其 PLC 對應的過載輸入點動作）		BZ	PL4、PL5、PL6			
	4	過載復歸			PL4、PL5、PL6			
	5	按 PB5		PL4、PL6				
	6	按 PB1	(1)	PL2、PL4、PL6	PL1、BZ	3S		M1 啟動中 M2（100%）正轉 SV（PL3）
			(2)	PL1、PL2、PL4、PL6	BZ			M1 正轉 M2（100%）正轉 SV（PL3）
	7	INV 過載（※ 以強制 OFF 方式，將其 PLC 對應的過載輸入點動作）		BZ	PL4、PL5、PL6			
	8	過載復歸			PL4、PL5、PL6			
	9	按 PB5		PL4、PL6				

功能部分評定結果：	容許動作錯誤項數：68（次要功能總項數）×20% = 14	動作錯誤項數	
	合　格：□主要功能完全正確及次要功能動作錯誤項數在容許項數內。（請繼續執行「其他部分」所列項目評審）		
	不合格：□主要功能動作錯誤 □次要功能動作錯誤項數超過容許動作錯誤項數。（判定不合格，「二、其他部分」不需評審）		

二、其他部分：

A、重大缺點：有下列任「一」項缺點評定為不合格	缺點以 ✕ 註記	缺點內容簡述
1. PLC 外部接線圖與實際配線之位址或數量不符		
2. 未整線或應壓接之端子中有半數未壓接		
3. 通電試驗發生兩次以上短路故障（含兩次）		
4. 應壓接之端子未以規定之壓接鉗作業		
5. 應檢人未經監評人員認可，自行通電檢測者		
B、主要缺點：有下列任「三」項缺點評定為不合格	缺點以 ✕ 註記	(B) 主要缺點統計
1. 未按規定使用 b 接點連接 PLC 輸入端子		
2. 未按規定接地		
3. 控制電路：部分未壓接端子		
4. 導線固定不當（鬆脫）		
5. 導線選色錯誤		
6. 導線線徑選用不當		
7. 施工時損壞器具		
8. 未以尺規繪圖（含 PLC 外部接線圖）		
9. 未注意工作安全		
10. 積熱電驛未依圖面或說明正確設定跳脫值		
11. 通電試驗發生短路故障一次		
C、次要缺點：有下列任「五」項缺點評定為不合格	缺點以 ✕ 註記	(C) 次要缺點統計
1. 端子台未標示正確相序或極性		
2. 導線被覆剝離不當、損傷、斷股		
3. 端子壓接不良		
4. 導線分歧不當		
5. 未接線螺絲鬆動		
6. 施工材料、工具散置於地面		
7. 導線未入線槽		
8. 導線線束不當		
9. 溢領材料造成浪費		
10. 施工後場地留有線屑雜物未清理		
D、主要缺點 (B) 與次要缺點 (C) 合計共「六」項及以上評定為不合格		(B)+(C) 缺點合計

（其他部分）評定結果：

☐合　格：缺點項目在容許範圍內。
☐不合格：缺點項目超過容許範圍。

6-11 自我評量

1. 本試題為＿＿＿＿＿＿＿＿＿＿控制，全系統使用＿＿＿＿＿＿＿＿＿＿六只近接開關，作為水位高低之檢知器。

2. 污水池之污水入口使用＿＿＿＿＿＿（SV, Solenoid Valve）控制，以＿＿＿＿＿＿表示之，當 SV ON 時，PL3 亮，污水才能進入污水池。

3. 有關污水池之自動排放抽水使用 M1 及 M2 兩只抽水馬達：

   (a) M1：

   ① 3HP 之抽水馬達 M1，使用＿＿＿＿＿＿（SFT, Soft Starter）控制。

   ② 當水位上升至＿＿＿＿＿以上時，M1 運轉，當水位下降低於＿＿＿＿＿時，M1 停止。

   (b) M2：

   ① 1HP 之抽水馬達 M2，其轉速可由＿＿＿＿＿（INV, Inverter）控制馬達＿＿＿＿＿% 額定速度及＿＿＿＿＿% 額定速度兩種轉速運轉。

   ② 當污水池水位上升至＿＿＿＿＿以上時，M2 以「40% 額定速度」之「低速」加入抽水；

   ③ 當水位上升至＿＿＿＿＿以上時，M2 以「100% 額定速度」之「全速」加入抽水。

   ④ 當水位下降低於＿＿＿＿＿時，M2 以 40% 額定速度運轉。

   ⑤ 當水位下降低於＿＿＿＿＿時，M2 停止。

4. 變頻器係以改變輸出電源的電壓和頻率，來改變電動機的轉速。

   (1) 高速時：係將＿＿＿＿＿＿＿＿＿＿兩個控制端子導通。

   (2) 低速時：係將＿＿＿＿＿＿＿＿＿＿三個控制端子導通。

5. 污水池之水位高度利用 PL4、PL5 及 PL6 等三只訊息指示燈表示，例如：水位上升至 S2 時，＿＿＿＿＿ON、水位上升至 S4 時，＿＿＿＿＿ON，水位上升至 S4 時，＿＿＿＿＿ON。

6. 本試題設計參考之控制回路，包含：＿＿＿＿＿＿＿＿＿＿＿＿＿、＿＿＿＿＿＿＿＿＿、＿＿＿＿＿＿＿＿＿、＿＿＿＿＿＿＿＿＿、＿＿＿＿＿＿＿＿＿、＿＿＿＿＿＿＿＿＿、＿＿＿＿＿＿＿＿＿、＿＿＿＿＿＿＿＿＿等部分。

7. 術科檢定之工作規劃，步驟大致如下：

   (1) 檢視並瞭解，檢定試題時所提供之（壹）、＿＿＿＿＿＿＿＿＿圖，（貳）、＿＿＿＿＿＿＿＿＿要求，（參）、＿＿＿＿＿＿＿＿＿線路，及（肆）、操作板及器具板配置等資料。

   (2) 依＿＿＿＿＿＿＿＿＿＿＿＿＿＿＿＿＿＿＿＿＿，劃出 PLC 之外部 I/O 接線圖。

(3) 依_____，劃出 PLC 之控制回路圖。

(4) 依劃出 PLC 之_____接線圖，實施配線。

(5) 依劃出 PLC 之_____圖，將程式輸入。

(6) 依試題之評審表，逐項測試。

第三篇：
工業配線乙級術科檢定第二站
高壓測試試題

1-1 動作說明

(一)操作功能

1. 控制電源開關（NFB）ON 時，瓦斯斷路器（GCB）指示燈綠燈（GL）亮。

2. GCB 之控制開關（CS）拉出轉至 ON 時，GCB 應投入（CLOSE），指示燈紅燈（RL）亮，綠燈（GL）熄。

3. GCB 之控制開關拉出轉至 OFF 時，GCB 應跳開（OPEN），指示燈紅燈（RL）熄，綠燈（GL）亮。

4. 正常受電中，當過電流電驛（CO）或小勢力過電流電驛（LCO）動作時，GCB 應跳脫（TRIP），閉鎖電驛（86）動作，指示燈紅燈（RL）熄，綠燈（GL）亮。須待故障排除後，各電驛復歸，再使閉鎖電驛（86）復歸，才能再行操作使 GCB 投入。

5. 正常受電中，當過電壓電驛（OV）或欠電壓電驛（UV）動作時，GCB 應跳脫（TRIP），指示燈紅燈（RL）熄，綠燈（GL）亮。經復閉電驛（79）動作，GCB自動再投入。當 CO 或 LCO 動作，使 GCB 跳脫時，雖然 79 電驛動作，亦不得使 GCB 再投入，以免擴大故障事故。

6. 各儀表及電驛之工作電源須經由 UPS 供應。確保系統電壓異常時，各儀表及電驛仍應正常運作。

(二)計量電路

1. 儀表電源開關（NFB）ON 時，電源指示燈（WL）亮，當有負載時集合式電表（MULTI-METER）應能指示各相線間電壓、各相線電流、頻率、功率因數、千瓦及千瓦小時等之讀值。

2. 監控盤：電壓切換開關（VS）應能使電壓表（V）指示各相線間電壓。當有負載時，電流切換開關（AS）應能使電流表（A）指示各相線電流。功率因數表、瓦特表能正確指示讀值。

1-2 金屬閉鎖型配電箱（控制箱）：各種檢驗設定

由監評委員於□內打 V 指定。

□ 一、型式試驗　　　　□ 二、驗收試驗　　　　□ 三、送電前檢查與測試

□ 四、復電前檢查與測試　□ 五、竣工檢測及定期維護檢測

1-3 主斷路器盤：單線圖

※ 檢定時本頁發至該題之工作崗位 ※

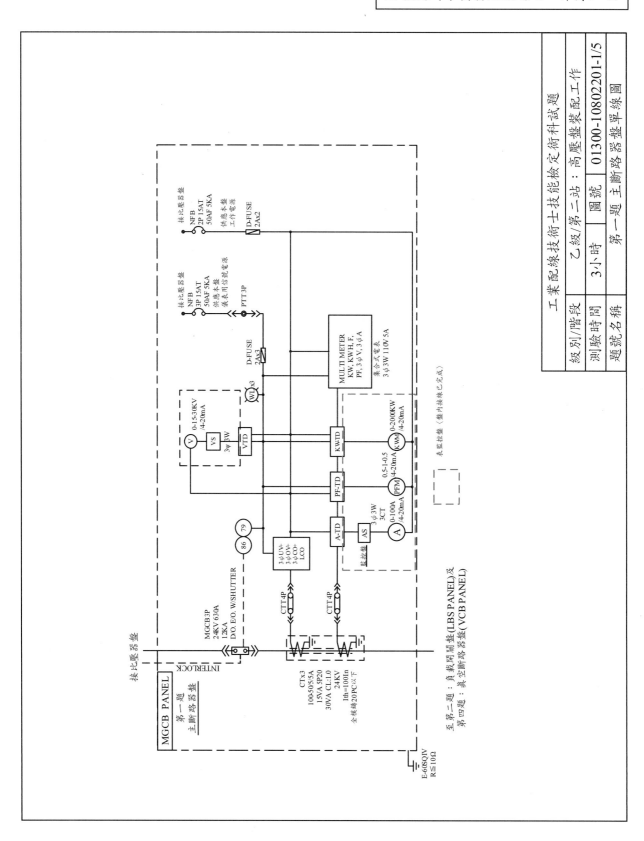

工業配線技術士技能檢定術科試題			
級別/階段	乙級 第二站	圖號	01300-1080222 01-1/5
測驗時間	3小時	題號名稱	高壓盤盤裝配工作
題號名稱			第一題 主斷路器盤 單線圖

1-3.1 主斷路器盤：複線參考圖

※ 檢定現場，本頁「不得」提供給考生 ※

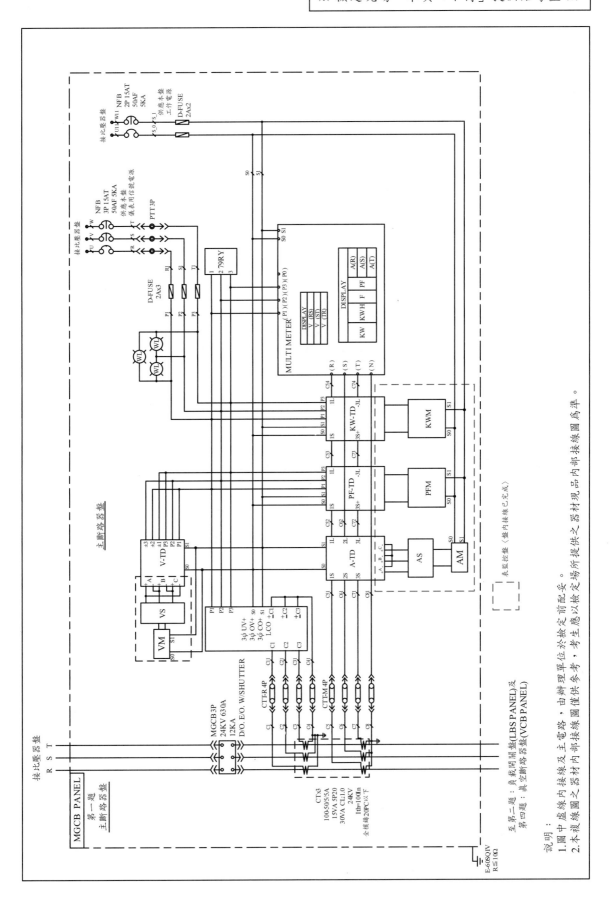

說明：
1. 圖中虛線內接線及主電路，由辦理單位於檢定前配妥。
2. 本複線線圖之器材現品內部接線圖僅供參考，考生應以檢定現場所提供之器材現品內部接線圖為準。

1-4 主斷路器盤：GCB 內部接線圖

※ 檢定時本頁發至該題之工作崗位 ※

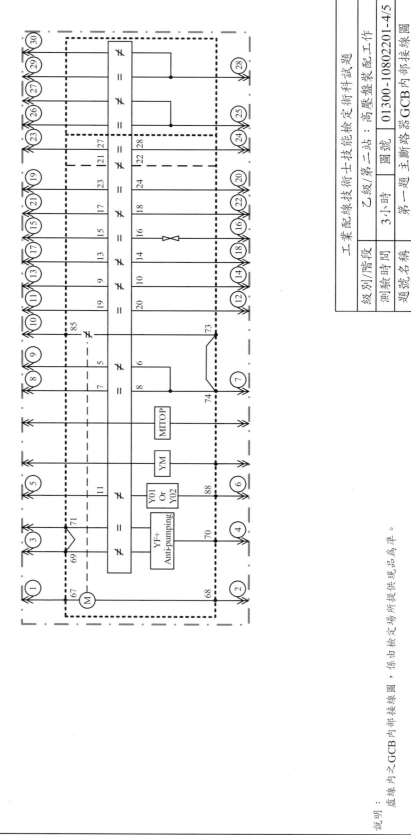

工業配線技術士技能檢定術科試題			
級別/階段	乙級/第二站		高壓盤裝配工作
測驗時間	3小時	圖號	01300-10802201-4/5
題號名稱			第一題 主斷路器 GCB 內部接線圖

說明：虛線內之 GCB 內部接線圖，係由檢定場所提供現品為準。

1-4.1 主斷路器盤：GCB 控制電路參考圖

※ 檢定現場，本頁「不得」提供給考生 ※

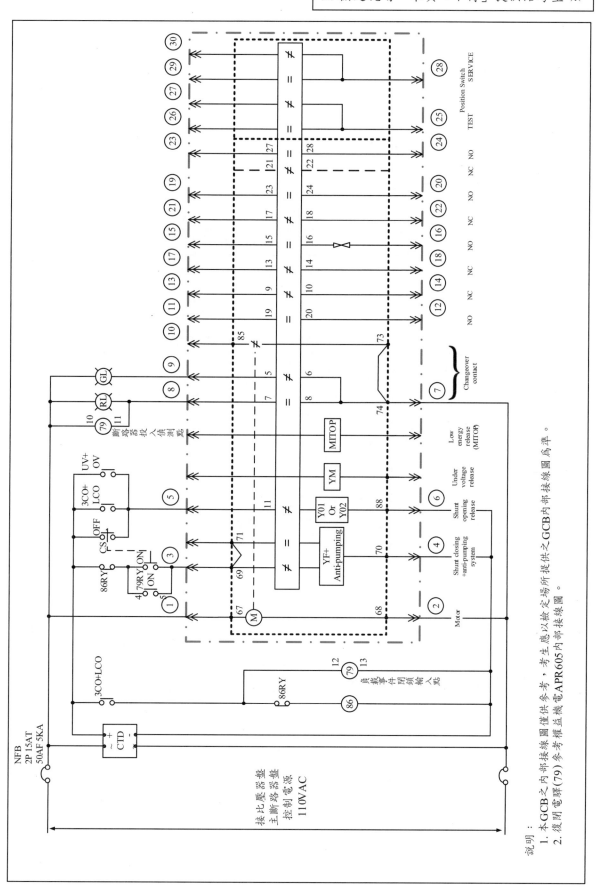

說明：
1. 本GCB之內部接線圖僅供參考，考生應以檢定場所提供之GCB內部接線圖為準。
2. 復閉電驛(79)參考權益盆機電APR605內部接線圖。

1-5 主斷路器盤：主要機具設備表

項次	品名	規格	單位	數量
1	SF$_6$ 氣體斷路器 GCB	3P 24KV 630A 12KA E/O D/O W/SHUTTER W/ 套管	台	1
2	比流器 CT	24KV 100-50/5/5A 15VA-5P20/30VA-1.0CL I$_{th}$=100I$_n$ 全模鑄，20PC 以下	套	1
3	集合式儀表 MULTI-METER	AM, VM, PFM, KWM, KWHM, FM, 110VAC	只	1
4	多功能電驛	3ϕCO+1ϕLCO,3ϕOV+3ϕUV, 需附 RS-485, 110VAC	只	1
5	閉鎖電驛（86）	110VDC 機械操作型附 1a、2b 接點	只	1
6	復閉電驛（79）	OV:100%-130%Un,UV:70%-100%Un 110VAC/110VDC, 可再復閉 2 次以上	只	1
7	電流轉換器 ATD	3ϕI/P：0-5A O/P：4-20 mA, 110VAC	只	1
8	電壓轉換器 VTD	3ϕI/P：0-120VAC O/P：4-20 mA, 110VAC	只	1
9	功率因數轉換器 PFTD	3ϕI/P：120VAC 5A O/P：4-20 mA, 110VAC	只	1
10	千瓦特轉換器 KWTD	3ϕI/P：120VAC 5A O/P：4-20 mA, 110VAC	只	1
11	電流測試端子 CTT	4P D/O，黑色外殼	組	2
12	電壓測試端子 PTT	3P D/O，黑色外殼	組	1
13	無熔線斷路器 NFB	3P 50AF 15AT 5KA 120VAC	只	1
14	無熔線斷路器 NFB	2P 50AF 15AT 5KA 120VAC	只	2
15	控制開關 CS	左 1a 右 1a 中央復歸／拉出操作安全型	只	1
16	電容跳脫裝置 CTD	盤內固定型 110VAC/110VDC 8VA 以上	只	1
17	指示燈 PL	30ϕ120/18VAC（R×1，G×1）	只	2
18	指示燈 PL	30ϕ120/18VAC（W）	只	3
19	電流表 AM	0-100A/4-20 mA, 110VAC	只	1
20	電流切換開關 AS	3ϕ3W 3CT	只	1
21	電壓表 VM	0-15-30KV/4-20 mA	只	1
22	電壓切換開關 VS	3ϕ3W	只	1
23	功率因數表 PFM	3ϕ3W 0.5~1~0.5/4-20 mA, 110VAC	只	1
24	千瓦特表 KWM	3ϕ3W 0~2000KW/4-20 mA, 110VAC	只	1
25	栓型保險絲 D-FUSE	600V 2A W/BASE	只	5

1-6 主斷路器盤：動作原理說明

　　主斷路器盤（MGGB PANEL）盤面配置圖及實體圖，如圖所示。

　　主要之設備器材，包含下列四部分：

1. 控制及指示電路相關設備器材

SF6 氣體斷路器 GCB、控制開關 CS、綠燈 GL 及紅燈 RL、無熔線斷路器 NFB、電容跳脫裝置 CTD、電源指示燈（WL 白燈 3 只）

2. 計量電路相關設備器材

電壓表 VM、功率因數表 PFM、千瓦特表 KWM、電流表 AM、集合式儀表 MULTI-METER、電壓切換開關 VS、電流切換開關 AS、電壓測試端子 PTT、電流測試端子 CTT-R（電驛用）、CTT-M（儀表用）

3. 相關保護電驛

閉鎖電驛（86）、復閉電驛（79）、多功能電驛（十相一體電驛）MULTI-RELAY

4. 控制盤內相關設備器材

比流器 CT、電流轉換器 ATD、電壓轉換器 VTD、功率因數轉換器 PFTD、千瓦特轉換器 KWTD、栓型保險絲 D-FUSE

第一題 主斷路器 MGCB PANEL 盤面配置圖	MGCB PANEL 實體圖	
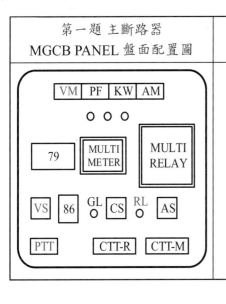	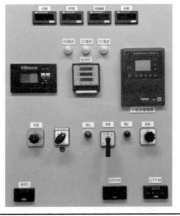	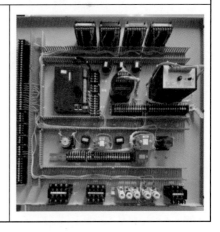

(一)GCB 控制電路說明

1. 本題為「主斷路器盤」之控制：使用六氟化硫瓦斯斷路器（SF6 Gas Circuit Breaker，GCB）作為高壓電路之啟閉控制，SF6 瓦斯作為斷路器之絕緣及消弧之介質，能使開閉裝置在系統電路發生短路故障時，具有優良的電路斷離功能。

高壓斷路器主要的功能，是使高壓電力系統發揮控制和保護的作用，在電力系統故障時，將故障部份從系統中快速切離，以確保故障排除後系統能正常運行，減少停

電範圍。

2. GCB 以控制開關（Control Switch, CS）控制 GCB 的 ON/OFF 動作，為「左 1a 右 1a 中央復歸／拉出操作安全型」，當 CS 拉出往右旋轉操作時，指向「ON」接點導通；當 CS 拉出往左旋轉操作時，指向「OFF」接點導通，為防止 CS 誤動作，設計操作桿須拉出才能操作的安全型。

配合控制電路之設計，

當 CS 轉至「ON」時，GCB 之閉合線圈（Close Coil, CC）激磁，GCB 投入（Close）。

當 CS 轉至「OFF」時，GCB 之跳脫線圈（Trip Coil, TC）激磁，GCB 跳脫（Trip/Open）。

因應高壓電路故障發生時，電壓驟降導致控制電路電壓不足，斷路器無法跳脫，不能斷離事故點，則將擴大事故的範圍；因此使用電容跳脫裝置（Capacitors Tripping Device, CTD, 或稱電容蓄電跳脫裝置），作為控制 GCB 跳脫電路的補助電源。

3. GCB 控制「ON」之電路說明

(1) 當 CS 轉至「ON」時，CS/ON 之 a 接點接到 GCB 之引出點③（即 69、71）之閉合及反泵迴路（YF+ anti-pumping, Shunt closing+ anti-pumping System），GCB 投入。

* 反泵迴路之功用，為當 GCB 投入後，其內部補助之 b 接點會切斷 GCB 之閉合電路，防止 GCB 因電力系統故障時，高壓電路跳開，但此時若 CS 之「ON」接點還導通時，GCB 會再次投入，產生 pumping 的反覆投入動作。

(2) 因 79RY（復閉電驛）的 a 接點與 CS/ON 並聯，故當 79RY 動作時，亦可使 GCB 自動再投入。

* 在高壓系統電路突發巨大電壓升降時（例如：雷擊等暫態性的事故），保護電驛 27/59（UV/OV）動作後，使 GCB 跳脫；線路於短暫停電後，電壓恢復正常，保護電驛復歸，配合 79 RY 動作，使 GCB 再投入恢復供電運轉，將停電影響程度降至最低。

(3) 當 GCB 負載電路發生過電流事故時，過電流之保護電驛動作，GCB 跳脫，86RY（閉鎖電驛）動作閉鎖。

(4) 因 86RY 之 b 接點與 CS/ON 串聯，故當 86RY 動作時，CS/ON 之電路斷開，GCB 不會投入。等故障排除後，保護電驛復歸，86RY 復歸，GCB 才能重新投入。

4. GCB 控制「OFF」之電路說明

(1) 當 CS 轉至「OFF」時，CS/OFF 之 a 接點接到 GCB 引出點⑤之跳脫電路（Y01 Or Y02, Shunt opening release），使 GCB 跳脫。

(2) 於 GCB 正常投入狀態時，若十相一體多功能保護電驛中之 3ϕCO+LCO，或 3UV+3OV 動作，均會使 GCB 跳脫。

* 因 CS/OFF 的 a 接點，和十相一體保護電驛動作的 a 接點並聯，均會使 GCB

跳脫。

5. 指示電路

(1) 當 GCB 跳脫時，其補助 b 接點（5、6）導通，接到 GCB 之引出點⑨之 GL 會亮。

(2) 當 GCB 動作時，其補助 a 接點（7、8）導通，接到 GCB 之引出點⑧之 RL 會亮。

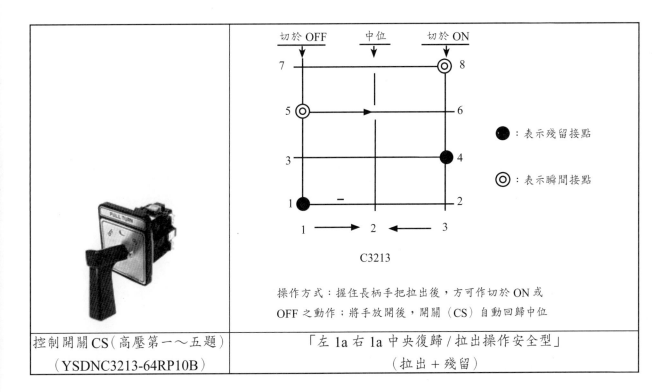

控制開關 CS（高壓第一～五題） （YSDNC3213-64RP10B）	「左 1a 右 1a 中央復歸／拉出操作安全型」 （拉出＋殘留）

(二)計量指示電路說明

　　高壓受配電盤之接線，係依據檢定時發到工作崗位的「系統單線圖」及「斷路器內部接線圖」，劃出「高壓盤箱接線複線圖」及「斷路器控制電路圖」，然後再以此兩圖為依據「照圖配線」；GCB 控制電路圖之動作原理，已於前述，在本節說明有關儀表計量電路之接線原則及方法。

　　儀表計量電路之接線順序，包含

(1)「PT 電壓回路」接線，包含 PTT 回路

(2)「CT 電流回路」接線，CTT-R 及 CTT-M 兩回路

(3)「工作電源 S0、S1」之接線，包含有關儀表器具

1. PT 電壓回路接線之順序：「電壓線圈並聯」，以紅色導線裝配

[順序 1] NFB（PT → NFB）與 PTT 間之端子接線

　　　　[原則] NFB 之 R、S、T 分別接至 PTT 之 R、S、T，線號各為 R、S、T。

[順序 2] PTT 與 D-FUSE 間之端子接線

　　　　[原則] PTT 之 R1、S1、T1 分別接至 D-FUSE 之 R1、S1、T1，線號各為
　　　　　R1、S1、T1。

[順序 3] 電壓點 P1 端子間之連接:「電壓線圈並聯」

　　　　[原則] 將下列各項器具之各點,都接線在一起,線號為 P1。

　　　　(1) D-FUSE 之 P1。

　　　　(2) T、R 相電源指示燈各一點接在一起。

　　　　(3) V-TD 之 P1、±2。

　　　　(4) PF-TD 之 P1。

　　　　(5) KW-TD 之 P1。

　　　　(6) MULTI-METER 之 P1。

　　　　(7) MULTI-RELAY 之 P1。

　　　　(8) 79RY 之 1。

[順序 4] 電壓點 P2 端子間之連接:「電壓線圈並聯」

　　　　[原則] 將下列各項器具之各點,都接線在一起,線號為 P2。

　　　　(1) D-FUSE 之 P2。

　　　　(2) R、S 相電源指示燈各一點接在一起。

　　　　(3) V-TD 之 P2、±3。

　　　　(4) PF-TD 之 P2。

　　　　(5) KW-TD 之 P2。

　　　　(6) MULTI-METER 之 P2。

　　　　(7) MULTI-RELAY 之 P2。

　　　　(8) 79RY 之 2。

[順序 5] 電壓點 P3 端子間之連接:「電壓線圈並聯」

　　　　[原則] 將下列各項器具之各點,都接線在一起,線號為 P3。

　　　　(1) D-FUSE 之 P3。

　　　　(2) S、T 相電源指示燈各一點接在一起。

　　　　(3) V-TD 之 P3、±1。

　　　　(4) PF-TD 之 P3。

　　　　(5) KW-TD 之 P3。

　　　　(6) MULTI-METER 之 P3。

　　　　(7) MULTI-RELAY 之 P3。

　　　　(8) 79RY 之 3。

2. CT 電流回路接線之順序:「電流線圈串聯」,以黑色導線裝配

　(1) CTT-R 電流回路

　　　[順序 1] MULTI-RELAY(十相一體電驛)之接線

　　　　　　[原則] CT、CTT-R 與 MULTI RELAY 器具間的連接,「電流線圈串

聯」。

(1)線號 C1 之連接：CT 之 C1 接 CTT-R 之 C1。

(2)線號 C11 之連接：CTT-R 之 C11 接 MULTI RELAY 之 C1。

(3)線號 C2 之連接：CT 之 C2 接 CTT-R 之 C2。

(4)線號 C21 之連接：CTT-R 之 C21 接 MULTI RELAY 之 C2。

(5)線號 C3 之連接：CT 之 C3 接 CTT-R 之 C3。

(6)線號 C31 之連接：CTT-R 之 C31 接 MULTI RELAY 之 C3。

(7)線號 C4 之連接：CT 之 C4 接 CTT-R 之 C4。

(8)線號 C41 之連接：CTT-R 之 C41 接 MULTI RELAY 之 ±C1、±C2、±C3。

(2) CTT-M 電流回路

[順序 1] R 相電流之接線

[原則] 將各器具 R 相之「電流線圈串聯」。

(1)線號 C5 之連接：CT 之 C5 接 CTT-M 之 C5。

(2)線號 C51 之連接：CTT-M 之 C51 接 A-TD 之 1S。

(3)線號 C52 之連接：A-TD 之 1L 接 PF-TD 之 1S。

(4)線號 C53 之連接：PF-TD 之 1L 接 KW-TD 之 1S。

(5)線號 C54 之連接：KW-TD 之 1L 接 MULTI METER 之（R）。

[順序 2] S 相電流之接線

[原則] 將各器具 S 相之「電流線圈串聯」。

(1)線號 C6 之連接：CT 之 C6 接 CTT-M 之 C6。

(2)線號 C61 之連接：CTT-M 之 C61 接 A-TD 之 2S。

(3)線號 C62 之連接：A-TD 之 2L 接 MULTI METER 之（S）。

[順序 3] T 相電流之接線

[原則] 將各器具 T 相之「電流線圈串聯」。

(1)線號 C7 之連接：CT 之 C7 接 CTT-M 之 C7

(2)線號 C71 之連接：CTT-M 之 C71 接 A-TD 之 3S。

(3)線號 C72 之連接：A-TD 之 3L 接 PF-TD 之 3S+。

(4)線號 C73 之連接：PF-TD 之 -3L 接 KW-TD 之 3S+。

(5)線號 C74 之連接：KW-TD 之 -3L 接 MULTI METER 之（T）。

[順序 4] N 相電流之接線

[原則] 將各器具 N 相之「電流線圈串聯」。

(1)線號 C8 之連接：CT 之 C8 接 CTT-M 之 C8。

(2)線號 C81 之連接：CTT-M 之 C81 接 MULTI METER 之（N）。

3.工作電源 S0、S1 之接線，以黃色導線裝配

　[原則] 供給各儀表器具所須之工作電源。

　(1)線號 S0 之連接：將 D-FUSE、MULTI METER、KW-TD、PF-TD、A-TD、MULTI
　　 RELAY、V-TD 各器具之 S0 端點連接在一起。

　(2)線號 S1 之連接：同 (1) 之各器具，將 S1 端點連接在一起。

㈢閉鎖電驛、復閉電驛及多功能電驛介紹

1.閉鎖電驛（86, Lockout Relay）

　(1)規格：110VAC/DC 機械操作型。

　(2)功能

　　①當電路發生過電流，多功能電驛中之 3ϕCO+1ϕLCO 動作時，閉鎖電驛（86）
　　　 會由正常位置（RESET），動作到跳脫位置（TRIP）。此時因閉鎖電驛（86）
　　　 之 b 接點（10-11）與 CS/ON 串聯，斷路器不能經由 CS/ON 操作投入。

　　②閉鎖電驛需要以手動旋轉復歸（RESET）方式復歸到正常位置時，GCB 才能
　　　 作正常操作。

　　③附紅色測試動作按鈕（TEST BUTTON），當操作把手位於正常之復歸位置
　　　 時，按測試按鈕可作動作測試。

　(3)測試操作說明

　　①當發生故障，過電流電驛（3ϕCO+1ϕLCO）動作時，十相一體電驛的第一組
　　　 動作接點（4-5）導通，因其與 CS/OFF 並聯，故可使 GCB 之跳脫電路動作，

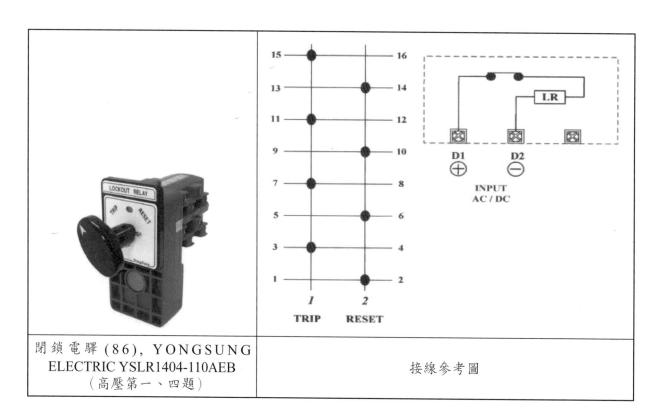

| 閉鎖電驛 (86), YONGSUNG ELECTRIC YSLR1404-110AEB （高壓第一、四題） | 接線參考圖 |

　　GCB 跳脫。

　②十相一體電驛的另一組動作接點（10-11）也導通，使閉鎖電驛（86）動作，及復閉電驛（79）之自動復閉功能閉鎖，此時 GCB 不能再投入。

　③須待故障排除後，各電驛復歸，將閉鎖電驛（86）復歸，才能再行操作 CS/ON 使 GCB 投入。

2. 自動復閉保護電驛（79, Automatic Reclosing Relay）

(1) 規格：OV：100%-130%Un，UV：70%-100%Un，110VAC/110VDC, 可再復閉 2 次以上特性。

(2) 功能：

　①應用於供電系統欠電壓或過電壓故障時 GCB 跳脫，當電壓恢復正常時電驛會發送訊號給 GCB 再投入。

　②可顯示一次測或二次側三相電壓。

　③數位 LED 顯示投放次數及倒數計時指示。

　④保護三相欠電壓或過電壓故障。

(3) 測試操作說明

　①正常受電中，當過電壓電驛（OV）或欠電壓電驛（UV）動作時，多功能電驛

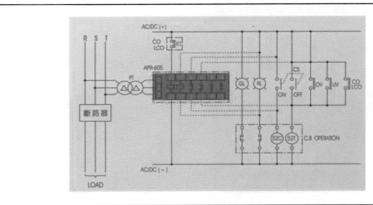

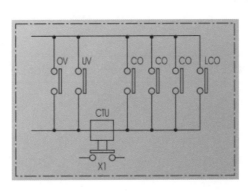

1,2,3: R,S,T 電源
4, 5: 投入接點（與 CS-ON 並接）
6, 7: 跳脫接點（與 CS-OFF 並接）
8,9: 投入警報輔助接點
10,11: 斷路器投上偵測點（與紅燈並接）
12,13: 負載事件閉鎖輸入點
14,15: 事件警報輔助接點

復閉電驛（79）接線參考圖（高壓第一題）權益機電 APR605

之動作接點 (7, 8) 導通，GCB 跳脫；待電壓恢復正常後，復閉電驛 (79) 動作，GCB 自動再投入。

② 接點 (12, 13)：負載事件閉鎖輸入點。

③ 接點 (4, 5)：投入接點（與 CS-ON 並接）。

④ 接點 (10, 11)：斷路器投入偵測點（與紅燈並接）。

3. 多功能電驛（3ϕCO+LCO，3UV+3OV）

多功能保護電驛為提供系統線路之過電流（3ϕCO+LCO）與低電壓、過電壓（3UV+3OV）的數位保護設備，又稱為十相一體保護電驛，適用於各種輸配電系統。如下圖所示為施耐德公司多功能電驛之接線參考圖。

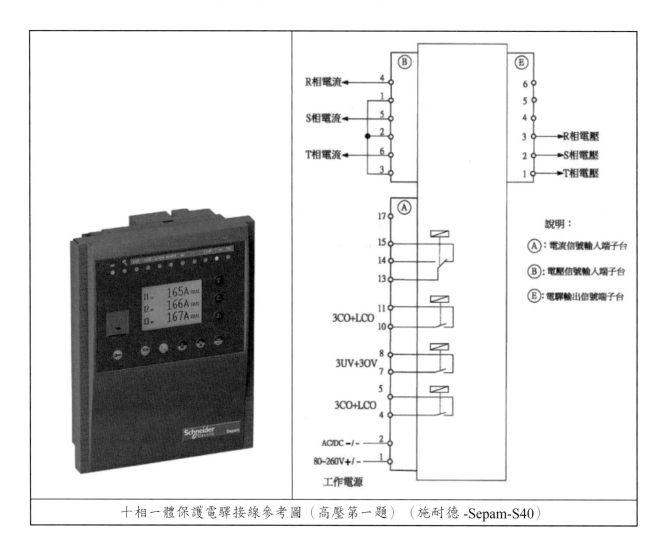

十相一體保護電驛接線參考圖（高壓第一題）（施耐德 -Sepam-S40）

第二題：負載開關盤

2-1 動作說明

一、操作功能

(一)負載開關（LBS）

1. 控制電源開關（NFB）ON 時，LBS 指示燈綠燈（GL）亮。

2. 負載開關（LBS）之控制開關（CS）拉出轉至 ON 時，負載開關應投入（CLOSE）指示燈紅燈（RL）亮，綠燈熄。

3. 負載開關之控制開關拉出轉至 OFF 時，負載開關應跳開（OPEN）指示燈紅燈熄，綠燈亮。

4. 正常受電中，如任一相電力熔絲（PF）熔斷，負載開關應跳脫，指示燈紅燈熄，綠燈亮。

(二)變壓器控制箱

1. 切換開關（COS）置於手動（MANUAL）位置時，按 PB/ON，電磁開關（MS）動作，變壓器風扇運轉；按 PB/OFF 電磁開關（MS）斷電，變壓器風扇停止。

2. 切換開關（COS）置於自動（AUTO）位置，變壓器線圈溫度超過 90℃，溫度電驛動作，電磁開關（MS）動作，變壓器風扇運轉。

3. 變壓器線圈溫度超過 95℃，溫度電驛動作，警報接點導通，蜂鳴器（BZ）響。

4. 負載開關投入一段時間（檢定時以 15 秒測試）後，若變壓器線圈溫度超過 105℃，溫度電驛動作，跳脫接點導通，負載開關跳脫。

5. 變壓器線圈溫度須低於 95℃時，負載開關方可再次投入。

二、計量電路

儀表電源開關（NFB）ON 且加有負載時，瓦時表能正確指示讀值；操作電流切換開關（AS）能使電流表（A）指示各相線電流。

2-2 金屬閉鎖型配電箱（控制箱）：各種檢驗設定

由監評委員於□內打 V 指定。

□一、型式試驗　　　　□二、驗收試驗　　　□三、送電前檢查與測試

□四、復電前檢查與測試　　□五、竣工檢測及定期維護檢測

2-3 負載開關盤：單線圖

※ 檢定時本頁發至該題之工作崗位 ※

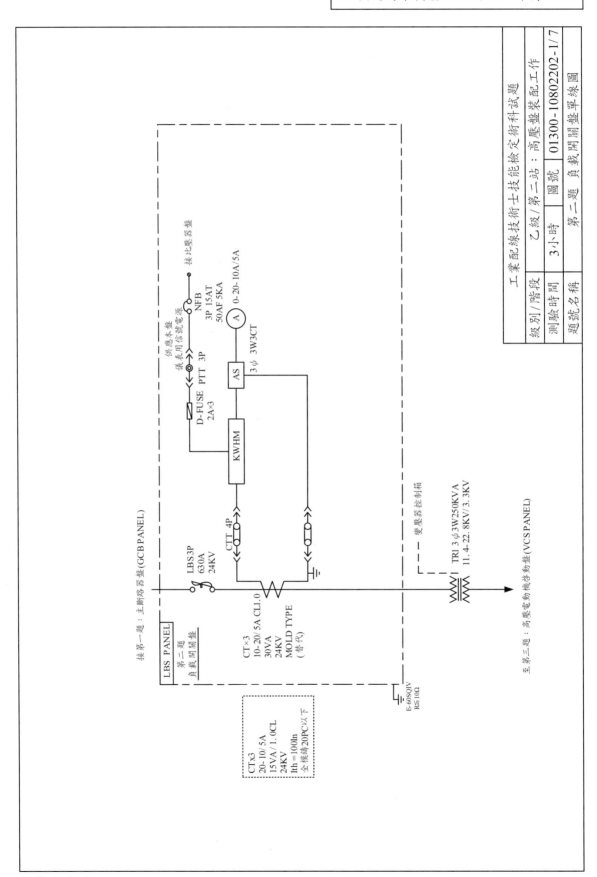

工業配線技術士技能檢定術科試題			
級別/階段	乙級/第二站：高壓盤裝配工作		
測驗時間	3小時	圖號	01300-10802202-1/7
題號名稱	第二題 負載開關盤單線圖		

2-3.1 負載開關盤：複線參考圖

※ 檢定現場，本頁「不得」提供給考生 ※

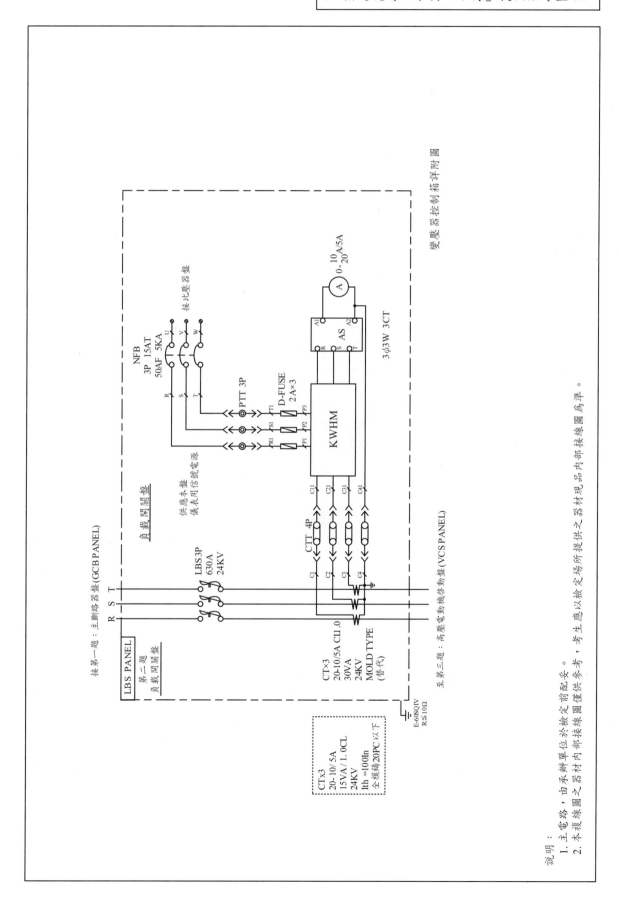

說明：
1. 主電路，由承辦單位於檢定前配妥。
2. 本複線圖之器材內部接線圖僅供參考，考生應以檢定現場所提供之器材現品內部接線圖為準。

2-4 負載開關盤：LBS 內部接線圖

※ 檢定時本頁發至該題之工作崗位 ※

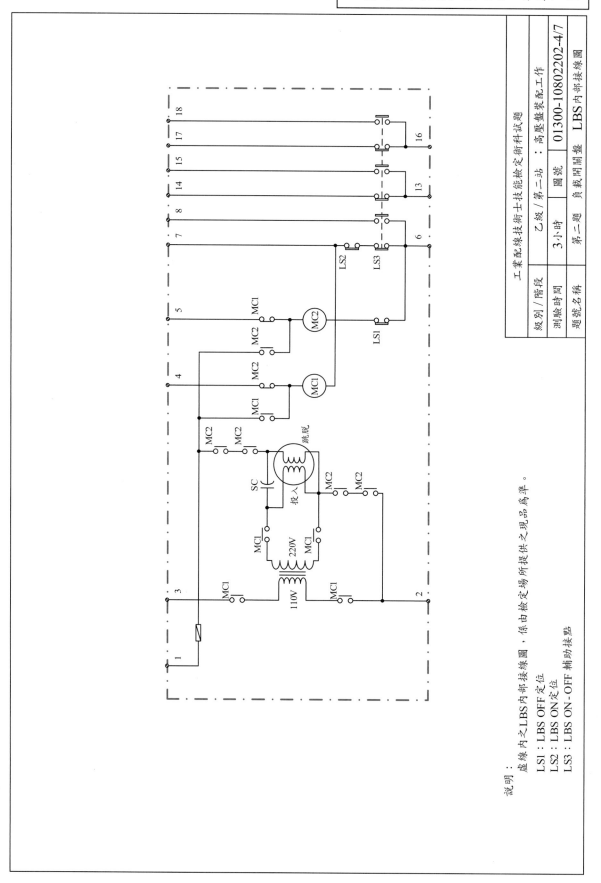

工業配線技術士技能檢定術科試題		
級別／階段	乙級／第二站	高壓盤裝配工作
測驗時間	3小時	圖號 01300-10802202-4/7
題號名稱	第二題	負載開關盤 LBS 內部接線圖

說明：虛線內之LBS內部接線圖，係由檢定場所提供之現品為準。

LS1：LBS OFF定位
LS2：LBS ON定位
LS3：LBS ON‐OFF輔助接點

2-4.1 負載開關盤：LBS 控制電路參考圖

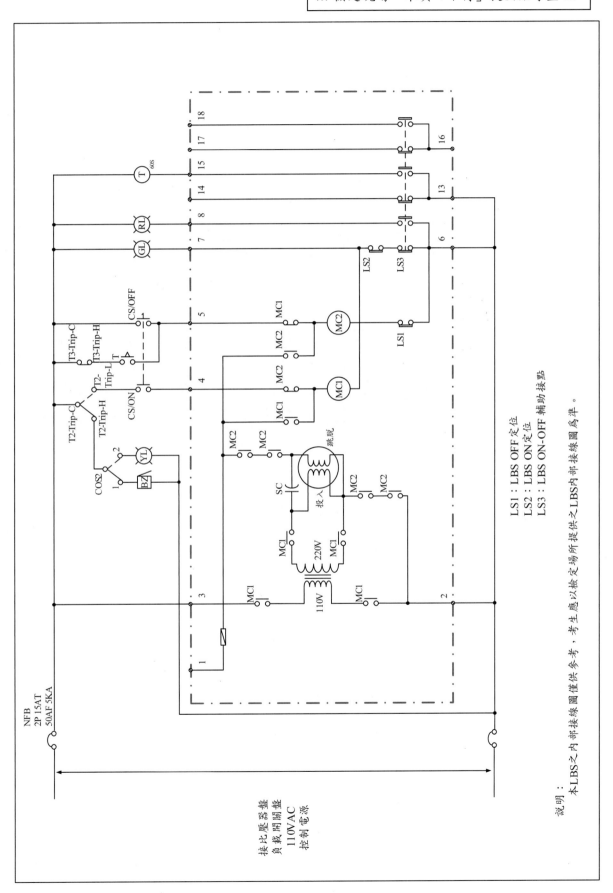

LS1：LBS OFF 定位
LS2：LBS ON 定位
LS3：LBS ON-OFF 輔助接點

說明：
本 LBS 之內部接線圖僅供參考，考生應以檢定場所提供之 LBS 內部接線圖為準。

2-4.2 負載開關盤：變壓器控制箱

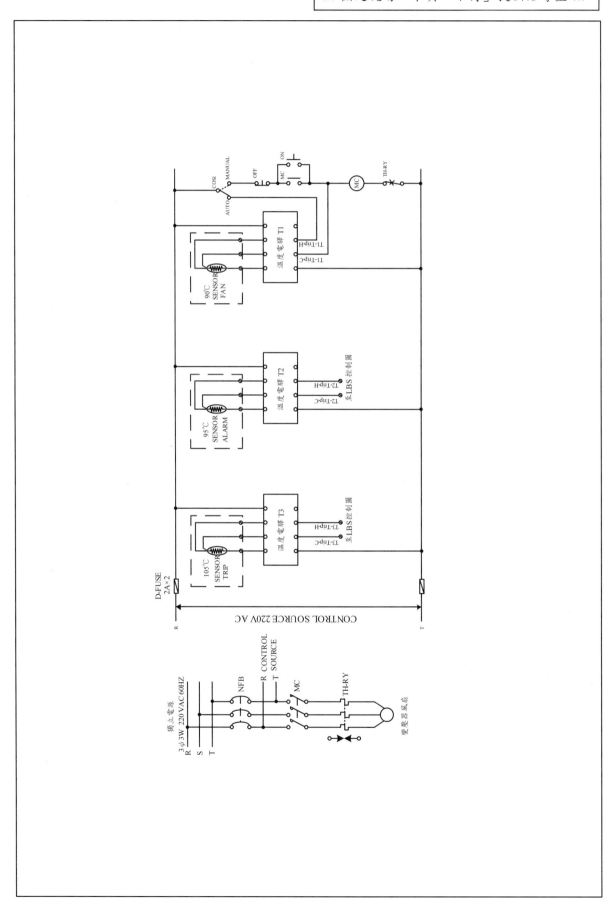

2-4.3　負載開關盤：日光燈、風扇、電熱器控制電路圖

※ 檢定現場，本頁「不得」提供給考生 ※

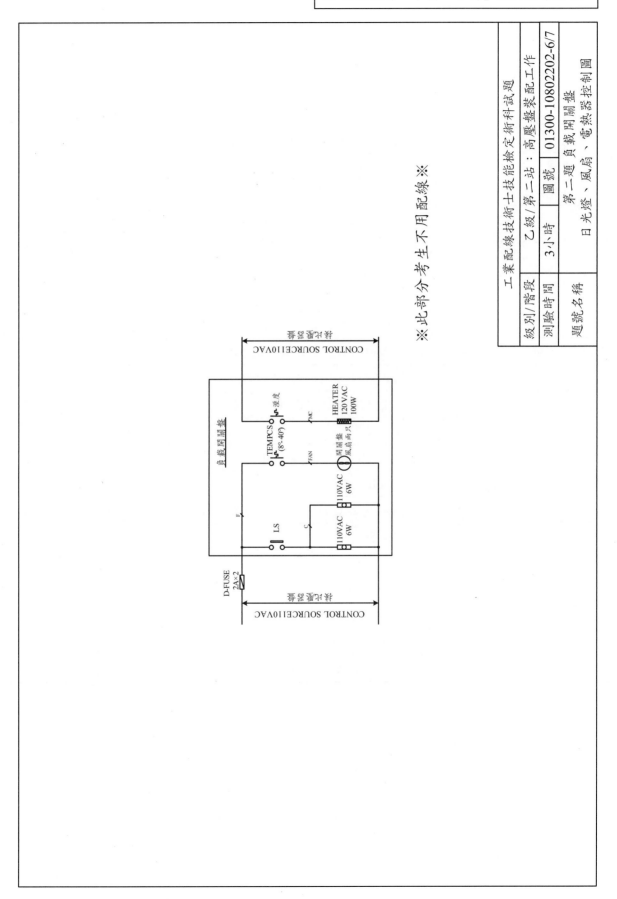

※ 此部分考生不用配線 ※

工業配線技術士技能檢定術科試題		
級別/階段	乙級/第二站：高壓盤裝配工作	
測驗時間	3小時	圖號　01300-10802202-6/7
題號名稱	第二題 負載開關盤 日光燈、風扇、電熱器控制圖	

2-5 負載開關盤：主要機具設備表

項次	品名	規格	單位	數量
1	負載開關器 LBS	3P 24KV 630A E/O 電動操作	台	1
2	電力熔絲 PF	24KV 20A 40KA	套	1
3	比流器 CT	24KV 20-10/5A, 15VA/1.0CL Ith=100In 全模鑄 20PC 以下	套	1
4	電流測試端子 CTT	4P D/O，黑色外殼	組	1
5	電壓測試端子 PTT	3P D/O，黑色外殼	組	1
6	電流表 AM	AC 0-10-20/5A 110×110m/m	只	1
7	瓩時計 KWH	3φ3W AC120V 5A KWHM-W/TD	只	1
8	電流切換開關 AS	3φ3W 3CT	只	1
9	控制開關 CS	左 1a 右 1a 中央復歸／拉出操作安全型	只	1
10	無熔線斷路器 NFB	3P 50AF 15AT 10KA 220VAC	只	1
11	無熔線斷路器 NFB	3P 50AF 15AT 5KA 120VAC	只	1
12	無熔線斷路器 NFB	2P 50AF 15AT 5KA 120VAC	只	1
13	指示燈 PL	30φ 120V/18VAC（R×1，G×1）	只	2
14	溫度電驛	0-200℃	只	3
15	電磁開關 MS	3φ 220VAC 1HP 1a /OL 3.3A	只	1
16	時間電驛 TIMER	0~60S 220VAC	只	1
17	風扇 FAN	1φ120VAC 1HP×1, 3φ220VAC 1HP×1	只	2
18	溫度控制器	10~80℃	只	1
19	蜂鳴器	220VAC 強力型 3"	式	1
20	切換開關 COS	30φ 1a1b 三段 (AUTO -OFF- MANUAL)	只	1
21	按鈕開關	30φ1a1b 紅色	只	1
22	按鈕開關	30φ1a1b 綠色	只	1
23	栓型保險絲 D-FUSE	600V 2A W/BASE	只	7

2-6 負載開關盤：動作原理說明

　　負載開關盤（LBS PANEL）盤面配置圖及實體圖，如圖所示。

　　主要之設備器材，包含下列四部分：

1. 控制及指示電路相關設備器材

　　負載開關器 LBS、控制開關 CS、綠燈 GL 及紅燈 RL、切換開關 COS、按鈕開關 PB、無熔線斷路器 NFB

2. 計量電路相關設備器材

　　瓩時計 KWH、電流切換開關 AS、電流表 AM、電壓測試端子 PTT、電流測試端 CTT

3. 相關電驛

　　溫度電驛（0-200℃）3 只

4. 控制盤內相關設備器材

　　比流器 CT、電流測試端子 CTT、電壓測試端子 PTT、瓩時計轉換器 KWHM-W/TD、無熔線斷路器 NFB、溫度電驛、電磁開關 MS、時間電驛 TIMER、蜂鳴器 BZ、栓型保險絲 D-FUSE

第二題　負載開關盤 LBS PANEL 盤面配置圖	LBS PANEL 實體圖	
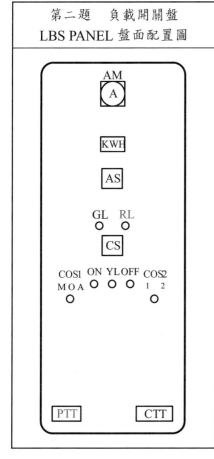		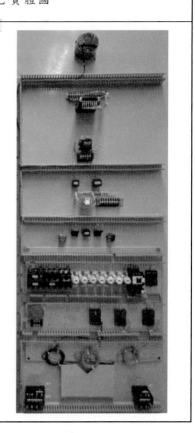

㈠LBS 控制電路說明

1. 本題為「負載開關盤」之控制：負載開關（Load Break Switch, LBS），亦可稱為負載斷路器，或高壓負載開關，消弧採空氣壓縮式，其構造與空斷開關相同，在其固定接觸子上加裝消弧室可啟斷負載電流，故障電流則由加裝之電力熔絲啟斷。

2. 配合控制電路之設計，負載開關由控制開關（CS）作 ON/OFF 控制，GL 及 RL 各接到 LBS 之 b 接點及 a 接點，LBS 跳脫時 GL 亮，投入時 RL 亮。

㈡計量指示電路說明

　　有關 KWHM 數位電表、AS 及 AM 計量指示電路之接線，則依所繪製之複線圖配線。

1. KWHM 輸入的電流信號接點（C11、C12、C13），接到 CTT 的（C11、C12、C13）。

2. KWHM 輸出的電流信號接點（C21、C22、C23），接到 AS 的（R、S、T）。然後 AS 的（A1、A2），接電流表 AM；AS 的（A2），接 CTT 的（C41），然後 C4 接地。

3. KWHM 之電壓信號接點（P1、P2、P3），接到 D-FUSE 的（P1、P2、P3）；D-FUSE 的（P1、P2、P3），再接到 PTT 的（P1、P2、P3）。

㈢變壓器控制箱控制電路說明

　　有關變壓器控制箱控制電路之接線，則依參考試題所繪製之電路圖配線。

1. 切換開關（COS1）置於手動（MANUAL）位置時

   (1) 按 PB/ON，則 MS 動作，風扇運轉。

   (2) 按 PB/OFF，或 TH-RY 動作，則 MS 斷電，風扇停止。

2. 切換開關（COS2）置於自動（AUTO）位置時

   (1) 若變壓器溫度超過 90℃，溫度電驛 T1 動作，MS 動作，則風扇運轉。

   (2) 若變壓器溫度超過 95℃，溫度電驛 T2 動作，則風扇續轉，BZ 響。

   　　若將 COS2 切於 2，則風扇續轉，黃燈亮，蜂鳴停響。

   (3) 若變壓器溫度超過 105℃，溫度電驛 T3 動作，則 LBS 跳脫、紅燈熄、綠燈亮、黃燈續亮。

   (4) 當若變壓器溫度低於 95℃時，黃燈熄，LBS 控制開關 CS/ON 方可再次投入。

第三題：高壓電動機啟動盤

3-1 動作說明

(一)操作功能

1. 控制電源開關（NFB）ON 時，VCS 指示燈綠燈（GL）亮。
2. 真空接觸器（VCS）之控制開關（CS）拉出轉至 ON 時，真空接觸器應投入（CLOSE），指示燈紅燈（RL）亮，綠燈熄。
3. 真空接觸器之控制開關拉出轉至 OFF 時，真空接觸器應跳開（OPEN），指示燈紅燈熄，綠燈亮。
4. 正常受電中，如 SE-RY 動作或電力保險絲（PF）熔斷時，真空接觸器應跳脫、指示燈紅燈熄，綠燈亮。
5. 系統某相接地時，該相接地指示燈（EL）熄，其餘接地指示燈全亮，接地電壓表（VO）應能指示接地電壓值，接地過電壓電驛（OVG）動作，真空接觸器應跳脫（TRIP），指示燈紅燈熄，綠燈亮。

(二)計量電路

1. 儀表電源開關（NFB）ON 時，接地指示燈半亮。
2. 操作電壓切換開關（VS）應能使電壓表（V）指示各相線間電壓。當有負載時，操作電流切換開關（AS）應能使電流表（A）指示各相線電流。

3-2 金屬閉鎖型配電箱（控制箱）：各種檢驗設定

由監評委員於□內打 V 指定。

□一、型式試驗　　　　□二、驗收試驗　　　　□三、送電前檢查與測試
□四、復電前檢查與測試　　□五、竣工檢測及定期維護檢測

3-3 高壓電動機啟動盤：單線圖

※ 檢定時本頁發至該題之工作崗位 ※

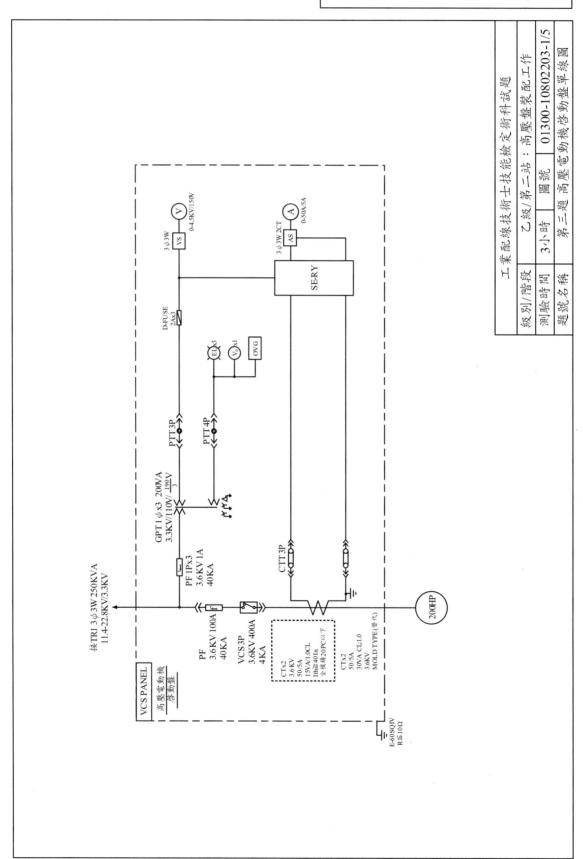

工業配線技術士技能檢定術科試題		
級別/階段	乙級/第二站：高壓盤裝配工作	
測驗時間	3小時	圖號 01300-10802203-1/5
題號名稱	第三題 高壓電動機啟動盤單線圖	

3-3.1 高壓電動機啟動盤：複線參考圖

※ 檢定現場，本頁「不得」提供給考生 ※

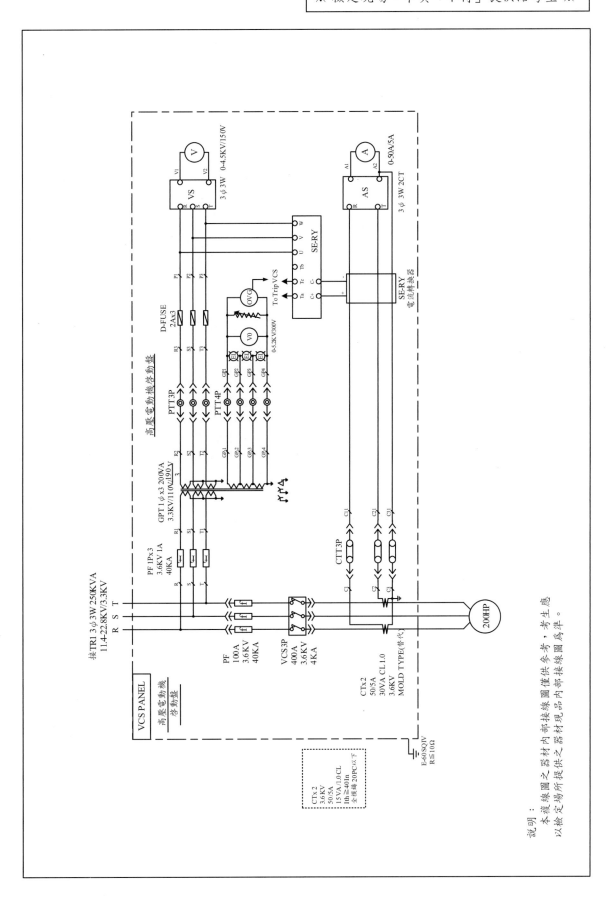

3-4 高壓電動機啟動盤：VCS 內部接線圖

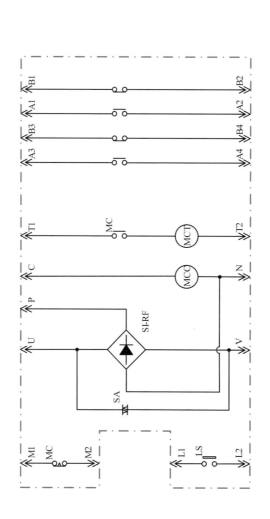

	工業配線技術士技能檢定術科試題		
級別/階段	乙級/第二站	圖號	01300-10802203-4/5
測驗時間	3小時		高壓盤裝配工作
題號名稱			第三題 高壓電動機啟動盤 VCS內部接線圖

說明：虛線內之 VCS 內部接線圖，係由檢定場所提供之現品為準。

3-4.1 高壓電動機啟動盤：VCS 控制電路參考圖

※ 檢定現場，本頁「不得」提供給考生 ※

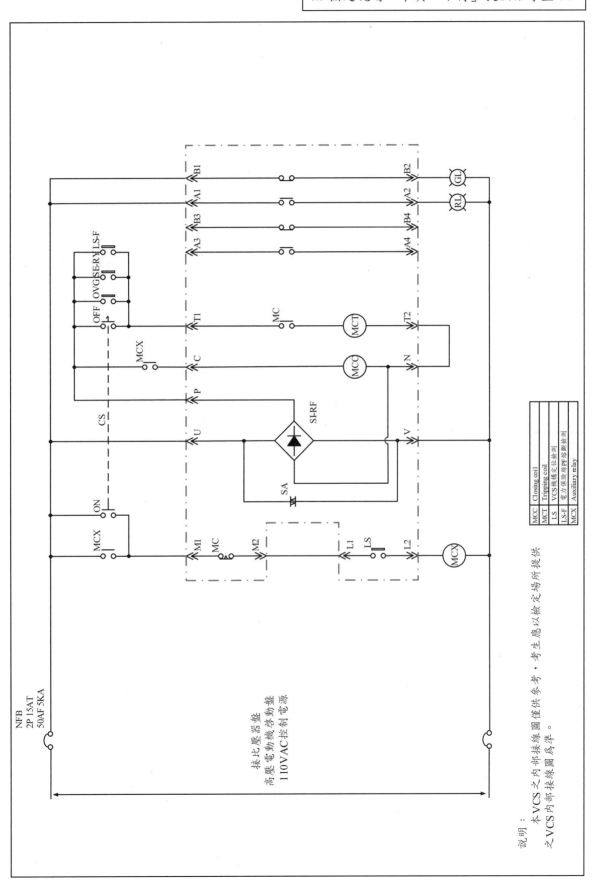

3-5 高壓電動機啟動盤：主要機具設備表

項次	品名	規格	單位	數量
1	真空開關 VCS	3P 3.3KV 400A 4KA E/O D/O W/PF 3.6KV 100A 40KA ×3	台	1
2	電力熔絲 PF	3.6KV 1A 40KA	套	1
3	接地比壓器 GPT	3φ200VA 3.3KV/110V/(190/3)V CLASS 1.0/3.0	只	1
4	比流器 CT	3.6 KV 50/5A 15VA/1.0CL Ith>=40In 全模鑄 20PC 以下	套	1
5	電流測試端子 CTT	3P D/O，黑色外殼	組	1
6	電壓測試端子 PTT	3P×1 4P×1 D/O，黑色外殼	組	2
7	電流表 AM	AC 0~50/5A 110×110mm	只	1
8	電壓表 VM	AC 0~4.5KV/150V 110×110mm	只	1
9	電流切換開關 AS	3φ3W 2CT	只	1
10	電壓切換開關 VS	3φ3W	只	1
11	控制開關 CS	左 1a 右 1a 中央復歸／拉出操作安全型	只	1
12	電壓表 VOM	0~6KV/300VAV 110×110mm	只	1
13	接地過電壓電驛 OVG-RY	190VAC 附可變電阻	只	1
14	SE-RY	2-5A W/SET-3A	只	1
15	無熔線斷路器 NFB	2P 50AF 15AT 5KA 120VAC	只	1
16	指示燈	30φ110/18VAC（W）	只	3
17	指示燈	30φ110/18VAC（GL×1，RL×1）	只	2
18	栓型保險絲 D-FUSE	600V 2A W/BASE	只	5

3-6　高壓電動機啟動盤：動作原理說明

　　高壓電動機啟動盤（VCS PANEL）盤面配置圖及實體圖，如圖所示。

　　主要之設備器材，包含下列四部分：

1.控制及指示電路相關設備器材

　　真空開關 VCS、控制開關 CS、綠燈 GL 及紅燈 RL、接地指示燈（白燈 WLx3）、無熔線斷路器 NFB

2.計量電路相關設備器材

　　電壓表 VM、電壓切換開關 VS、電流切換開關 AS、電流表 AM、電流測試端子 CTT、電壓測試端子 PTT

3.相關保護電驛

　　接地過電壓電驛 OVG-RY（電壓表 VoM）、3E Relay（SE-RY）

4.控制盤內相關設備器材

　　接地比壓器 GPT、比流器 CT、栓型保險絲 D-FUSE

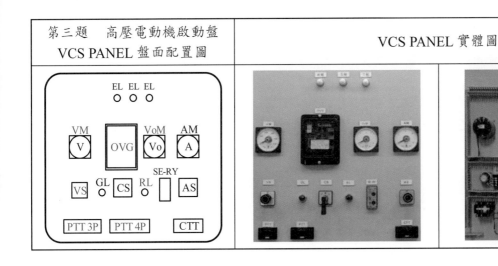
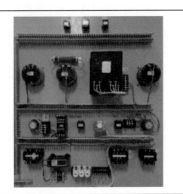

（一）VCS 控制電路說明

1.本題為「高壓電動機啟動盤」之控制：真空開關（Vacuum Controlled Switch, VCS），或稱真空接觸器（Vacuum Contactor Switch, VCS），利用真空消弧室協助消弧，當啟斷電流時，凝結接觸子間隙間擴散出來的金屬蒸汽，有助於消弧；真空消弧室具有通過及切斷正常電流的功能，但不能切斷短路故障電流。

2.真空開關使用控制開關（CS）作 ON/OFF 控制，GL 及 RL 各接到 VCS 之 b 接點及 a 接點，VCS 跳脫時 GL 亮，投入時 RL 亮。

3.因保護電驛 OVG 與 SE-RY（3E-RY）動作時，VCS 均會動作跳脫，配合控制電路之設計，保護電驛之動作接點與 CS/OFF 並聯接線。

㈡VM、VS、AS、AM 計量指示電路說明

1. 電流指示回路

(1) CTx2 作 V 形接線，出線標示（C1、C2、C3）。

(2) 經過 CTT（3P）後，出線標示（C11、C21、C31）。

(3) 然後接到 AS 的（R、T）端點，AS 的（A1、A2）端點接電流表 AM。

(4) 操控 AS 的（R、S、T、OFF）各檔次，AM 可分別指示（R、S、T）三相的電流；在 OFF 檔時，電流為 0A。

2. 電壓指示回路

(1) 接地比壓器（Ground Potential transformer, GPT）的電源側作 Y 接線，標示為（R1、S1、T1）；二次側有兩組線圈，第 1 組作 Y 接線，標示為（R2、S2、T2）；第 2 組作開△（OPEN DELTA）接線，標示為（GP1、GP2、GP3、GP4）。

(2) 線號（R1、S1、T1）經過 PTT（3P）後，線號標示為（R2、S2、T2）。

(3) 線號（R2、S2、T2）經過 D-FUSE 後，線號標示為（P1、P2、P3）。

(4) 線號（P1、P2、P3）接到 VS 的（R、S、T）端點，以及 SE-RY 的（P1、P2、P3）端點，VS 的（V1、V2）端點接電壓表 VM。

(5) 操控 VS 的（RS、ST、TR、OFF）的各檔次，VM 可分別指示「RS 相」、「ST 相」、「TR 相」的三相電壓，在 OFF 檔時，電壓為 0V。

㈢接地過電壓電驛（Ground Over Voltage Relay, OVG）控制電路說明

1. 接地比壓器 GPT 的第 2 組線圈出線，在 PTT（4P）標示為（GP1、GP2、GP3、GP4）。

2. 在電力系統正常供電中，

(1) 三相接地指示燈的電壓約為 V(EL-R)=V(EL-S)= V(EL-T) ≒ 63V，呈現半亮狀態。

(2) 系統正常時，接地電壓表 Vo= V(GP1-GP4)=0V，OVG 無動作。

3. 在系統接地故障時，以 R 相「完全接地故障」為例說明。

(1) V(EL-R)=0V，R 相接地指示燈熄滅。

(2) V(EL-S)= V（EL-T）=110V，S 相、T 相接地指示燈全亮。

(3) 接地電壓表 Vo ≒ 190V，OVG 動作。

(4) 當系統接地故障時，OVG 動作，VCS 跳脫，OVG 之動作指示牌（ICS）掉下。

(5) 故障排除後，OVG 復歸，VCS 才可再正常操作。

㈣電動機保護電驛（3E-RY）控制電路說明

1. 3E-RY 配合電流轉換器（Current Converter）檢出故障電流（C+、C- 端點），電壓信號（U、V、W 端點）接到 PT 電壓回路的（P1、P2、P3），具有 OPEN（欠相）、RVS（Reverse，逆相）、OC（Over Current，過載）等三種保護功能。

2. 電流轉換器配合 CT 電流回路配線（線號 C21、C22、C33），於電流 2-5A 時，經查表須貫穿 4 匝（Turn），以檢出電流。

3. 正常受電中，如 3E-RY 動作，真空接觸器應跳脫，指示燈紅燈熄，綠燈亮。

4. 3E-RY 具有 TRIP/RESET 按鈕，測試操作時使用。

	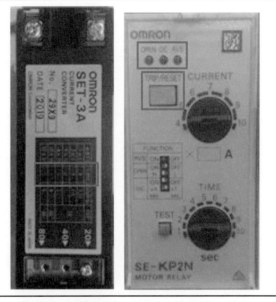
接地過電壓電驛 OVG-RY（高壓第三題） （TOYO TGV-C9V）	電動機保護電驛 3E-RY（高壓第三題） （OMROM SE-KP2N SET3A）

第四題：真空斷路器盤

4-1 動作說明

一、操作功能

㈠ 控制電源開關（NFB）ON 時，真空斷路器（VCB）指示燈綠燈（GL）亮。

㈡ VCB 之控制開關（CS）拉出轉至 ON 時，VCB 應投入（CLOSE），指示燈紅燈（RL）亮，綠燈熄。

㈢ VCB 之控制開關拉出轉至 OFF 時，VCB 應跳開（OPEN），指示燈紅燈熄，綠燈亮。

㈣ 正常受電中，當多功能電驛動作時，VCB 應跳脫（TRIP），閉鎖電驛（86）動作，指示燈紅燈（RL）熄，綠燈（GL）亮。須待故障排除後，多功能電驛復歸，再使閉鎖電驛（86）復歸，才能再行操作使 VCB 投入。

二、計量電路

儀表電源開關（NFB）ON：操作電壓切換開關（VS）應能使電壓表（V）指示各相線間電壓。當有負載時，操作電流切換開關（AS）應能使電流表（A）指示各相線電流。功率因數表、瓦特表、頻率計、瓦時表均能正確指示讀值。

4-2 金屬閉鎖型配電箱（控制箱）：各種檢驗設定

由監評委員於□內打 V 指定。

□一、型式試驗　　　　□二、驗收試驗　　　　□三、送電前檢查與測試
□四、復電前檢查與測試　　□五、竣工檢測及定期維護檢測

4-3 真空斷路器盤：單線圖

※ 檢定時本頁發至該題之工作崗位 ※

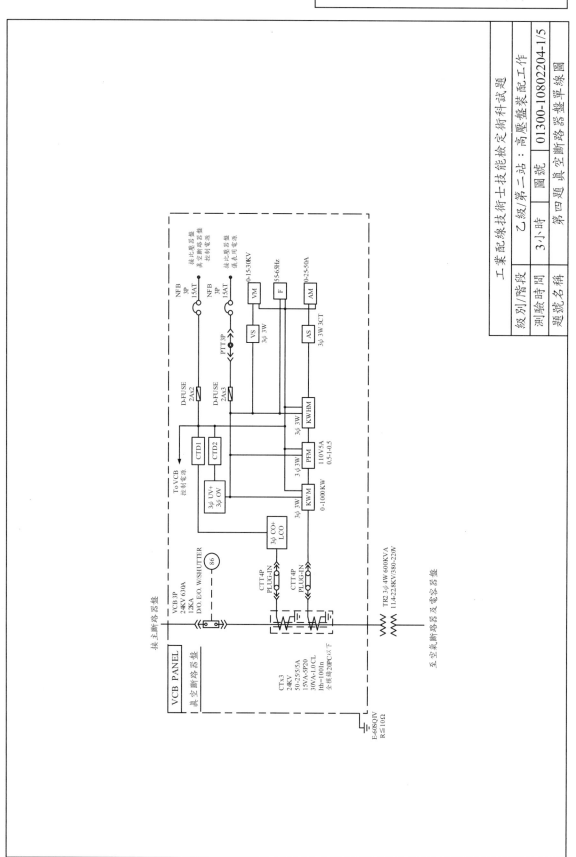

工業配線技術士技能檢定術科試題			
級別/階段	乙級/第二站：高壓盤整裝配工作		
測驗時間	3小時	圖號	01300-10802204-1/5
題號名稱	第四題真空斷路器盤盤單線圖		

4-3.1 真空斷路器盤：複線參考圖

※ 檢定現場，本頁「不得」提供給考生 ※

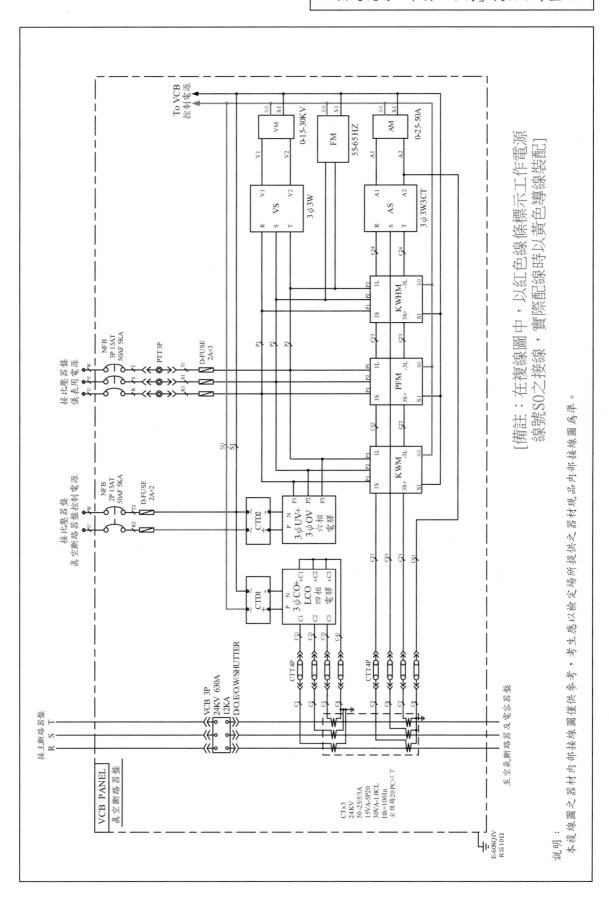

[備註：在複線圖圖中，以紅色線條標示工作電源線號S0之接線，實際配線時以黃色導線裝配]

說明：本複線圖之器材內部接線圖僅供參考，考生應以檢定場所提供之器材現品內部接線圖為準。

4-4 真空斷路器盤：VCB 內部接線圖

※ 檢定時本頁發至該題之工作崗位 ※

工業配線技術士技能檢定術科試題		
級別/階段	乙級/第二站	高壓盤裝配工作
測驗時間	3小時	圖號 01300-10802204-4/5
題號名稱	第四題 真空斷路器盤VCB內部接線圖	

說明：盤線內之VCB內部接線圖，係由檢定場所提供之現品為準。

4-4.1 真空斷路器盤：VCB 控制電路參考圖

※ 檢定現場，本頁「不得」提供給考生 ※

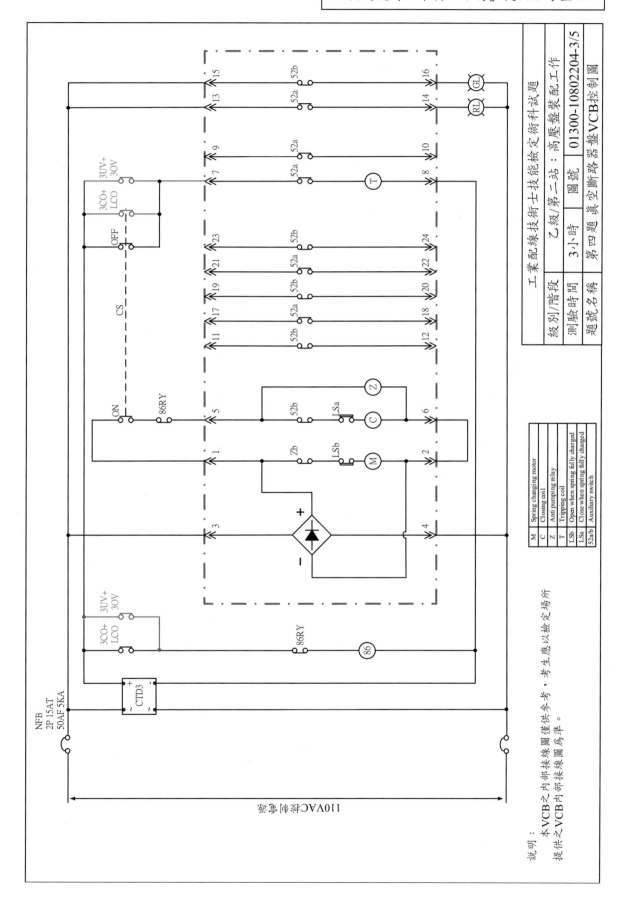

工業配線技術士技能檢定術科試題		
級別/階段	乙級/第二站：	高壓盤裝配工作
測驗時間	3小時	圖號 01300-10802204-3/5
題號名稱	第四題 真空斷路器盤 VCB控制圖	

M	Spring changing motor
C	Closing coil
Z	Anti pumping relay
T	Tripping coil
LSb	Open when spring fully charged
LSa	Close when spring fully charged
52a/b	Auxiliary switch

說明：本VCB之內部接線圖僅供參考，考生應以檢定場所
提供之VCB內部接線圖為準。

4-5 真空斷路器盤：主要機具設備表

項次	品名	規格	單位	數量
1	箱體 CASE	1100W×2350H×2000D m/m I/D	盤	1
2	真空斷路器 VCB	3P 24KV 630A 12KA E/O D/O W/SHUTTER 及 CTD	台	1
3	比流器 CT	24 KV 50-25/5/5A 15VA-10P20/30VA-1.0CL Ith=100In 全模鑄 20PC 以下	套	1
4	過電流電驛	3φCO+1φLCO, 110VAC	只	1
5	過電壓欠電壓電驛	3φOV+3φUV, 110VAC	只	1
6	閉鎖電驛（86）	110VDC 機械操作型附 1a、2b 接點	只	1
7	數位電壓表 VM	5 位數以上盤面安裝 AC 0-30KV, 110VAC	只	1
8	數位電流表 AM	5 位數以上盤面安裝 AC 0-50, 110VAC	只	1
9	數位頻率表 FM	5 位數以上盤面安裝 55-65HZ, 110VAC	只	1
10	數位瓦特表 KWM	5 位數以上盤面安裝 3φ3W 0-1000KW, 110VAC	只	1
11	電容跳脫裝置 CTD	盤內固定型 110VAC/110VDC 8VA 以上	只	2
12	數位功率因數表 PFM	5 位數以上盤面安裝 3φ3W 0.5-1-0.5 110VAC 5A, 110VAC	只	1
13	數位瓦特時表 KWHM	5 位數以上盤面安裝 3φ3W, 110VAC	只	1
14	電壓切換開關 VS	3φ3W	只	1
15	電流切換開關 AS	3φ3W 3CT	只	1
16	控制開關 CS	左 1a 右 1a 中央復歸／拉出操作安全型	只	1
17	指示燈 PL	30φ 110/18VAC（R×1，G×1）	只	2
18	電流測試端子 CTT	4P D/O，黑色外殼	組	2
19	電壓測試端子 PTT	3P D/O，黑色外殼	組	1
20	無熔線斷路器 NFB	3P 50AF 15AT 5KA 120VAC	只	1
21	無熔線斷路器 NFB	2P 50AF 15AT 5KA 120VAC	只	1
22	栓型保險絲 D-FUSE	600V 2A W/BASE	只	5

4-6 真空斷路器盤：動作原理說明

真空斷路器盤（VCB PANEL）盤面配置圖及實體圖，如圖所示。

主要之設備器材，包含下列四部分：

1. 控制及指示電路相關設備器材

   真空斷路器 VCB、控制開關 CS、綠燈 GL 及紅燈 RL、無熔線斷路器 NFB、電容跳脫裝置 CTD

2. 計量電路相關設備器材

   數位電壓表 VM、數位電流表 AM、數位頻率表 FM、數位瓦特表 KWM、數位功率因數表 PFM、數位瓦特時表 KWHM、電壓切換開關 VS、電流切換開關 AS、電壓測試端子 PTT、電流測試端子 CTT-R（電驛用）、CTT-M（儀表用）

3. 相關保護電驛

   過電流電驛（四相一體 $3\phi CO + 1\phi LCO$）、過電壓欠電壓電驛（六相一體 $3\phi OV + 3\phi UV$）、閉鎖電驛（86）

4. 控制盤內相關設備器材

   比流器 CT、電流轉換器 ATD、電壓轉換器 VTD、功率因數轉換器 PFTD、千瓦特轉換器 KWTD、數位瓦特時表 KWHM、栓型保險絲 D-FUSE

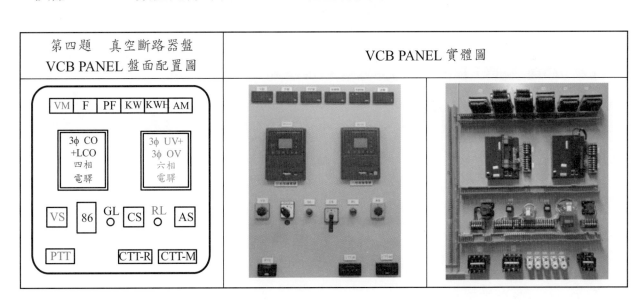

（一）VCB 控制電路說明

1. 本題為「真空斷路器盤」之控制：真空斷路器（Vacuum Circuit Breaker, VCB）因其消弧介質和消弧後接觸子間隙的絕緣介質都是高真空而得名，其具有體積小、重量輕、消弧裝置不用頻繁檢修的優點。

2. VCB 之 ON/OFF 控制方法

當 CS 轉至「ON」時，GCB 之閉合線圈（Close Coil, CC）激磁，GCB 投入（Close）；當 CS 轉至「OFF」時，GCB 之跳脫線圈（Trip Coil, TC）激磁，GCB 跳脫（Trip/Open）；

3. VCB 控制「ON」之電路說明

(1) 當 CS 轉至「ON」時，CS/ON 之 a 接點接到 VCB 引出點之閉合及反泵回路，VCB 投入。

(2) 因 86RY（閉鎖電驛）之 b 接點與 CS/ON 串聯，故當 86RY 動作時，CS/ON 電路斷路，VCB 不會動作。

4. VCB 控制「OFF」之電路說明

(1) 當 CS 轉至「OFF」時，CS/OFF 之 a 接點接到 VCB 之跳脫電路，使 VCB 跳脫。

(2) 於 VCB 正常投入狀態時，若四相一體保護電驛 $3\phi CO+1\phi LCO$ 動作，或六相一體保護電驛 3UV+3OV 動作，均會使 VCB 跳脫。

   * 因 CS/OFF 的 a 接點，和四相一體保護電驛及六相一體保護電驛的動作接點並聯，故均會使 VCB 動作跳脫。

5. 當系統電壓發生瞬時性電壓巨大升降時，六相一體電壓保護電驛動作；或 VCB 後端電路發生短路事故時，四相一體電流保護電驛動作，86RY（閉鎖電驛）亦會動作。雖然在系統電壓恢復正常，或短路故障排除後，但 86RY（閉鎖電驛）未復歸前，操作 CS，VCB 仍不能投入；須待 86RY（閉鎖電驛）復歸後，VCB 才能操作投入。

6. 指示電路

(1) 當 VCB 跳脫時，其補助 b 接點導通，GL 會亮。

(2) 當 VCB 動作時，其補助 a 接點導通，RL 會亮。

㈡計量指示電路說明

儀表計量電路之接線順序，包含

(1)「PT 電壓回路」接線，包含 PTT 回路。

(2)「CT 電流回路」接線，包含① CTT-R 及② CTT-M 兩回路。

(3)「工作電源 S0、S1」之接線，包含有關儀表器具。

1. 電壓回路接線之順序

(1) 接比壓器盤儀表用電源（PT）

PT → (U、V、W) → NFB → (R、S、T) → PTT(3P) → (R1、S1、T1) → D-FUSE → (P1、P2、P3) → [VS、FM、KWHM、PFM、KWM、$3\phi UV+3\phi OV$、CTD2、CTD1]

[原則]：各器具及儀表之間的（P1、P2、P3），端子編號相同者，都並接在一起

(2) VS → (V1、V2) → VM

2. 電流回路接線之順序

[原則]：各器具及儀表之間，「電流線圈串聯」

(1) CTT-R 電流回路（四相一體電驛）

① R 相電流：CT → (C1) → CTT → (C11) → 3ϕCO+LCO → (C1)

② S 相電流：CT → (C2) → CTT → (C21) → 3ϕCO+LCO → (C2)

③ T 相電流：CT → (C3) → CTT → (C31) → 3ϕCO+LCO → (C3)

④ N 相電流：CT → (C4) → CTT → (C41) → 3ϕCO+LCO → (±C1、±C2、±C3)

(2) CTT-M 電流回路（各器具及儀表）

① R 相電流：CT → (C5) → CTT → (C51) → KWM(1S)-KWM(1L) → (C52) →
→ PFM(1S)-PFM(1L) → (C53) → KWHM(1S)-KWHM(1L) → (C54) → AS(R)-
AS(A1) → A1 → AM

② S 相電流：CT → (C6) → CTT → (C61) → AS(S)

③ T 相電流：CT → (C7) → CTT → (C71) → KWM(3S+)-KWM(3S-) → (C72) →
PFM(3S+)-PFM(-3L) → (C73) → KWHM(3S+)-KWHM(-3L) → (C74) → AS(T)-
AS(A2) → A2 → AM

④ N 相電流：CT → (C8) → CTT → (C81) → AS(A2)+AM

3. 工作電源 S0、S1 之接線

[原則]供給各儀表器具所須之工作電源。

(1) 線號 S0 之連接：將 D-FUSE、KWM、PFM、KWHM、AM、FM、VM、CTD1
及 CTD2 等有關儀表器具之 S0 端點連接在一起。

（在複線圖中以紅色線條標示線號 S0 之接線，實際配線時以黃色導線裝配）

(2) 線號 S1 之連接：同 (1) 之各儀表器具，將 S1 端點連接在一起。

㈢閉鎖電驛、過電流電驛、過電壓欠電壓電驛介紹

1. 閉鎖電驛

閉鎖電驛（86, Lockout Relay）之動作說明

（與高壓第一題相同，請參考）

2. 過電流電驛

過電流保護電驛（（3ϕCO+LCO）為系統線路之過電流保護設備，又稱為四相一體保
護電驛。

如下左圖所示為施耐德公司過電流保護電驛之接線參考圖。

3. 過電壓、欠電壓電驛

過電壓、欠電壓電驛（3OV+3UV）為系統線路之過電壓（Over Voltage, OV）及欠電
壓（Under Voltage, UV）的保護設備，又稱為六相一體保護電驛。

　　如下右圖所示為施耐德公司過電壓、欠電壓保護電驛之接線參考圖。

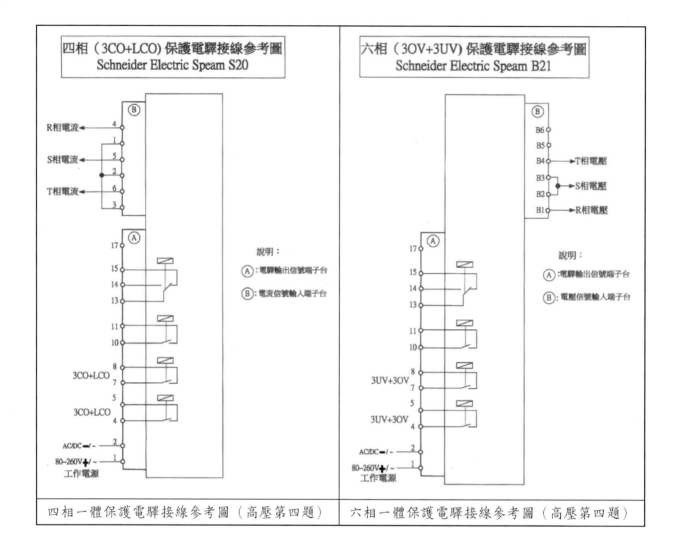

四相一體保護電驛接線參考圖（高壓第四題）　　六相一體保護電驛接線參考圖（高壓第四題）

第五題：空氣斷路器及電容器盤

5-1 動作說明

一、操作功能

㈠空氣斷路器（ACB）

1. 控制電開關（NFB）ON 時，ACB 指示燈綠燈（GL）亮。

2. 空氣斷路器（ACB）之控制開關（CS）拉出轉至 ON 時，空氣斷路器應投入（CLOSE），指示燈紅燈（RL）亮，綠燈熄。

3. 空氣斷路器之控制開關拉出轉至 OFF 時，空氣斷路器應跳開（OPEN），指示燈紅燈熄，綠燈亮。

4. 正常受電中，如任一相過電流或欠電壓時，空氣斷路器應跳脫，指示燈紅燈熄，綠燈亮。

㈡自動功因調整器（APFR）

1. 切換開關（COS）置於手動（MAN）位置，經由照光式按鈕開關手動操作，選擇第 1 組至第 6 組之電容器投入。

2. 切換開關（COS）置於自動（AUTO）位置，經由附件一的計算設定，使自動功因調整器自動選定第 3 組至第 6 組之電容器投入。

二、計量電路

　　儀表電源開關（NFB）ON：操作電壓切換開關（VS）應能使電壓表（V）指示各相線間電壓及相線對地電壓。當有負載時，操作電流切換開關（AS）應能使電流表（A）指示各相線電流及中性線電流。

5-2 功率因數改善計劃書

[第一小題]

　　某負載（註 11）KW，改善前功率因數為（註 12）落後，改善後功率因數提高至（註 13），求電路上應裝電容器為若干 KVAR？

《備註》

a. 上述（　）之值由監評委員於註 11～13 □內打√指定，應檢人依題意作答。

　　註 11、負載：　　　□ 50KW　　　□ 60KW　　　□ 70KW　　　□ 80KW

　　註 12、改善前：　　□ 0.7　　　□ 0.75　　　□ 0.8　　　□ 0.85

　　註 13、改善後：　　□ 0.85　　　□ 0.9　　　□ 0.95　　　□ 0.98

b. 所計算出之容量須以最接近（最適宜）之市售品常用規格選用。

c. 參考計算公式（限用報名簡章規定認可之計算器）：

$$KVAR = \sqrt{(KVA)^2 - (KW)^2} \text{，} KVA = \frac{KW}{pf}$$

[第二小題]

　　某系統電壓為（註 21）時，所需裝置改善功因之電容器容量為（註 22），若選用之電容器額定電壓約為系統電壓之 1.10~1.20，則在額定電壓下所選用之電容器容量為若干 $KVAR_R$？

《備註》

a. 上述（V_S）和（$KVAR_S$）之值由監評委員於註 21～22 □內打 V 指定，應檢人依題意作答。

　　註 21、系統電壓（V_S）：　　　　　□ 220VAC　　　□ 380VAC　　　□ 440VAC

　　註 22、系統電壓下所需之電容器容量　□ 100KVAR　　□ 150KVAR　　□ 200KVAR

b. 本項由應檢人於□內打√作答。註 23 之電容器額定電壓（V_R），依指定（註 21）之系統電壓（V_S）選用。

　　註 23、電容器額定電壓（V_R）：　□ 260V　　　□ 440V　　　□ 480V　　　□ 525V

c. 所計算出之容量須以最接近（最適宜）之市售品常用規格選用。

d. 參考計算公式（限用報名簡章規定認可之計算器）：

$$KVAR_R = KVAR_S \times (\frac{V_R}{V_S})^2$$

[電容器市售品常用規格表]

容量	額定電壓（VAC）					
（KVAR）	240	260	280	440	480	525
2.5	√	√		√	√	√
5	√	√	√	√	√	√
7.5	√	√		√	√	√
10	√	√	√	√	√	√
12.5	√	√		√	√	√
15	√	√	√	√	√	√
20	√	√	√	√	√	√
25	√	√	√	√	√	√
30	√	√	√	√	√	√
35		√	√	√	√	√
40	√	√	√	√	√	√
45		√	√	√	√	
50	√	√	√	√	√	√
55		√	√	√	√	
60	√	√	√	√	√	
65		√	√		√	
70		√	√	√	√	
75		√	√	√	√	√
80				√	√	
85				√	√	
90				√	√	
100				√	√	√
110				√	√	
120				√	√	

《備註》：上表中，√為市售品規格。

[電容器市售品常用規格表]

5-3 空氣斷路器盤及電容器盤：單線圖

※ 檢定時本頁發至該題之工作崗位 ※

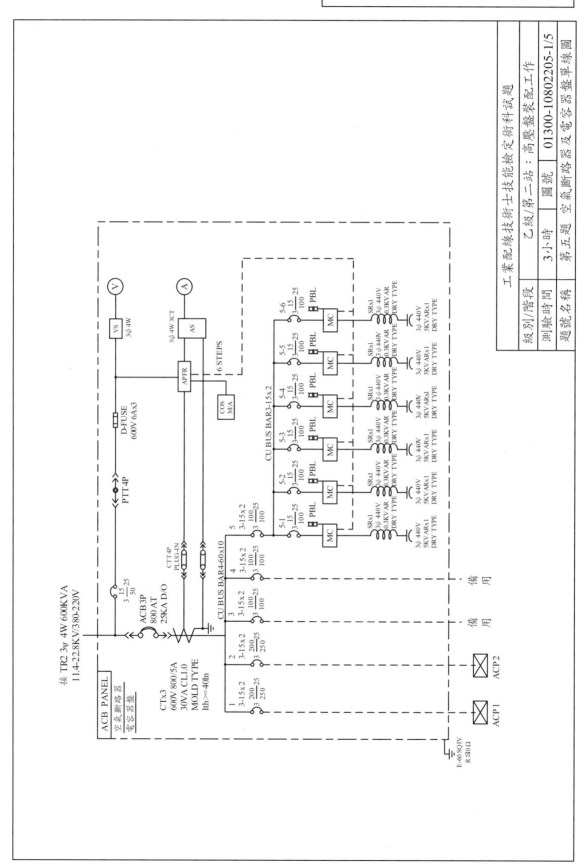

級別/階段	乙級 第二站：高壓盤裝配工作
測驗時間	3小時
題號名稱	圖號 01300-10802205-1/5
	第五題 空氣斷路器及電容器盤單線圖

工業配線技術士技能檢定術科試題

5-3.1 空氣斷路器盤及電容器盤：複線參考圖

※ 檢定現場，本頁「不得」提供給考生 ※

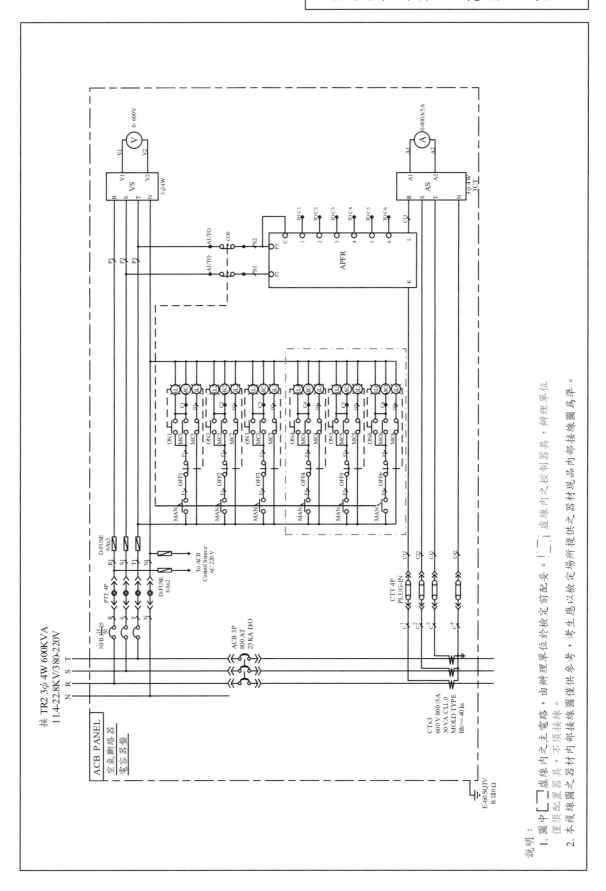

說明：
1. 圖中 □ 虛線內之主電路，由辦理單位於檢定前配妥。□ 虛線內之控制器具，辦理單位
   僅須配置器具，不須接線。虛線接線圖之器材現品內部接線圖為準。
2. 本複線接線圖之器材內部接線圖僅供參考，考生應以檢定場所提供之器材現品內部接線圖為準。

5-4 空氣斷路器盤及電容器盤：內部接線圖

※ 檢定時本頁發至該題之工作崗位 ※

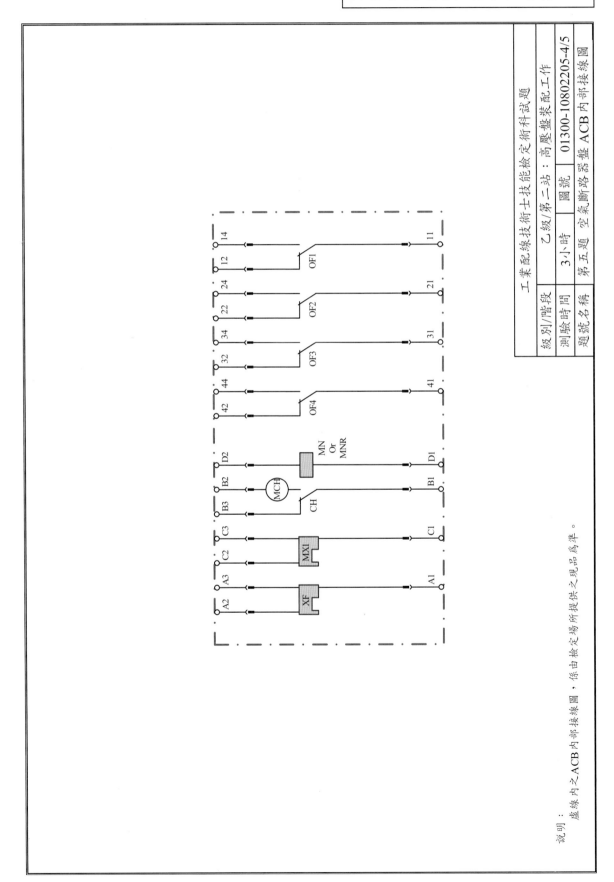

5-4.1 空氣斷路器盤及電容器盤：控制電路參考圖

※ 檢定現場，本頁「不得」提供給考生 ※

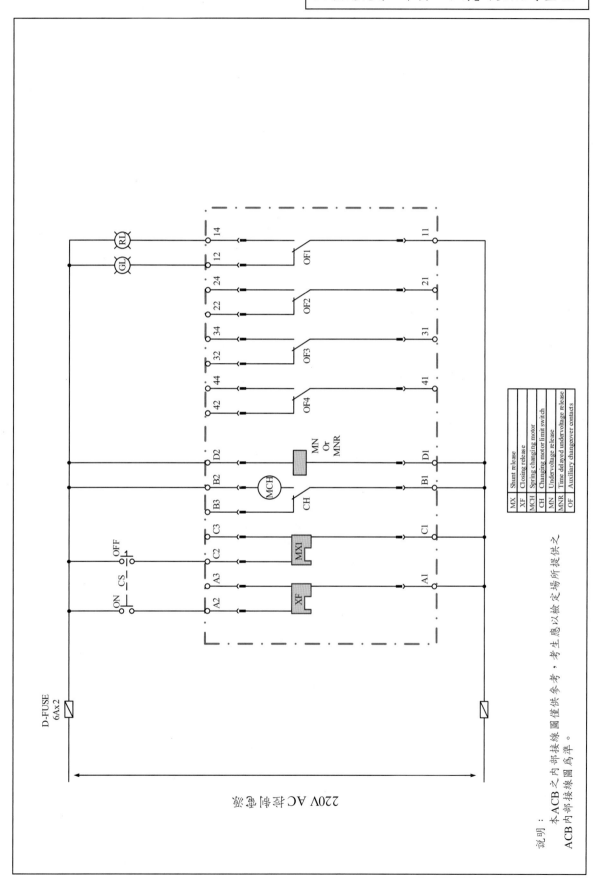

說明：
本ACB之內部接線圖僅供參考，考生應以檢定場所提供之
ACB內部接線圖爲準。

5-5 空氣斷路器盤及電容器盤：主要機具設備表

項次	品名	規格	單位	數量
1	箱體 CASE	1000W×2350H×2000D m/m I/D	盤	1
2	空氣斷路器 ACB	3P 800AT 25KA/380VAC E/O D/O W/SHUTTER	台	1
3	比流器 CT	440V 30VA 800/5A CLASS：1.0 Ith >= 40In	套	1
4	電壓表 VM	0-600VAC 110×110mm	只	1
5	電流表 AM	0-800A/5A 110×110mm	只	1
6	自動功因調整器 APFR	600V 六段	只	1
7	電壓切換開關 VS	3ϕ 4W	只	1
8	電流切換開關 AS	3ϕ 4W 3CT	只	1
9	控制開關 CS	左 1a 右 1a 中央復歸／拉出操作安全型	只	1
10	無熔線斷路器 NFB	3P 50AF 15AT 25KA 220VAC	只	1
11	無熔線斷路器 NFB	3P 250AF 200AT 25KA 380VAC	只	2
12	無熔線斷路器 NFB	3P 100AF 100AT 25KA 380VAC	只	3
13	無熔線斷路器 NFB	3P 100AF 15AT 25KA 380VAC	只	6
14	電磁接觸器 MC	3ϕ20A 220VAC	只	6
15	電抗器 SR	3ϕ0.3KVAR DRY（SC=5KVAR）	只	6
16	電容器 SC	3ϕ440V 5KVAR DRY	只	6
17	電流測試端子 CTT	4P D/O，黑色外殼	只	1
18	電壓測試端子 PTT	4P D/O，黑色外殼	只	1
19	切換開關 COS	30ϕ6a 6b	只	1
20	照光式按鈕開關 PBL	30ϕ220/18VAC (R)	只	6
21	照光式按鈕開關 PBL	30ϕ220/18VAC (G)	只	6
22	栓型保險絲 D-FUSE	600V 6A W/BASE	只	5

5-6 空氣斷路器及電容器盤：動作原理說明

空氣斷路器盤（ACB PANEL）盤面配置圖及實體圖，如圖所示。

主要之設備器材，包含下列四部分：

1. 控制及指示電路相關設備器材

空氣斷路器 ACB、控制開關 CS、切換開關 COS（6a6b）、照光式按鈕開關 PBL（紅色綠色，各6只）、綠燈 GL 及紅燈 RL、無熔線斷路器 NFB、自動功因調整器 APFR（6段）

2. 計量電路相關設備器材

電壓表 VM、電壓切換開關 VS、電流切換開關 AS、電流表 AM 電流測試端子 CTT、電壓測試端子 PTT

3. 控制盤內相關設備器材

比流器 CT、電抗器 SR、電容器 SC、栓型保險絲 D-FUSE 等

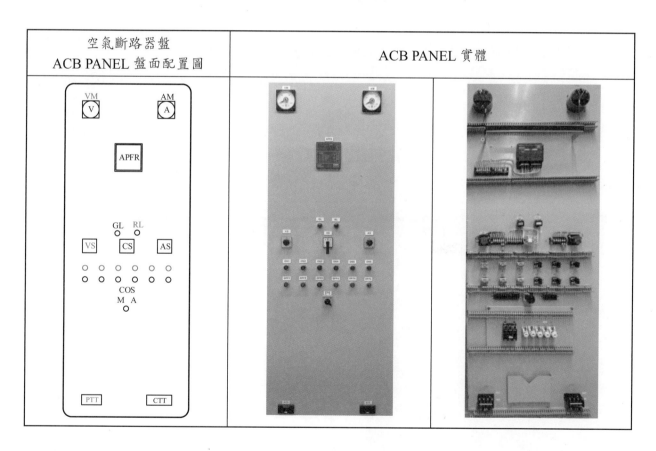

（一）ACB 控制電路說明

1. 本題為「空氣斷路器及電容器盤」之控制：空氣斷路器（Air Circuit Breaker, 簡稱 ACB）之消弧原理，係使用壓縮空氣，將電弧拉長及冷卻加以消弧。

2. 當 CS 轉至「ON」時，接到 ACB 之（A2）端點，閉合回路（XF: Closing release）

動作，ACB 投入（Close）。

3. 當 CS 轉至「OFF」時，接到 ACB 之（C2）端點，跳脫回路（MX: Shunt release）動作，
   ACB 跳脫（Trip/Open）。

4. 控制電源接到 ACB 之（B2）端點，使儲能電動機及互鎖接點回路（MCH: Spring
   changing motor, CH: Changing motor limit switch）動作。

5. 配合控制電路設計，GL 及 RL 各接到 ACB 之 b 接點（端點 12）及 a 接點（端點
   14），ACB 跳脫時 GL 亮，投入時 RL 亮。

㈡自動功因調整器介紹

1. 自動功因調整器（Automatic Power Factor Regulator, APFR）配合控制電路設計，能
   自動地控制調整電力系統的無效電力，功率因數的目標值可以由 APFR 設定，依據
   負載之功率因數及設定之功率因數目標值，使電容器自動投入或切離系統。

2. APFR 之外型圖及接線參考圖，如下圖所示。

   (1) 端子 220v、0：接工作電源 V（RN），即 P1、N1。

   (2) 端子 k、ℓ：接 R 相 CT 電流。

   (3) 輸出控制 a 接點之 COM 端子：接 N 相電源。

   (4) 輸出控制 a 接點之 C1、C2、…C6 各端子：各接電磁線圈 1、2、…6；電磁線圈 1、
       2、…6 之共同點，接到 R 相電源。

3. 複線圖繪製：於 PTT、D-FUSE、VS、VM 之電壓回路，CT、CTT、AS、AM 之電
   流回路，以及於 APFR 之間的設備器材，依所繪製之複線圖配線。

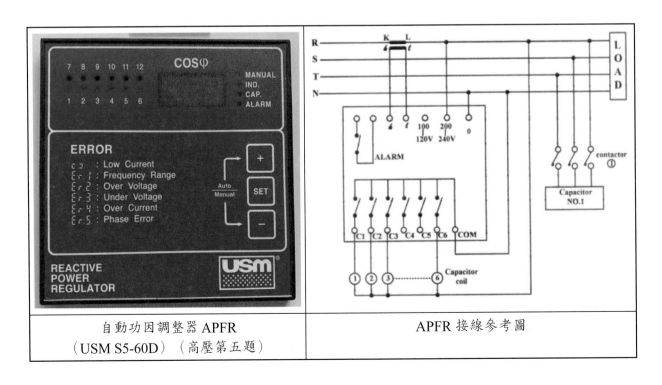

| 自動功因調整器 APFR（USM S5-60D）（高壓第五題） | APFR 接線參考圖 |

附錄

附錄A：工業配線乙級術科檢定測試試題相關說明

壹、術科測試辦理單位應注意事項

一、術科測試辦理單位應依「技術士技能檢定及發證辦法」、「技術士技能檢定作業及試場規則」、全國技術士技能檢定術科測試工作計畫、試題使用說明及有關規定辦理技能檢定術科測試。

二、檢定行政及場地管理注意事項：

（一）辦理單位須將下列之設備廠牌、型號（式）、使用手冊及相關圖說等，公告於辦理單位之官方網站。

　　第一站：可程式控制器、人機介面、變頻器、緩啟動器、近接開關、荷重元模組、光遮斷器、手搖輪脈波產生器、伺服馬達及驅動器。

　　第二站：MGCB、LBS、VCS、VCB、ACB、APFR、儀表、轉換器及各式電驛。

（二）辦理單位於檢定日之前一個月，將測試應檢人參考資料、辦理單位參考資料及術科報到通知書寄交應檢人。

（三）檢定實施日之前一星期內擇一日，應開放檢定場所至少 1 小時，讓應檢人（或其指導人）參觀，以便熟悉場地及器具。

三、檢定場地及器具準備注意事項：

（一）檢定日須備妥電腦及印表機相關設備各一套，並將電腦設置到抽題操作界面，按術科測試時間配當表所訂抽題時間，會同監評人員及應檢人抽題代表，全程參與抽題（含電腦操作及列印簽名事項），抽題後應檢人依抽題結果進行測試。

（二）第一站低壓試題每套 6 題，至少 2 套。控制器材（如試題之機具設備表）應全部固定於器具板上，並將主線路圖上虛線部分之接線配妥，辦理單位不得擅自更改器材之規格及數量。

（三）第一站低壓部分之每一工作崗位內應具下列設備及器材：

　　1. 低壓配電盤（箱）之操作板及器具板器具安裝，以及提供操作板器具引接至過門端子台線路圖／接點位置，應依各試題「操作板及器具板配置圖」裝

設，並將主線路圖上虛線部分之接線配妥，辦理單位不得擅自更改器材之規格、數量及配置位置。

2. 可程式控制器及程式編輯電腦各一台，以及連接線一條。程式編輯軟體需配合檢定崗位之可程式控制器，進行程式編輯。

3. 工作電源單相 110VAC 及低壓配電盤（箱）試驗電源三相 220VAC，均須加裝高感度高速度漏電斷路器（ELB）、短路保護及 15A 過載保護等設施。

4. 設備接地點必須引至每一工作崗位之箱體內。

5. 主線路圖中之虛線部分應檢人不用接線，由辦理單位於檢定前配妥虛線部分的接線。

6. 檢定場地須將第一站第三題及第四題之人機介面／PLC 對應元件規劃表，提供給應檢人。

7. 檢定場地須備第一站第四題之荷重元模組實體一只，崗位內利用荷重元模擬器產生量測訊號。

8. 第一站第五題之自動門機構模組，請於檢定前固定於箱體正面上方適當位置，並將其限制開關之常閉接點，及接地線引接至器具板端子台。

9. 第一站第六題，檢定場地配置 PNP 及 NPN 近接開關各一套，請將近接開關及其測試用治具，裝置於操作箱板外側適當之位置，並將其接點引接至器具板端子台上，並做適當之標示。

(四) 第一站第三題及第四題之術科測試評審表之執行檔，由技能檢定中心提供。辦理單位依據監評人員協調會作成之「四、監評人員協調會設定表」參數設定，於執行檔內輸入設定之參數，並列印，供監評人員作為評審使用。

(五) 第二站第五題自動功因調整器 APFR，僅須設定第 1 段至第 3 段自動投入／跳脫，第 4 段至第 6 段僅須備妥器具，不須接線。

(六) 檢定執行時發至各繪圖區崗位試題內容如下：

第一站：試題之示意圖、動作要求、主線路圖、機具設備表、應檢人檢定用材料表、具試場戳記之 A3 作答紙（控制圖說用），及 A4 作答紙（可程式控制器外部接線圖用）。

第二站：試題之動作說明、單線圖、各式器具內部接線圖、正側視配置圖、機具設備表、指示儀表及保護電驛之背面接線圖、箱門及箱內引接端子台上接點標示說明圖。具試場戳記之 A3 作答紙（複線接線圖、第二題含變壓器溫升控制圖）、A4 作答紙（主斷路器控制圖、功率因數改善計畫書），及配電盤箱檢驗項目答案卷。

(七) 第一站及第二站之評審表不可發至工作崗位。

貳、術科測試監評人員應注意事項

一、共同事項

1. 監評人員須於協調會，分別完成上／下午場「四、監評人員協調會設定表」之參數設定。
2. 依應檢人名冊核對身分無誤後，方准於進入檢定預備位置
3. 說明檢定場環境及設備，並宣布應檢人注意事項後對時（以檢定場懸掛之計時器為準）。

二、第一站：低壓部分執行步驟

1. 檢定開始後，應檢人在繪圖區，依試題之示意圖、動作要求及主線路圖，於具試場戳記之控制圖說用 A3 作答紙，及具試場戳記之可程式控制器外部接線圖 A4 作答紙，完成繪製可程式控制器外部接線圖及其程式設計並編寫可能接受之圖說（如階梯圖或流程圖），<u>經監評人員在作答紙上簽名後</u>，方可進入工作崗位進行可程式控制器程式輸入及配線的工作。
2. 應檢人自行通電檢測前，需先行報備，<u>經監評人員在「可程式控制器外部接線圖 A4 作答紙」上簽名並註記時間後</u>，應檢人方可自行通電檢測。若應檢人未經監評人員同意，自行通電檢測者，依評審表中其他部分之規定，列為重大缺點。
3. 應檢人自行通電檢測發現有誤時，在檢定時間內可自行檢修。通電及檢測次數不限，但在通電檢測過程中發現短路現象應立即於評審表中予以缺點註記。
4. 每一試題中均附有該題專用之評審表（監評人員須確認第三題及第四題評審表之參數值，與「四、監評人員協調會設定表」之參數符合一致）。監評人員應先依各試題「評審表」之「一、功能部分」測試步驟，依序逐項檢測各項控制功能，以能完成測試步驟所述功能者，其電路功能即算正確；監評人員不得依據推論或應檢人繪製之圖說，要求做出非測試步驟所述之功能。評審方式請詳閱各題評審表之說明。
5. 「一、功能部分」測試合格後，請繼續進行「二、其他部分」之各項評分作業，只要存有表列缺點敘述之事實，即可在該項缺點註記欄位打「×」，若發現「重大缺點」項目時，應註明缺點狀況。缺點以「項目」為單位統計，達到 A、B、C、D 任一區段所規定的限制數量即評定為不合格。「一、功能部分」及「二、其他部分」兩部分全部合格者，即評定第一站評審結果為「及格」，全部完成後請在評審表上簽章。

三、第二站：高壓部分執行步驟

1. 檢定開始後，應檢人在繪圖區，依試題之動作說明及單線圖，於具試場戳記之 A3 作答紙（複線接線圖、第二題含變壓器溫升控制圖）、A4 作答紙 2 張（主斷路器控制圖、功率因數改善計畫書用），及配電盤箱檢驗項目答案卷，依據監評人員指定之

試題設定事項,完成填寫或計算答案,<u>經監評人員在作答紙上簽名後</u>,方可進入工作崗位進行配線工作。

2. 應檢人自行通電檢測前,需先行報備,<u>經監評人員在「複線接線圖」上簽名並註記時間後</u>,准予自行通電檢測功能。若應檢人未經監評人員同意,自行通電檢測者,依評審表中其他部分之規定,列為重大缺點。檢定場僅提供單線圖中之低壓電源及0.5A簡易電流源,不提供高壓測試台給應檢人進行功能測試。

3. 應檢人自行通電檢測發現有誤時,在時間內可自行檢修。通電及檢修次數不限,但在通電檢測過程中發現短路現象,應立即於評審中表中予以缺點註記。

4. 每一試題中均附有該題專用之評審表,監評人員應先依各試題「評審表」之「一、功能部分」測試步驟,依序逐項檢測各項控制功能,以能完成測試步驟所述功能者,其電路功能即算正確;監評人員不得依據推論或應檢人繪製之圖說,要求做出非測試步驟所述之功能。評審方式請詳閱各題評審表之說明。

5. 「一、功能部分」測試合格後,請繼續進行「二、其他部分」之各項評分作業,只要存有表列缺點敘述之事實,即可在該項缺點註記欄位打「×」,若發現「重大缺點」或「缺點」項目時,應註明缺點狀況,且依扣分標準扣分。「一、功能部分」及「二、其他部分」得分高於(含)60分,即評定第二站評審結果為「及格」,全部完成後請在評審表上簽章。

四、監評人員協調會設定表

> ※ 本表僅供監評人員使用 ※

檢定日期:＿＿＿＿年＿＿＿＿月＿＿＿＿日　□上午場　□下午場

1. 第一站低壓部分:

@ 統一指定輸入／輸出位置:第一題、第二題(僅指定輸出位址)、第五題及第六題。

	指定可程式控制器之輸入位址		指定電磁接觸器線圈之輸出位址
PB1		MC1	
PB2		MC2	

@ 第三題：多段行程教導運轉定位與顯示控制，參數設定表。

監 評 選 定	□參數1	□參數2	□參數3
原點 T0 停留時間（秒）	9	6	3
第一定位點 滑台 B（mm）/T1 停留時間（秒）/SP1 速度（rpm）	50/3/60	140/6/120	280/3/120
第二定位點 滑台 C（mm）/T2 停留時間（秒）/SP2 速度（rpm）	120/6/60	80/3/60	200/9/60
第三定位點 滑台 D（mm）/T3 停留時間（秒）/SP3 速度（rpm）	300/9/120	220/9/120	80/6/60

@ 第四題：粉料秤重控制系統，秤重設定值＿＿＿＿＿＿＿＿＿＿＿＿＿＿＿＿公斤
（設定範圍為 65.0~150.9 公斤，需帶小數點一位）。

2. 第二站高壓部分：

@ 第五題：空氣斷路器及電容器盤，功率因數改善計劃書設定項目。

第一小題：由監評委員於註 11～13 □內打 V 指定，應檢人依題意作答。

註 11、負載：　　□ 50KW　　　□ 60KW　　　□ 70KW　　　□ 80KW

註 12、改善前：　□ 0.7　　　　□ 0.75　　　□ 0.8　　　　□ 0.85

註 13、改善後：　□ 0.85　　　□ 0.9　　　　□ 0.95　　　□ 0.98

第二小題：由監評委員於註 21～22 □內打 V 指定，應檢人依題意作答。

註 21、系統電壓（V_S）：　　□ 220VAC　　　□ 380VAC　　　□ 440VAC

註 22、系統電壓下所需之
　　　電容器容量（$KVAR_S$）：　□ 100KVAR　　□ 150KVAR　　□ 200KVAR

@ 術科筆試試題設定表。（配合第一～四題）

崗位號碼	一、型式試驗	二、驗收試驗	三、送電前檢查與測試	四、復電前檢查與測試	五、竣工檢測及定期維護檢測	參考答案卷（A~C卷擇一圈選）
1						A 卷、B 卷、C 卷
2						A 卷、B 卷、C 卷
3						A 卷、B 卷、C 卷
4						A 卷、B 卷、C 卷
6						A 卷、B 卷、C 卷
7						A 卷、B 卷、C 卷
8						A 卷、B 卷、C 卷
9						A 卷、B 卷、C 卷

由監評委員於崗位 1~4 指定一套題，崗位 6~9 為另一套題，一套題內之指定試驗不可重複。

一套題內之參考答案卷，僅可重複一卷。

※ 完成設定後，勾選／填入應檢人試題及提供選擇之參考答案卷別。

參、術科測試應檢人須知

一、本術科檢定分為第一站低壓部分（共六題）及第二站高壓部分（共五題）。應檢人需於同一日，就兩站檢測試題中各抽一題，兩站皆及格，方能取得術科測試及格資格。

二、檢定時間及工作內容：

第一站，低壓部分，測試時間 3 小時：

透過可程式控制器之程式設計及線路規劃，執行可程式控制器程式輸入，與低壓控制盤各器具之配線，達成試題所需之動作要求。

第二站，高壓部分，測試時間 3 小時：

完成術科筆試，以及高壓盤（箱）之單線圖，執行複線圖繪製及配線工作，完成試題需求之動作說明。

三、第一站：低壓部分

1. 檢定開始後，於繪圖區，依試題示意圖、動作要求及主線路圖，並確認監評人員指定之可程式控制器輸入及電磁接觸器線圈信號之輸出位址各二處（第三題及第四題除外，其他位址自行編定），在具試場戳記之控制圖說用 A3 作答紙，及具試場戳記之可程式控制器之外部接線圖 A4 作答紙，完成可程式控制器之外部接線圖及可程式控制器可接受之控制圖說。

   自備 PLC 之應檢人，當場自行繪製配合自備 PLC 之外部 I/O 接線圖，於具試場戳記之 I/O 位址示意圖背面。

2. 將具試場戳記可程式控制器外部接線圖 A4 作答紙及其可接受圖說之 A3 作答紙（如：階梯圖或流程圖），送請監評人員簽名後，方可進入工作崗位開始進行配線及程式編輯。

3. 為便於第二題檢查 PLC 輸出確認之功能，應檢人需將兩處指定位址之電磁接觸器輸出信號的接線，先串接 CB 後，再接至電磁接觸器之線圈，如下圖所示之 CB1、CB2。

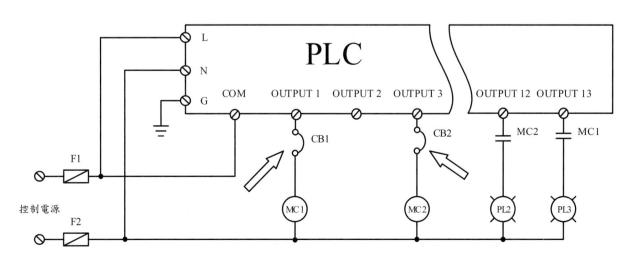

四、第二站：高壓部分

1. 檢定開始後，於繪圖區，完成下列文件，經監評人員簽名，戴安全帽後，方可進入工作崗位開始配線。

   (1) 在具試場戳記之複線接線圖 A3 作答紙上，依試題動作說明及單線圖，完成完整之複線圖及控制圖說。

   (2) 第一～四題，在具試場戳記之 A4 作答紙，依監評委員設定之試驗項目及答案卷，完成勾選檢驗項目序號。

   (3) 第五題，在具試場戳記之 A4 作答紙，依監評委員設定之功率因數改善計劃參數，完成功率因數改善計畫書。

2. 應檢人配線完成需先自行作靜態測試，報備送電，經監評人員在（複線接線圖）上簽名並註記時間，始准予通電測試（檢定場只提供單線圖中之低壓電壓源及 0.5A 簡易電流源，不提供高壓測試台）。

3. 應檢人自行通電檢測發現有誤時，在檢定時限內可自行檢修，通電及檢修次數不限。

五、術科辦理單位機具設備相關資料

　　應檢人須自行於術科辦理單位公告之網頁，下載下列術科辦理單位公告之相關資料，並請詳加閱讀。

　　　　第一站：可程式控制器、人機介面、變頻器、緩啟動器、近接開關、荷重元模組、光遮斷器、手搖輪脈波產生器、伺服馬達及驅動器。

　　　　第二站：MGCB、LBS、VCS、VCB、ACB、APFR、儀表、轉換器及各式電驛。

肆、術科測試試題自備工具表

項目	名　稱	規　格	單位	數量	備註
1	針型壓接鉗	2.5mm^2 以下	支	1	
2	剝線鉗	8mm^2 以下	支	1	
3	壓接鉗	8mm^2 以下	支	1	
4	平口起子	6 吋	支	1	
5	十字起子	6 吋	支	1	
6	尖嘴鉗	6 吋	支	1	
7	斜口鉗	6 吋	支	1	
8	鋼尺	30 cm	支	1	
9	三用電表	數位或指針式	只	1	
10	標籤紙		張	3	
11	鉛筆		支	1	
12	製圖工具	直尺、規板、圈板等	式	1	
13	平口起子	短柄（1.5 吋）	支	1	
14	十字起子	短柄（1.5 吋）	支	1	
15	導通試驗器	簡易型	只	1	
16	相序計		只	1	
17	活動扳手	6 吋	支	1	
18	盤箱清潔工具	抹布，刷子	式	1	
19	計算器	限用報名簡章規定認可之計算器	式	1	第二站第五題使用
說明	1.以上所列工具之種類、規格及數量僅供「參考」，考生因工作需要習慣而自備之工具不在此限。 2.第一、二站均不得使用電（自）動起子。 3.本表第一、二站檢定均適用。 4.上列第 19 項之計算器機型，請參考技術士技能檢定電子計算器機型一覽表。				

伍、第一站低壓術科測試試題說明

1. 本站係測驗應檢人，熟悉電磁接觸器等控制器材配合 PLC，從事電機控制的設計及裝配能力。

2. 應檢人應先利用本試題提供之示意圖、動作要求、主線路圖及檢定場現場指定之輸入及供給電磁接觸器線圈信號之輸出位址，完成可程式控制器外部接線及其可接受之圖說（如：階梯圖或流程圖）。

3. 將可程式控制器外部接線圖及其可接受之圖說交付監評人員簽名後完成盤箱全部控制配線（包括電動機負載接線）及可程式控制器程式之編輯，以符合全部動作要求。

4. PLC 之外部接線圖及程式圖說，應交與監評人員作為評分依據。

5. 控制箱體、器具、電動機等，必須做完整的設備接地。施工參考圖如下：

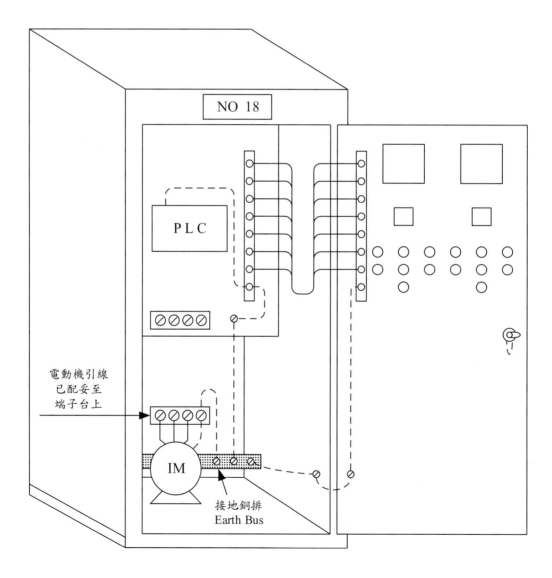

6. 試題動作要求說明中，[] 係表示該括弧中之元件動作。

7. PLC 可自行攜帶使用，但須確認能與檢定試場配置的器材配合使用，並不得預儲程式，否則以作弊論處。

8. 檢定場盤箱內僅提供 220VAC 電源，PLC 若非 220VAC 電源系統者，請自備電源轉換裝置，唯空間須與 PLC 共用同一區域。

9. 主線路以黑色導線配線，控制線分別以黃、藍、紅、黑區分交流、直流、電壓、電流等配線。

10. 檢定時，PLC 之接點壓接 0.75mm^2 I 型端子或 0.75-3 的 Y 型端子（依檢定場準備選用），PL、PB、COS、BZ、AS、VS 及電磁接觸器、電驛等控制線路得免壓接端子；器材經引線接至端子台上者，概須以端子壓接後接續。

11. 積熱電驛跳脫值，依圖面規定值設定；圖面未規定者，以線路電流達電動機全載額定電流值 1.15 倍時，積熱電驛務必動作之條件下，設定其跳脫值。

12. 負載端子應以標籤紙標明相序或極性。

13. 電動機之轉向係以面對負載軸端時，順時針方向為正轉，逆時針方向為反轉。

14. 評審表次要功能欄位中，指示元件「閃（斷續 ON）」的工作週期；有註明者依文字說明，未註明者一概視為 ON/0.5 秒，OFF/0.5 秒。

15. 其他注意事項，檢定現場補充說明。

陸、第二站高壓術科測試試題說明

1. 本站係測試應檢人，熟悉整套高壓受配電系統，從事各類配電盤裝配之能力。每套配電盤共分六盤，試題僅就其中五盤（比壓器盤除外）實施檢測。

2. 配電盤內之主電路，器具之控制／計測／量測接點引接至端子台上，均由辦理單位於檢定前佩妥。檢定時，應檢人僅須在盤面器具與端子台間，以所以線端壓接方式，完成所有接線。

3. 應檢人應先利用本試題提供之單線圖，配合試題動作說明及開關（斷路器）內部接線圖，於具試場戳記之 A3 作答紙分別繪製完整複線接線圖與控制圖，第一題至第四題，依據金屬閉鎖型配電箱（控制箱）檢驗參考答案，於具試場戳記之 A4 作答紙填寫監評委員指定試驗之粗斜體項目；或第五題，於具試場戳記之 A4 作答紙完成功率因數改善計畫書。

4. 繳交具試場戳記之 A4 作答紙，且於具試場戳記之複線接線圖 A3 作答紙完成完整複線接線圖與控制圖，交付監評委員簽證認可後，配合正、側視配置圖，在已裝妥器具之配電盤（箱）內，完成全部控制及監視電路之配線（包括儀表等計量電路），以符合全部動作說明。

5. 測試結束，應檢人應繳交具試場戳記之相關作答紙，以作為評分參考。

6. 控制箱體、器具等檢定前必須做完整的設備接地，以維護應檢人的安全。

7. 控制線之顏色分別以黃、藍、紅、黑區分交流、直流、電壓、電流等配線。

柒、工業配線乙級技術士技能檢定術科測試時間配當表

一、分兩組：每一檢定場，每日排定測試乙場。程序表如下：

時　間	內　容	備　註
08：00－08：30	1. 監評協調會議（含監評檢查機具設備） 2. 應檢人完成報到及分兩組	監評人員協調會設定表
08：30－08：50	1. 場地設備及供料、自備機具及材料等作業說明 2. 測試應注意事項說明 3. 應檢人試題疑義說明 4. 其他事項	
08：50－09：00	應檢人抽試題及排定工作崗位	
09：00－12：00	1. 第 1 組第一站（低壓部分）測試 2. 第 2 組第二站（高壓部分）測試	
12：00－13：20	監評人員進行評審工作	
13：20－13：30	應檢人抽試題及排定工作崗位	
13：30－16：30	1. 第 1 組第二站（高壓部分）測試 2. 第 2 組第一站（低壓部分）測試	
16：30－18：00	1. 監評人員進行評審工作 2. 召開檢討會〈監評人員及術科測試辦理單位視需要召開〉	

二、不分組：每一檢定場，每日排定測試乙場。程序表如下：

時　間	內　容	備　註
08：00－08：30	1. 監評協調會議（含監評檢查機具設備） 2. 應檢人報到	監評人員協調會設定表
08：30－08：50	1. 場地設備及供料、自備機具及材料等作業說明 2. 測試應注意事項說明 3. 應檢人試題疑義說明 4. 其他事項	
08：50－09：00	應檢人抽試題及排定工作崗位	
09：00－12：00	第一站（低壓部分）測試	
12：00－13：20	監評人員進行評審工作	
13：20－13：30	應檢人抽試題及排定工作崗位	
13：30－16：30	第二站（高壓部分）測試	
16：30－18：00	1. 監評人員進行評審工作 2. 召開檢討會〈監評人員及術科測試辦理單位視需要召開〉	

註：以下任一情形，得適用「不分組」配當表
　　1. 每場應檢人數 10 人（含）以下。
　　2. 檢定設備第一站具 3 套題（含以上）及第二站具 4 套題（含以上）。

附錄B：三菱FX3系列PLC程式編輯軟體GX Works2操作方法簡要說明

[STEP 1] 開新檔案、選定 PLC 型號

[工程（Project）] → [新增（New）] → [PLC 系列（Series）] → [PLC 類型（Type）]

[STEP 2] 階梯圖編輯模式選擇

(1) [編輯→梯形圖編輯模式] → [寫入模式]：或 [按快速鍵 F2]

(2) [編輯→梯形圖編輯模式] → [讀取模式]，或 [按快速鍵 Shift+F2]

[STEP 3] 編輯階梯圖

(1) 使用階梯圖工具列之符號編輯

(2) 使用指令碼編輯

(3) 配合編輯功能之 [插入欄 / 列]、[刪除欄 / 列]、[寫入 / 刪除劃線]、[剪下]、[刪除]、[複製]…等功能。

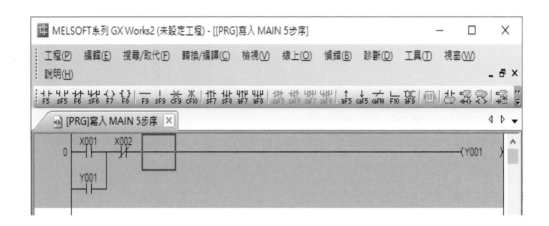

[STEP 4] 階梯圖之轉換

(1) [轉換 / 編譯（Compile）] → [轉換（Build）]

(2) 或 [按快速鍵 F4]

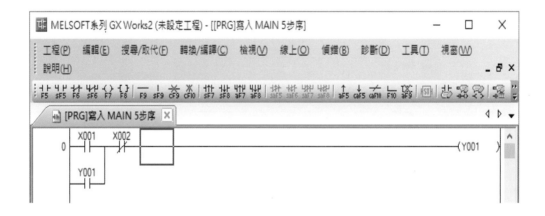

[STEP 5] 電腦與 PLC 之連線設定

(1) 選擇連線的 [COM PORT]

(2) [通訊測試] 連線按鈕

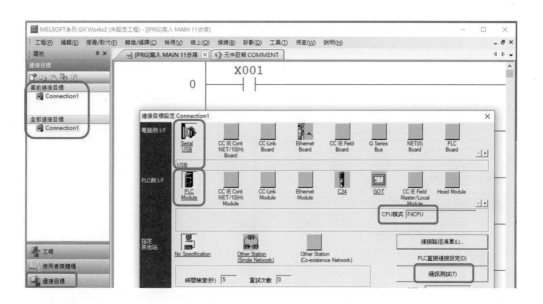

[STEP 6] 連線傳輸

(1) [線上（Online）] → [PLC 寫入（Write to PLC）]

(2) 或 [線上（Online）] → [PLC 讀取（Read from PLC）]

[STEP 7] 程式動作監視

(1) [線上（Online）] → [監視模式（Monitoring）] → [開始監視（Start Monitoring）]

(2) 監視功能，可以顯示元件的動作狀態，以及計時器、計數器、暫存器等之現在值

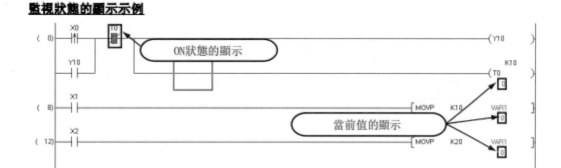

[STEP 8] 批量監視

[線上（Online）] → [監視模式（Monitoring）] → [元件（Device）/ 緩衝記憶體批量監視（Buffer Memory Batch Monitor）]

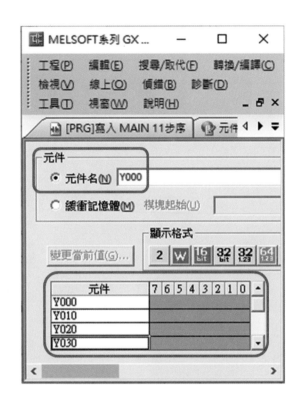 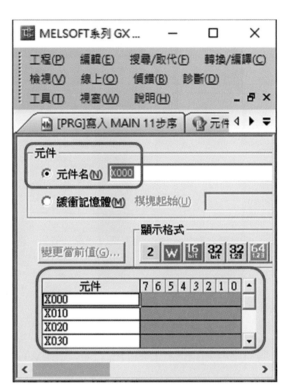

[STEP 9] 搜尋 / 取代

(1) 元件（Device）、指令（Instruction）、接點線圈（Contact orCoil）等之收尋 / 取代

(2) [搜尋 / 取代）（Find/Replace）] → [搜尋指令 / 取代指令（Find Device/Replace Device）]

 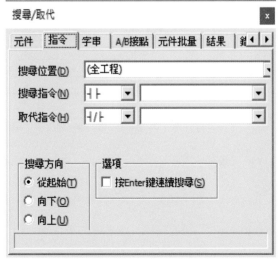

[STEP 10] 元件註解

(1) [編輯（Edit）] → [建立元件] → [編輯元件註解]

(2) 顯示註解：[顯示（View）→ [顯示註解]

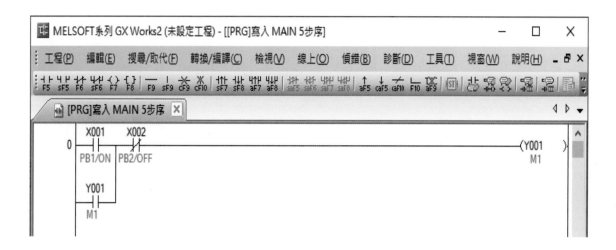

[STEP 11] 另存新檔：[工程（Project）] → [另存工程（Save As）]

[STEP 12] 儲存檔案：[工程（Project）] → [儲存（Save）]

[STEP 13] 開啟舊檔：[工程（Project）] → [開啟（Open）]

附錄C：永宏FBs系列PLC程式編輯 軟體Winproladder操作 方法簡要說明

[程式範例] 「自保控制回路」

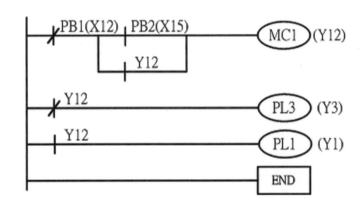

[STEP 1]　執行 Winprolad.exe 及開新專案

程式輸入軟體

○ 執行Winprolad.exe
○ 開新專案

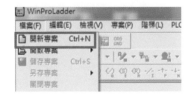

[STEP 2] PLC 型號：FBs-40MCR2-AC

[STEP 3] 程式輸入：輸入 b 接點

[STEP 4] 程式輸入：輸入 a 接點

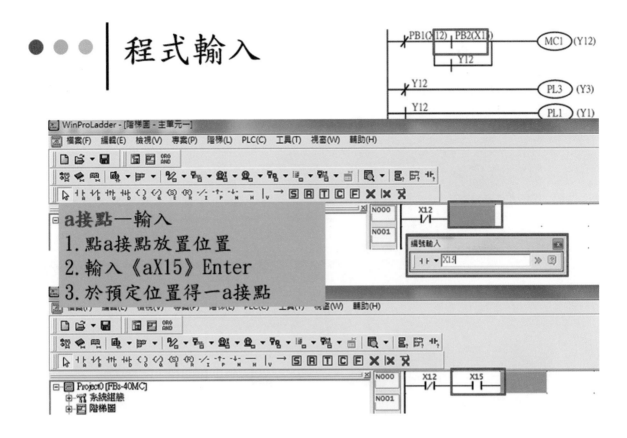

[STEP 5] 程式輸入：輸入 a 接點

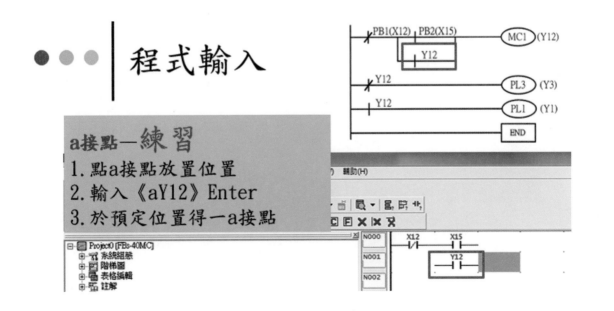

[STEP 6] 程式輸入：輸入垂直線

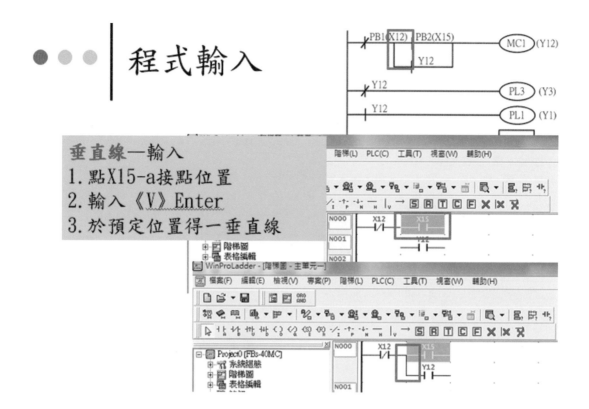

[STEP 7] 程式輸入：輸入垂直線

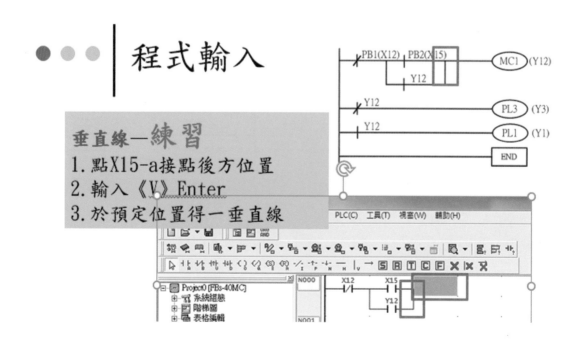

[STEP 8] 程式輸入：輸出點 **Y12** 輸出

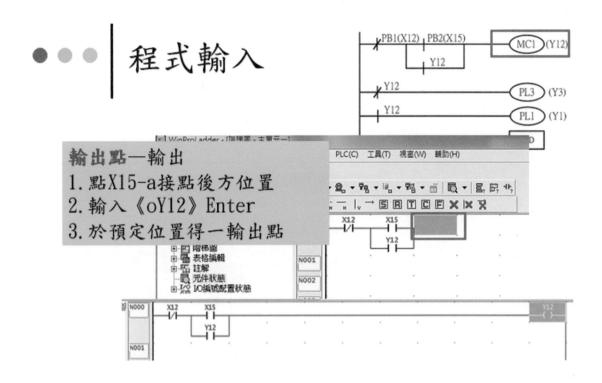

[STEP 9] 程式輸入：**Y3**、**Y1** 兩個指示回路

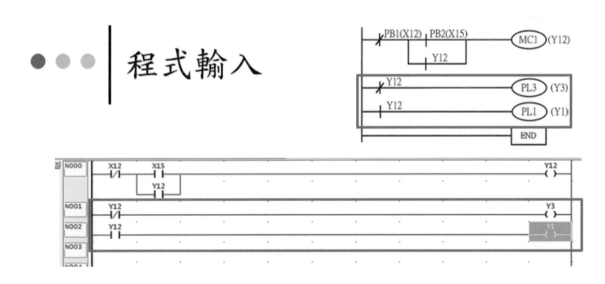

[STEP 10] 程式結尾：點選《F、功能指令》

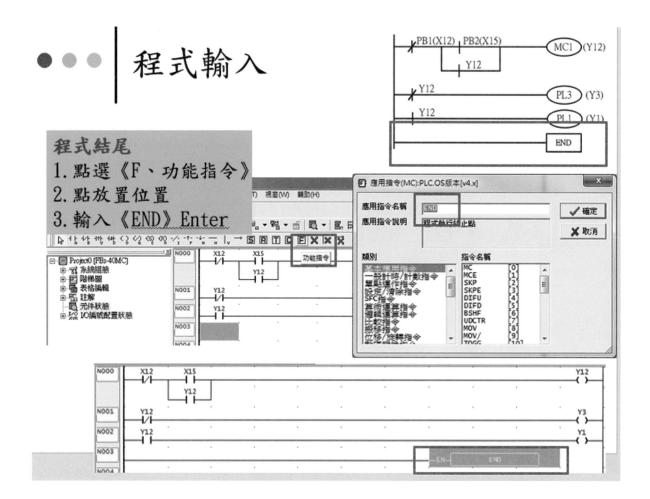

[STEP 11] 連線測試

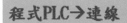

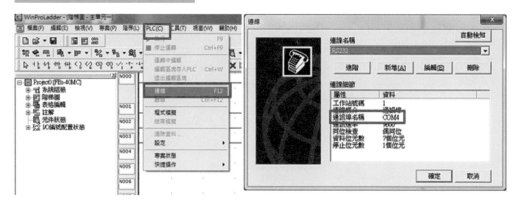

[STEP 12] 修改《通訊埠》

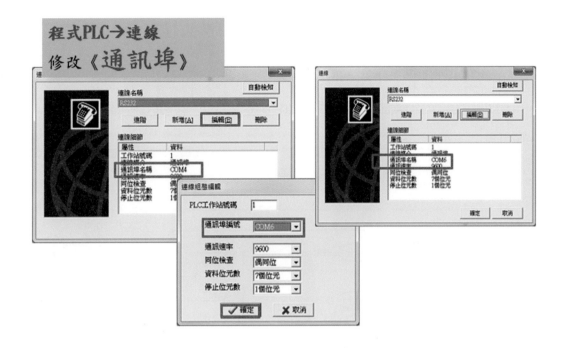

[STEP 13] 程式 PLC →執行 F9

[STEP 14] 程式討論 (1)

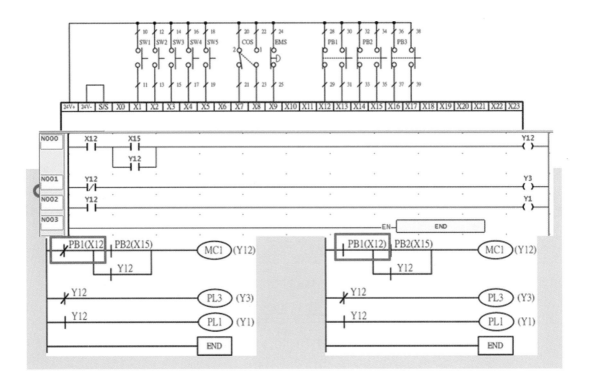

[STEP 15] 程式討論 (2)

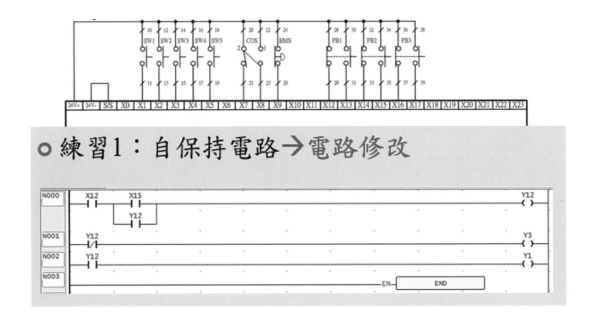

[STEP 16] 程式接點註解 (1)

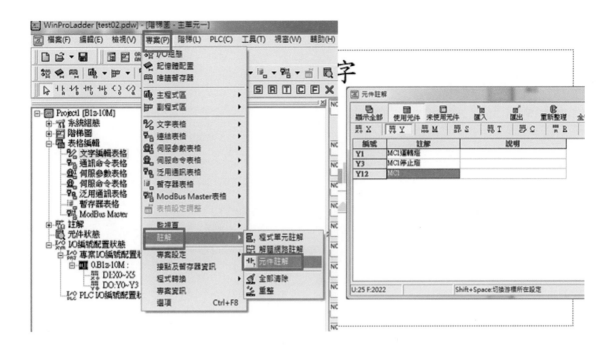

[STEP 17] 程式接點註解 (2)

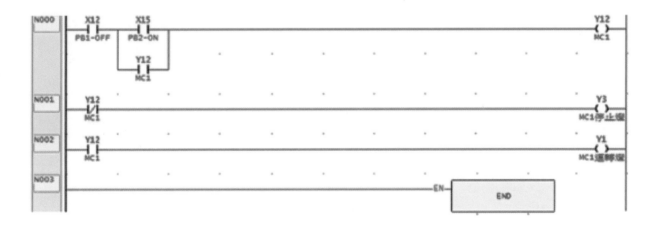

附錄D：工業配線乙級術科檢定相關資料連結

㈠ 勞動部技能檢定中心公佈之工業配線乙級術科檢定試題相關資料

1. 術科公佈試題連結	2. 學科公佈試題連結
3. 共同科目試題連結 - 職業安全衛生共同科目	4. 共同科目試題連結 - 工作倫理與職業道德共同科目
5. 共同科目試題連結 - 環境保護共同科目	6. 共同科目試題連結 - 節能減碳共同科目

㈡工業配線乙級術科檢定場地，辦理單位於官方網站公告之相關資料

1. 東南科技大學電機工程系	[https://eee.tnu.edu.tw/zh_tw/page_last]
(1) 工業配線乙級各重要設備資料 (2) 包含裝置名稱、圖片、廠牌型號、使用的題目、手冊或圖說	
2. 國立彰化師大附工	[https://w3.sivs.chc.edu.tw/files/13-1000-946.php]
乙級工業配線檢定專區 (1) 考生相關資訊 (2) 低壓工業配線相關資訊 (3) 高壓工業配線相關資訊	

㈢本書有關檢定實習參考資料及教材補充更新資訊

1. 惠控機電股份有限公司 *PLC 及人機介面（HMI）之型錄硬體說明及操作手冊等資料 *Winproladder, GX Works2 等 PLC 編輯軟體 [www.facon.com.tw]	
2. 本書有關教材補充及檢定資料更新等資訊 [https://drive.google.com/drive/folders/1V741EJsekmzuwpot2KTzGQxAMq71MhPz?usp=share_link]	

國家圖書館出版品預行編目資料

工業配線乙級術科檢定試題詳解／林建安, 游
淞仁, 吳炳煌著. -- 初版. -- 臺北市：五
南圖書出版股份有限公司, 2023.07
　　面；　公分
ISBN 978-626-366-137-0（平裝）

1.CST: 電力配送

448.34　　　　　　　　　　112008116

5BK9

工業配線乙級術科檢定試題詳解

作　　者 ― 林建安、游淞仁、吳炳煌（57.4）

發 行 人 ― 楊榮川

總 經 理 ― 楊士清

總 編 輯 ― 楊秀麗

副總編輯 ― 王正華

責任編輯 ― 金明芬

封面設計 ― 陳亭瑋

出 版 者 ― 五南圖書出版股份有限公司

地　　址：106台北市大安區和平東路二段339號4樓

電　　話：(02)2705-5066　　傳　　真：(02)2706-6100

網　　址：https://www.wunan.com.tw

電子郵件：wunan@wunan.com.tw

劃撥帳號：01068953

戶　　名：五南圖書出版股份有限公司

法律顧問　林勝安律師

出版日期　2023年 7 月初版一刷

定　　價　新臺幣800元